Bernard d'Espagnat

Auf der Suche nach dem Wirklichen

Aus der Sicht eines Physikers

Übersetzt von A. Ehlers

Springer-Verlag Berlin Heidelberg GmbH 1983

Bernard d'Espagnat
Université Paris XI, Laboratoire de Physique Théorique et Particules Elémentaires
Centre d'Orsay, Bâtiment 211
F-91405 Orsay Cedex, France

Übersetzer:
Anita Ehlers
Riedener Weg 60, D-8130 Starnberg

Titel der französischen Originalausgabe:
B. d'Espagnat: *A la Recherche du Réel.* Le regard d'un physicien
© BORDAS, Paris, 1979 et 1981

Mit 3 Abbildungen

CIP-Kurztitelaufnahme der Deutschen Bibliothek
Espagnat, Bernard d':
Auf der Suche nach dem Wirklichen : aus d. Sicht e. Physikers / Bernard d'Espagnat.
- Berlin ; Heidelberg ; New York : Springer, 1983.

ISBN 978-3-540-12058-2   ISBN 978-3-662-05908-1 (eBook)
DOI 10.1007/978-3-662-05908-1

Das Werk ist urheberrechtlich geschützt. Die dadurch begründeten Rechte, insbesondere die der Übersetzung, des Nachdruckes, der Entnahme von Abbildungen, der Funksendung, der Wiedergabe auf photomechanischem oder ähnlichem Wege und der Speicherung in Datenverarbeitungsanlagen bleiben, auch bei nur auszugsweiser Verwertung, vorbehalten. Die Vergütungsansprüche des § 54, Abs. 2 UrhG werden durch die „Verwertungsgesellschaft Wort", München, wahrgenommen.

© by Springer-Verlag Berlin Heidelberg 1983

Ursprünglich erschienen bei Springer-Verlag Berlin Heidelberg New York 1983.

Die Wiedergabe von Gebrauchsnamen, Handelsnamen, Warenbezeichnungen usw. in diesem Werk berechtigt auch ohne besondere Kennzeichnung nicht zu der Annahme, daß solche Namen im Sinne der Warenzeichen- und Markenschutz-Gesetzgebung als frei zu betrachten wären und daher von jedermann benutzt werden dürften.

Satz: K+V, 6124 Beerfelden
Offsetdruck und Bindearbeiten: Beltz Offsetdruck, 6944 Hemsbach
2153/3130-543210

Vorwort

Wenn ich ein neues Buch zur Hand nehme, lese ich immer zuerst den Schluß, denn ich habe herausgefunden, daß auch in schwierigen Büchern gewöhnlich Schlußfolgerungen gezogen werden, die leicht zu lesen sind, und das gibt mir eine erste Vorstellung vom Inhalt.

So erwarte ich natürlich auch von meinen Lesern, daß sie es so halten! Das vorliegende Buch bietet sogar eine Gelegenheit, die Methode zu verallgemeinern. Nachdem der Leser Kapitel 14 überflogen hat, sollte er vorzugsweise die Kapitel 5, 2, 13 und 10 oder wenigstens einige davon (in dieser oder einer anderen Reihenfolge) lesen, bevor er sich an eine gründliche Lektüre macht. Das Entscheidende ist dabei, daß der Leser – an den geeigneten Stellen der anderen Kapitel – Beweise vorfindet; und wie wir alle wissen, sind alle Beweise, die etwas taugen, notwendigerweise schwierig. Natürlich ist es gut, daß es Beweise gibt, aber ich glaube doch, daß man am ehesten das Interesse an ihrer Entwicklung nicht verliert, wenn man ihre Schlußfolgerungen vorläufig zugibt, einfach um zu sehen, wohin sie führen, und sie dann genau zu studieren, wenn man überzeugt ist, daß das Ziel der Mühe wert ist. Dies ist der Grund dafür, daß ich vorschlage, Kapitel 4 und 11 beim ersten Durchlesen zu überschlagen – jedenfalls sollten das die „Dichter" tun.

Bernard d'Espagnat

Vorwort zur französischen Ausgabe

Das in Kapitel 4 behandelte Problem tauchte zuerst 1964 in der Fachliteratur auf. Die experimentellen Forschungen begannen Anfang der siebziger Jahre.

Es ist ganz offensichtlich völlig unmöglich, hier alle wissenschaftlichen Arbeiten der vielen Physiker zu zitieren, die an den Entwicklungen auf diesem Gebiet Anteil hatten; einige bibliographische Angaben finden sich jedoch am Ende des Buches. Der Hauptzweck ist es, dem Leser zu ermöglichen, sein eigenes Wissen auf diesem Gebiet zu erweitern.

Der Verfasser möchte Herrn Prof. J. S. Bell (CERN) und Herrn Professor A. Shimony (Boston University) für ihr sorgfältiges Lesen vorläufiger Fassungen der Kapitel 4 und 12 danken. Ihre Bemerkungen waren überaus anregend.

Bernard d'Espagnat

Inhaltsverzeichnis

1. Einleitung 1
2. Von Demokrit zu Pythagoras 9
3. Die Philosophie der Erfahrung 13
4. Die Untrennbarkeit 26
5. Böswillige und anspruchslose Zwischenspiele 52
6. Bemerkungen über den Scientismus 56
7. Die Einwände Einsteins gegen die Philosophie der Erfahrung 65
8. Andere Möglichkeiten: Anregungen zur Skepsis 76
9. Verschleierte Wirklichkeit 86
10. Mythen und Modelle 110
11. Naturwissenschaft und Philosophie 127
12. Untrennbarkeit und Widersinnigkeit 140
13. Streiflichter 153
14. Schlußbemerkungen 174
Anhang I 178
Anhang II 180
Lexikon 182
Bibliographie 187
Sachverzeichnis 189

1. Einleitung

Es wäre notwendig, daß die Forscher und Denker in den verschiedenen wissenschaftlichen Bereichen sich miteinander besser verständigen, als sie es gegenwärtig tun. Aber Menschen unterscheiden sich in ihren Motivationen, ihren Überzeugungen, ihren Denkweisen mehr voneinander, als man meinen möchte. Deshalb ist es immer sehr schwierig, zwischen den verschiedenen Gebieten geistiger Betätigung Brücken zu schlagen. Unvereinbarkeiten der Grundbegriffe, der Sprache, verschiedene Auffassungen von Strenge, alles das trägt dazu bei, dies Unterfangen sehr schwierig zu machen.

Vor allem müssen Kunstgriffe vermieden werden! Auf diesem Gebiet scheint es das einzig Richtige zu sein, geduldig nach den natürlichen Zusammenhängen zu suchen. Wenn man es recht betrachtet, sind schließlich weder der Geist noch die Welt in Fächer eingeteilt. Folglich müssen zwischen den verschiedenen Gebieten des Denkens Beziehungen bestehen. Es genügt, sie aufzuzeigen. Selbst diese Aufgabe ist nicht einfach, denn sogar virtuos gehandhabt, helfen glänzende allgemeine Gedanken hier kaum, weil sie sich immer auf verführerische *Intuitionen* stützen. Jedenfalls kommt zumindest die Wissenschaft auf dem Weg der Allgemeingültigkeit, die sie anstrebt, nur durch unermüdliche Bemühung um Verfeinerung und Verallgemeinerung ihrer Prinzipien voran. Das hat zur Folge, daß gegenwärtig diese Prinzipien beträchtlich von den *intuitiven* Gedanken abweichen, die sich von selbst einstellen mögen. Solche Schwierigkeiten erklären zweifellos, warum eine Einteilung, die – ich wiederhole es – weder im Geist noch in der Sache liegt, dennoch unser Denken beeinflußt.

Der Inhalt dieses Buches ist das Ergebnis eines langwierigen Versuchs, der mit dem Ziel unternommen wurde, soweit wie möglich solche Hindernisse auf dem Weg des Denkens zu überwinden, und zwar durch den Erwerb von Tatsachenwissen. Die *Physik* und das *Problem des Wirklichen* werden jeweils als Ausgangspunkt und als zentrales Thema der Überlegungen genommen. Diese Wahl ist natürlich nicht zufällig. Jenseits der praktischen, psychischen, sozialen, ästhetischen oder moralischen Probleme ist dem Verfasser die Frage nach der Natur dessen, *was ist*, immer als die zentrale Frage erschienen. Mit ihr sind alle anderen Fragen mehr oder weniger eng verknüpft, so daß schließlich ihre Antworten davon abhängen. Die Physik scheint offensichtlich jetzt hinreichend weit entwickelt zu sein, um mit Recht als die universale Wissenschaft von der Natur angesehen zu werden: von der „Natur", die man – so scheint es wenigstens – rechtmäßig mit der Wirklichkeit gleichsetzen kann. Auch wenn dies letzte Urteil schließlich differenzierter gesehen werden muß − wie wir im Folgenden zeigen werden −, ist es doch offenbar als Arbeitshypothese gerechtfertigt.

Die Probleme der reinen Erkenntnis gehören sicher nicht zu den *Haupt*sorgen des heutigen Menschen. Praxisbezogene oder allgemeiner handlungsorientierte Fragen ziehen ganz natürlich die Aufmerksamkeit der Presse und der Medien auf sich, die immer mehr die Art unseres Problembewußtseins bestimmen.

Noch mehr: die − eigentlich philosophische − Vorstellung, daß das (menschliche) Handeln Vorrang vor dem Sein hat, ist jetzt, zumindest in einer versteckten und unklaren Weise, so weit verbreitet, daß sie dem größten Teil alles Geschriebenen zugrunde liegt. Aber trotzdem kann man zu Recht behaupten, daß das Interesse für Probleme der reinen Erkenntnis und des reinen Verstehens groß geblieben ist. Es gewinnt sogar wieder an Gewicht durch eine gewisse Enttäuschung, die sich zur Zeit hinsichtlich der zahlreichen ideologischen oder pragmatischen Varianten der Handlungsphilosophien abzeichnet. Man erinnert sich in diesem Zusammenhang an den Ausruf, den Malraux in einem seiner letzten Werke jenem alten Revolutionär unter seinen Freunden zuschreibt: „(Der Satz) von Marx, den alle Welt zitiert: ‚Es geht nicht nur darum, die Welt zu verstehen, es geht darum, sie zu verändern' beginnt mich zu langweilen. Was meinst du? Wenn man nur eine Weile aufhören würde, die Welt zu verändern, um zu versuchen, sie schlicht und einfach zu begreifen!"[1]. Nichtsdestoweniger haben die Handlungsphilosophien zu lange die Szene beherrscht, als daß die allgemeinen Vorstellungen der Öffentlichkeit, soweit sie die Frage des reinen Erkennens oder des reinen Begreifens betreffen, deutlich wären. Vielleicht liegt genau dort eine gültige Rechtfertigung für eine etwas eingehendere Abhandlung über das Thema.

„Ja", so werden manche sagen, „aber es ist keineswegs sicher, daß eine solche Abhandlung auf die Physik zurückgreifen darf, denn die Behauptung: „Die Physik ist die Wissenschaft von der Natur" ist nicht bewiesen." Es stimmt, daß diejenigen, die sich für das Problem des Begreifens dessen, was *ist*, interessieren, sich nicht alle um die Physik kümmern. Manche bestreiten tatsächlich von vornherein, daß die Physik − und auch keine andere Naturwissenschaft − jemals das Sein an sich erfassen könnte. Andere, die solch einen Einwand nicht erheben würden, meinen umgekehrt, die Physik könne uns nur über die Aspekte der Wirklichkeit aufklären, die zu elementar und zu banal seien, um unsere Aufmerksamkeit zu verdienen: von „Klempnerei des Universums" sprechen sogar einige von denen, die sich vor allem für das qualitative Studium der komplexesten Strukturen begeistern: für die Lebewesen,

---

1 A. Maulraux, *Hotes de Passage*, Gallimard.
Die zeitgenössische politische Erfahrung hat andererseits den Gelehrten bewiesen, daß die Führungsprinzipien der Welt, die ausdrücklich auf a priori-Plänen zum Aufbau des Wirklichen beruhen, leicht zu großen Schwierigkeiten führen. Es ist nicht undenkbar, daß dies wenigstens zu einem Teil von der Einseitigkeit und damit der Ungenauigkeit dieser Pläne herrührt.

die Menschen und die Gesellschaften. Wieder sind dies nur Beispiele für die sehr verschiedenen Einstellungen, die man in bezug auf dieses Thema beobachten kann.

Selbst wenn sie teilweise begründet sind (was zu prüfen sein wird), können Vorbehalte dieser Art eine Ablehnung der hier beabsichtigten Untersuchungen von vornherein nicht rechtfertigen. Aber sie zeigen, daß eine solche Arbeit, auch wenn sie auf naturwissenschaftlicher Grundlage durchgeführt wird, gewisse grundlegende philosophische Probleme nicht ignorieren kann und also die Lösungen der Philosophen nicht stillschweigend übergehen darf. Sicherlich nicht, um eine – langweilige – Liste aufzustellen, aber wenigstens, um die großen philosophischen Gedanken zum Problem des Seins, die dem Naturwissenschaftler verständlich sind, aufzuzeigen und zu prüfen. Eine solche Verpflichtung drängt sich um so mehr auf, als derartige Vorstellungen sehr oft jenen Ideen, die beim Studium der Grundlagen der Physik beachtet werden müssen, entweder ähnlich oder entgegengesetzt sind oder sie wechselseitig stützen.

Mehr noch: das Ausmaß des Denk- und Vorstellungsvermögens der Philosophen der Vergangenheit ließ sie einen außerordentlich breiten Fächer möglicher Ideen entdecken. Folglich ist das, was dieses Buch an wirklich Neuem beitragen kann, vielleicht weniger eine neue Sicht der Dinge, als eine neue Art, die Richtigkeit mancher Gedanken, die hervorragende Denker vorgeschlagen haben, zu zeigen; anders gesagt, unter entgegengesetzten philosophischen Begriffen auszuwählen. In bezug auf die Ergebnisse sollte dies im allgemeinen den Philosophen eher trösten als irritieren, auch wenn die benutzte Methode – die ja nur die naturwissenschaftliche Methode ist – ihm auf dem Gebiet, auf dem sie hier angewendet wird, ungewöhnlich vorkommt.

Dadurch ergibt sich für die Philosophen die Gelegenheit, das harte Urteil über die Naturwissenschaften, das so viele von ihnen fällen, zu differenzieren, wenn sie das für gut halten; das Urteil, mit dem sie der Naturwissenschaft vorwerfen, nur von dem Verlangen nach Herrschaft und Sieg getrieben zu sein, während die Philosophie ihrerseits aus dem alleinigen Wunsch nach einem selbstlosen Begreifen entstanden sei. Vielleicht wird es während der Lektüre dieses Buches deutlich, daß dies nicht der wirkliche Unterschied zwischen den beiden Disziplinen ist, sondern dieser vielmehr darauf beruht, daß die Naturwissenschaft, die sich ebenso wie die Philosophie um das Verstehen bemüht, in mancher Hinsicht die Fallen eines solchen Programms besser kennt; sie kennt die Schwächen einer Vernunft, die auf das angewandt wird, was über die Praxis hinausgeht, und auch die langsamen, mühseligen Verfahren, die in einem sehr beträchtlichen Ausmaß erlauben, diese Unzulänglichkeiten zu überwinden.

Zugegeben, ein blindes Vertrauen – im Bereich der Erkenntnis der letzten Wirklichkeit – in die rein naturwissenschaftliche Methode wäre gleichermaßen übertrieben; ebenso, wenn man ohne jede kritische Haltung ihre Ergebnisse als absolut hinstellen würde. Nahezu unfehlbar zwar in ihren Gleichungen, die kaum mehr als gelegentliche Verbesserungen erfahren haben, um sie der Beschreibung einer stets wachsenden Zahl von Phänomenen anzupassen, hat doch die Physik im Laufe der Jahrhunderte abwechselnde und sich widersprechende Weltbilder hervorgebracht, die eben darum nur als Modelle Gültigkeit haben. Sicherlich ist die Kritik nicht endgültig, insofern die Naturwissenschaft noch eine junge Wissenschaft ist und sie sich während der letzten Jahrzehnte weiter entwickelt, verallgemeinert und bestätigt hat.

Gleichwohl wäre es recht gewagt, einzig ein Modell, das heute vertreten wird, für ergiebiger als alle anderen zu halten, und es als eine getreue Beschreibung dessen, was *ist*, zu betrachten. Hier werden wir also nicht so vorgehen. Um unsere naive Vorstellung des Wirklichen zu verbessern, wollen wir einige *Scheingewißheiten*, die es betreffen, überprüfen, indem wir aus ihnen – *ohne* Theorie, folglich *ohne* Modell – bestimmte im Prinzip durch Messungen beweisbare Folgerungen herleiten; indem wir dann in einem zweiten Schritt feststellen, daß diese Folgerungen durch die Erfahrung widerlegt werden, kann man dann mit Sicherheit schließen, daß mindestens eine der „Gewißheiten" *unrichtig* ist. (Zu ihnen gehört offensichtlich die Forderung, daß das Ergebnis einer Messung etwas Wirkliches ist.) Dann, aber auch erst dann, werden wir uns die Freiheit nehmen, das Ergebnis in einen Bezug zu einer allgemein anerkannten Theorie zu setzen, die dieses und andere, ähnliche Ergebnisse voraussagt und die gerade bei der Vorhersage von Phänomenen überzeugend ihre Allgemeingültigkeit bewiesen hat.

Ein Einwand allgemeiner Art, der *von vornherein* gegen diese Methode erhoben werden könnte, ist, daß sie von einer Menge sehr präziser – und deshalb begrenzter – Tatsachen ausgeht und zu sehr allgemeinen Schlußfolgerungen kommt. Das ist, so könnte man sagen, wie eine Pyramide, die auf ihrer Spitze steht. Die Antwort darauf könnte man so formulieren: Einerseits – das ist unbestreitbar – genügt *ein einziges* Gegenbeispiel, in einem wohlumrissenen Tatsachenbereich, um eine allgemeine Hypothese zu widerlegen, wenn es gut gesichert ist und wenn es die Hypothese wirklich auf frischer Tat als schuldig an der falschen Vorhersage ertappt. Das ist einer der größten Vorzüge der naturwissenschaftlichen Methode. In der Vergangenheit sind sogar bewundernswerte Konstruktionen des Geistes, die die genialen Fähigkeiten ihrer Urheber zur Abstraktion und Synthese zeigen, oft nach einer Widerlegung durch ganz bestimmte Tatsachen – die sehr unwahrscheinlich aussahen, aber klug gewählt waren – zusammengebrochen. Andererseits sind hier wieder die experimentellen Tatsachen, um die es geht, so beschaffen, daß sie in der Tat gewissen intuitiven Hypothesen über die Wirklichkeit widersprechen und uns also zwingen, unsere Vorstellungen dazu weiter zu entwickeln; nichtsdestoweniger hat die *Quantenmechanik* sie vorhergesagt, also eine Theorie – oder besser gesagt: eine Sammlung von Rechenregeln –, die anscheinend allgemeingültig und sicherlich sehr fruchtbar ist und die die Grundlage für unser gegenwärtiges Wissen über die Naturerscheinungen liefert.

Unter diesen Bedingungen wäre es natürlich möglich gewesen, die Entwicklung unserer Vorstellungen vom Wirklichen, die wir in diesem Buch vorschlagen, direkt auf die Theorie, um die es geht, zu gründen. Diese Methode wurde nicht gewählt; zum Teil, weil sie im Ganzen gesehen weniger streng ist, und zum Teil aus Gründen der Darstellung. Sie hätte eine vorangehende Beschreibung der technischen Aspekte der Quantenmechanik erfordert, also die Einführung langer Formeln und eines gewaltigen mathematischen Apparates, demgegenüber ein direkter Hinweis auf vorher erwähnte Fakten ein ökonomischeres Verfahren ermöglicht. Tatsächlich ist aber die Ökonomie hier so beträchtlich, daß sie die Darbietung von Argumenten erlaubt, die für alle verständlich sind – also kein Vorwissen voraussetzen – und trotzdem in der Zusammenschau einen echten *Beweis* darstellen. Sicherlich erfordert das – als unvermeidlichen Preis – einige etwas trockene Abschnitte und folglich gelegentlich einen Bruch im Sprachstil des Buches. Deswegen erfordert das Verständnis des vierten Kapitels, das den fraglichen Beweis enthält – trotz der Anschaulichkeit der benutzten Beispiele – ein Lesen von der Art, in der zum Beispiel ein Mathematiker sich mit den Arbeiten eines seiner Kollegen bekannt macht: langsames Fortschreiten und hier und da ein Zurückgehen. Im Gegensatz dazu lesen sich andere Kapitel leicht, in einem Zuge und in der gewohnten Weise. Das liegt daran – und dazu kann man sich beglückwünschen –, daß nicht *alles* esoterisch ist. Es gibt Dinge, die wirklich folgenreich sind, aber deren Studium doch ohne vorhergehende Schwierigkeiten in Angriff genommen werden kann, da sie sich auf Probleme beziehen, mit denen sich sowieso schon jeder auseinandersetzt.

Der formale Nachteil, der aus dem eben erläuterten Stilbruch kommt, wird – so hoffe ich – mehr als ausgeglichen durch den Vorteil, den jeder *Beweis* seinem Leser bringt, ein Vorteil, der offenbar darin liegt, daß der Leser darauf ein vernünftiges Urteil gründen kann. Anders gesagt kann er selbst entscheiden, ohne den Aussagen des Autors vertrauen zu müssen, ob eine Behauptung richtig oder falsch ist: er braucht sich dazu nur auf seine eigenen Geistesgaben zu besinnen. Hier wird der Leser zumindest bei den ersten Schritten dem Autor nur in soweit vertrauen müssen, als es um die Genauigkeit einiger weniger *Meßergebnisse* geht, die von den Physikern übereinstimmend für richtig gehalten werden und aus denen der Beweis interessante Folgerungen ableitet. In einer Zeit, in der so unterschiedliche Lehrmeinungen verkündet werden und unsere Zustimmung so oft mit Hilfe rein emotionaler Argumente umworben wird (wenn nicht durch einen Appell an einen tiefverwurzelten Gruppenkonformismus!), ist dieser Vorteil beträchtlich. Er ist unserer Bemühungen wert, selbst wenn man berücksichtigt, daß die Massenmedien heute die Mitglieder der westlichen Gesellschaft zur Zeit dafür nicht sensibilisieren. Bei dieser Gelegenheit sei bemerkt, daß das hier gewählte Verfahren keineswegs eine Rückkehr zur Methode Descartes' ist; denn der Hinweis auf die Meßergebnisse spielt trotz allem die wesentliche Rolle.

„Ja aber", rufen einige ernstzunehmende Menschen, „gaukeln Sie uns da nicht etwas vor, was gar nicht verwirklicht werden kann? Übersehen Sie da nicht, daß dieses außergewöhnlich umfangreiche Unterfangen, die Physik, jetzt nicht mehr in seinen Anfängen steckt, daß Beweisführungen schwierig sind, daß man unbedingt viel an mathematischen Techniken braucht, die viele dicke Bücher füllen, daß es an der Universität mindestens fünf Jahre dauert, diese Methoden zu lernen? Haben Sie, die Sie wohl Grundlagenfragen, also die schwierigsten Fragen, in Angriff nehmen wollen, vergessen, daß „es in der Physik fast kein Problem mehr gibt, das schwierig ist und doch einfach zu stellen", wie Valery bemerkte? Und mißachten Sie nicht auch, was jeder weiß: die Probleme, die Sie mit ihrer deduktiven Methode anpacken wollen – angeblich für Unwissende verständlich –, sind das nicht solche, bei denen sich die hervorragendsten Wissenschaftler schon fünfzig Jahre lang vergeblich um Übereinstimmung bemühen?"

Die Hindernisse scheinen wirklich beachtlich zu sein. Erinnern wir uns deswegen kurz an die historische Entwicklung dieser Vorstellungen. Es stimmt, vor etwa fünfzig Jahren mußten die Physiker selbst die Grundlagen ihrer Wissenschaft ganz neu überdenken, zum Teil unter dem Druck der Entdeckung der Relativitätstheorie, aber noch viel stärker unter dem Einfluß der neuen Atomtheorie. Ganz anders als die alte Mechanik zeigte sich diese neue Theorie – die sogenannte „Quantenmechanik" – dazu in der Lage, alle fundamentalen Tatsachen zu erklären, die es in bezug auf die Atome und Moleküle in fast unendlicher Zahl gibt. Aber dazu mußte sie darauf verzichten, manche anscheinend ersten Begriffe wie den des Determinismus, der so grundlegend ist für die klassische Mechanik, zu verwenden. Sie mußte sogar auf die doch elementare Vorstellung verzichten, daß Atomen und ihren Bestandteilen – Protonen, Neutronen und Elektronen (oder Quarks) – eine Wirklichkeit zukommt, die völlig unabhängig ist von unserer Beobachtungsweise.

Viele Physiker meinen, daß die Nutzlosigkeit solcher Konzepte (Determinismus, „intrinsische" Wirklichkeit von lokalisierbaren Teilchen) und ihre beharrliche Unfruchtbarkeit zeigten, daß die genannten Konzepte als Grundbegriffe endgültig aufgegeben werden sollten. Andere wiederum meinen, die derzeitige Ablehnung ihres Gebrauchs bedeute keine so radikale Absage: sie versuchten Theorien zu erdenken, die die fraglichen Begriffe einbeziehen und gleichzeitig ebenso sehr wie die jetzt gebräuchliche den atomaren und molekularen Grundlagen Rechnung tragen. Bis vor kurzem schien es so, als ob ein solches Unterfangen – Maßstäbe der Schnelligkeit und der praktischen Wirksamkeit außer acht gelassen – realisierbar, jedenfalls berechtigt wäre, ohne daß der wesentliche Inhalt – Determinismus, Lokalisierbarkeit – der Begriffe, um deren Wiedereinführung es geht, grundlegend beeinträchtigt würde; freilich wird dann alles nur recht schwerfällig und wenig allgemein. Daher rühren tatsächlich Kontroversen, die notwendigerweise auf einem hohen technischen Niveau angesiedelt sind. Nebenbei bemerkt: viele der zeitgenössischen philosophischen Abhandlungen leiten (mit offenbar viel gesundem Menschenverstand) aus diesem Sachverhalt das Argument ab, daß die Physik schwerlich zur Klärung wirklich grundlegender Probleme geeignet scheint: es also das Klügste wäre, sich von den wissenschaftlichen Annäherungsversuchen abzuwenden und sie statt dessen mit Hilfe der reinen Philosophie anzugehen.

Wir werden in den nächsten Kapiteln versuchen, diese Meinung zu widerlegen, indem wir klare Auskunft über den Fortschritt geben werden, der sich im Austausch der Betrachtungsweisen zwischen den Physikern, die diese zwei Richtungen vertreten, und den sich daran anschließenden theoretischen Untersuchungen über den Gegenstand ergeben hat. Dabei handelt es sich hier nicht um eine historische und chronologische Darlegung. Sehr viele Wege wurden erforscht, die sich nur als Sackgassen erwiesen. Ihre Beschreibung wurde selbstverständlich unterlassen. Tatsächlich wurde ja erst in den letzten fünfzehn Jahren ein wirklicher Durchbruch auf diesem so schwierigen und von den gewöhnlichen wissenschaftlichen Problemen so weit entferntem Gebiet erreicht. Jetzt erweist sich, seltsamerweise – und dies ist die Antwort auf den vorhin beschriebenen Einwand –, daß dieser Durchbruch, der ursprünglich mit Hilfe der auf diesem Gebiet üblichen mathematischen Hilfsmittel verwirklicht wurde, nun, wo er verstanden wird, ohne mathematischen Formalismus beschrieben werden kann.

Vielleicht braucht man sich hier nicht auf den Zufall zu berufen. Man kann auch behaupten, dieser nicht technische Charakter sei bei einer Entdeckung mit einer im Grunde philosophischen Tragweite zu erwarten gewesen. Wie dem auch sei, die Sache ist nun einmal so. Hier werden wir diesem Durchbruch, der vom vierten Kapitel an dargestellt wird, besondere Aufmerksamkeit widmen und zwar in einer Sprache, die natürlich von der Möglichkeit einer nichttechnischen Beschreibung dieser Frage Gebrauch macht.

Eine letzte allgemeine Bemerkung ist angebracht. Dieses Buch, das einfach ist und ohne Formeln, möchte als eine Einführung in die Grundlagenprobleme der Physik verstanden werden. Es kann indessen kein angemessenes Werkzeug für die Einführung in die *Forschung*, die diese Wissenschaft weiterbringt, sein. Der Grund dafür ist leicht verständlich. Wie jeder weiß, muß man, um irgendeinen Stoff in einer annehmbaren Weise unterrichten zu können, über sein Thema sehr viel mehr wissen als das, was man in seinen Ausführungen tatsächlich vermittelt. Was nun die Forschung betrifft, so ist es dort ganz ähnlich und vielleicht noch viel strenger. Anders gesagt, in bezug gerade auf die – teilweise hoch spezialisierten – physikalischen Probleme, mit denen das vorliegende Buch zu tun hat, scheint es leider undenkbar, daß ein Leser – so genial er auch sein mag! – zu ihren Lösungen beitragen könnte, wenn er nicht vorher lange die moderne theoretische Physik studiert und dabei über das Niveau selbst eines Universitätsstudiums hinausgekommen ist. Wenn diese Umstände auch bedauerlich sind, kann man vielleicht doch Trost in der Universalität ihres Vorkommens finden. „Erst nach zehn Jahren Geigenspiels ein passabler Musiker, wie erbärmlich ist doch der Mensch!" Ein solcher Ausspruch (Musset, Fantasio) enthält zweifellos eine sehr aktuelle Weisheit. Andererseits ist es gerechtfertigt, zu hoffen, daß das Überfliegen dieses kleinen Werkes dem Leser, der danach trachtet, eine allgemeine Problematik tiefer zu verstehen, hilfreich sein kann.

Weisen wir schließlich noch darauf hin, daß diese Vertiefung, soweit sie in den Augen des Verfassers zu einer plausiblen Schlußfolgerung kommt, in dem Begriff der *verschleierten Wirklichkeit*, der im neunten Kapitel eingeführt wird (Seite 98 ff.) dargestellt wird. Der Anfang des Werkes stellt eine ausführliche Beschreibung des Irrgartens der Bedingungen dar, in dem wir unseren Weg zum Thema finden müssen, das Ende untersucht den Inhalt und die Folgerungen aus dieser These.

2. Von Demokrit zu Pythagoras

Das Kind und der Mann auf der Straße glauben an einen unmittelbaren Zugang zur Wirklichkeit: die Vorstellung von der Existenz dieses Kieselsteins oder dieses Stuhls scheint ihnen klar und offenbar, und sie können sich kaum vorstellen, daß ihr absoluter Charakter in Zweifel gezogen werden könnte; selbst dann, wenn sie an Märchen glauben.

Sehr früh schon haben – wie man weiß – die Philosophen diese Sichtweise zurückgewiesen. Sie folgerten aus der Vergänglichkeit der Gegenstände, daß ihnen eine intrinsische Wirklichkeit abzusprechen sei. Wirklichkeit, so sagten sie, bedeutet das, was dem Traum entgegengesetzt ist; und das ist die Beständigkeit. Welchen Grad an Wirklichkeit können wir dem zuschreiben, das geboren wird und stirbt, das wird und vergeht? Dahinter, darin oder darüber hinaus muß es *etwas anderes* geben, eine absolute Wirklichkeit, die für die unmittelbare Wahrnehmung nicht offensichtlich ist und die daher nur schwer zugänglich ist.

Später bestätigten sehr viele bessere Argumente, so zum Beispiel der cartesische Zweifel, diese Behauptung; eine Behauptung, die übrigens nicht nur die Philosophen machen. So allgemein gefaßt („Das Wissen vom Sein ist eine schwierige Sache"), teilen die meisten Religionen den Gedanken. Er verbindet sich überdies mit dem angeborenen poetischen Gefühl für eine tiefe Wirklichkeit, die hinter oder jenseits der Dinge liegt, und die das Schauspiel der Schönheit vielleicht bei mehr Menschen, als man glauben möchte, zu wecken vermag.

Zu sagen, daß die unabhängige Wirklichkeit (oder das Wirkliche oder das Sein) mühsam zu erkennen sei, setzt offenbar zunächst einmal – im Gegensatz zu Meinungen mancher – voraus, daß der Begriff der Wirklichkeit selbst einen Sinn hat, der über den Menschen hinausgeht. Damit ist die Art, wie man sich ihm nähert, noch nicht festgelegt. Diese Annäherung in irgendeiner Form mit dem Gefühl von Schönheit zu verbinden, ist schon wesentlich einschränkender; aber sie läßt noch Spielraum. Sogar wenn mein Verstand – deutlich oder verworren – eine solche Wahl trifft, bieten sich ihm immer noch zwei große Orientierungen an, die vielleicht einander ergänzen, aber sicher sehr verschieden sind. Ich kann das Sein entweder in der – reinen oder angewandten – Mathematik oder hinter dem sinnlich wahrnehmbaren Schönen suchen.

Die Suche nach dem Sein hinter dem wahrnehmbaren Schönen war lange das erklärte Ziel der Dichter. Jetzt ist das nicht mehr so, zumindest nicht bei den Professionellen. Sie würden es sich nicht verzeihen, offenherzig eine

Sehnsucht zu zeigen, die wir, die Intellektuellen, sie gelehrt haben, für zu naiv zu halten. Man kann das bedauern, denn jede solche Naivität der alten Poeten scheint – wir werden den Grund dafür sehen – alles in allem weit weniger beträchtlich als die großer zeitgenössischer Rhetoriker oder – im Gegensatz dazu – als die einiger Wissenschaftler, die voller Illusionen über den Sinn und die Reichweite des Begriffs der Objektivität sind. Aber diese Ablehnung ist heute unbestreitbar.

So bleibt also die Mathematik, und an allererster Stelle die reine Mathematik, wie es sich gehört. Sie zeigt sich auf den ersten Blick als eine Summe von Wahrheiten, die unabhängig von Zufälligkeiten, universal und ewig ist. Es überrascht nicht, daß sehr viele Denker hier den Ausdruck der vollkommenen Beständigkeit, das heißt des Seins selbst, gesehen haben und noch sehen. In gewissem Maße jedoch haben die Entdeckungen unseres Jahrhunderts – auch hier – die Naivität einer solchen Sichtweise aufgezeigt, indem sie klarmachten, daß die Mathematik vor allem die handlungsbezogenen Möglichkeiten des Menschen widerspiegelt. Ich sage „in gewissem Maße" nur deswegen, weil ich die Möglichkeit nicht ausschließen will, daß es eine gewisse Parallelität der Strukturen des Menschen und des Seins überhaupt gibt; diese Parallelität würde der reinen Mathematik einen Teil der Transzendenz, die ihr lange zugeschrieben wurde, zurückgeben. Aber ohne genauer auf Fragen einzugehen, deren Analyse lang wäre, muß ich wenigstens bemerken, daß die neueren mathematischen Forschungen das übertriebene Ansehen, das gerade die Vorstellung der Allgemeingültigkeit der mathematischen Gewißheit lange Zeit genossen hat, auf ein vernünftigeres Ausmaß zurückgeführt haben.

Wenn die Schönheit der reinen Mathematik allein kein sicherer Weg zum Sein ist, bleibt dem Mathematiker die Möglichkeit, seine Hoffnungen auf die mathematische Physik zu setzen. In der Tat ist das der Weg, der vielen auf Anhieb als der natürlichste erscheint. Für viele zeitgenössische Forscher ist es das vorrangige Ziel der mathematischen Physik oder der theoretischen Physik (diese Begriffe werden manchmal unterschieden, aber das ist hier nicht notwendig), die Gesamtheit der Erkenntnisse über die wirkliche Welt zu systematisieren. Dabei wählten die Menschen angesichts eines solchen Ziels die Hilfsmittel der Mathematik und nicht irgendwelche anderen, weil sie sich für die Synthese, um die es hier geht, bei weitem als die wirksamsten erwiesen haben. Da ja der Physiker, der die mathematische Physik benutzen will, sich dabei notwendigerweise an gewisse Regeln der Eleganz halten muß, sieht man, daß durch ihren Gebrauch – auf eine a priori vernünftige Art und Weise – ein Verständnis des Wirklichen versucht wird, das durch die Schönheit bestimmt wird.

Die Tatsache, daß die mathematischen Methoden besser als alle anderen die Synthese der verschiedenen Aspekte des Wirklichen erlauben, hat wichtige Folgen dafür, wie man sich legitim dieses Wirkliche vorstellen darf. Denn die Rolle der Mathematik in der Physik beschränkt sich nicht auf die einer einfachen Stenographie, anders gesagt auf die Rolle einer kürzeren Schreibweise von Beziehungen, die man, wenn es den Platz und die Zeit dazu gäbe, genau so gut in der Alltagssprache ausdrücken könnte. Diese Rolle hat sie wohlgemerkt auch; aber sie ist unbedeutend. Viel grundlegender ist die, die der Prozeß der Definition neuer Größen spielt. Man denke nur an das Auftreten des Begriffs der Energie. Am Anfang war sie ein *Erhaltungsgesetz*, das zur rationellen Mechanik gehörte, also ein rein abstraktes Gesetz: „Die Summe des Produkts dieser und jener Größen und einer gewissen Funktion anderer Größen ändert sich im Lauf der Zeit nicht." Aber heute ist sie eine *Ware*, die sich verkaufen läßt und die man teuer kauft. In vielen Fällen war es so, daß die abstrakten Begriffe, die die theoretischen Physiker formulierten, jene älteren Begriffe in den Beschreibungen der Welt ersetzten, die direkt aus der Erfahrung unserer Vorfahren hervorgegangen waren, auch wenn sie nicht, wie der Energiebegriff, zu Begriffen des täglichen Lebens wurden. Diese Entwicklung ergab sich einfach daraus, daß die neuen Begriffe mehr Tragweite haben als die älteren (der Begriff der Masse trägt weiter als der des Gewichts, der der Energie weiter als der der Masse). Eine Folge davon ist eine Erscheinung, die man manchmal etwas unpassend eine „Entrealisierung" der physikalischen Welt genannt hat. Das Wort ist zweideutig. „Entdinglichung" wäre besser. Hier geht es – noch nicht – darum, die Vorstellung einer vom Menschen unabhängige Wirklichkeit zu verneinen. Aber es geht sehr wohl um eine radikale Verneinung der Sichtweise des Wirklichen, wie sie der wissenschaftlich ambitionierte Mann auf der Straße hat: ich meine die Ansicht, die die uns vertrauten Begriffe, wie den des Teilchens oder der Druck- und Stoßkraft, die uns am wenigsten geheimnisvoll erscheinen, als absolut – und als allein absolut – hinstellt.

So gelangt man schließlich zu einer Weltanschauung, in der die Stofflichkeit der Dinge sich in Gleichungen aufzulösen scheint; zu einer Anschauung, in der der Materialismus mehr und mehr gezwungen wird, sich zur Mathematisierung hin zu entwickeln und wo, wenn man so sagen könnte, Demokrit bei Pythagoras Zuflucht suchen muß. Was ist denn die Materie? Das, was erhalten bleibt, sagte man früher. Es ist also nicht die Masse, es sei denn, man setze sie (bis auf die Maßeinheit) mit der Energie gleich. Aber diese Größe, die Energie, ist doch nichts anderes als die reine „Unstofflichkeit" einer Komponente eines Vierervektors in einer Raum-Zeit, die – zu allem Überfluß – „gekrümmt" ist! Oder sollte sich die Masse eines Gegenstands mit der Gesamtheit seiner „Atome im Sinne Demokrits" gleichsetzen? Die Erhaltung der Masse bedeutet also die Erhaltung der „Atome", also der Teilchen, aus denen sie besteht? Die Dinge liegen nicht so einfach, weil ja Teilchen einander vernichten können – mit ihren „Antiteilchen" –, wobei nichts außer einer Beschleunigung der vorher existierenden Teilchen herauskommt. Die Teilchen selbst bleiben also nicht immer erhalten. Sicher, gewisse Anzahlen, gewisse Differenzen der Anzahlen der Teilchen und der Anzahlen der Antiteilchen bleiben erhalten. Aber das sind wieder abstrakte Größen. Anfangs wurden sie entwickelt, um eine Eigenschaft einer Menge zu beschreiben, anders gesagt, etwas von der Menge selbst verschiedenes (eine Menge kleiner Kugeln, stellte man sich vor, ist etwas anderes als die Anzahl der Kugeln in der Menge); jetzt erscheint die *Anzahl* als die einzige Größe in der Physik, die so stabil ist, daß diese Wissenschaft sie ernst nimmt.

Von da aus ist es nur ein Schritt bis zu Behauptung, die schon die Pythagoräer machten, daß die Zahlen das Wesen der Dinge seien. Und hier muß bemerkt werden, daß das nicht nur eine Frage eines einfachen schmackhaft gemachten Pythagorismus ist. Es erfordert einen richtigen Pythagorismus, ich meine damit einen, der mit Bestimmtheit unverträglich ist mit der Ansicht Demokrits, der für die kleinsten Teile Unvergänglichkeit fordert. In anderen Worten, es ist nicht mehr möglich, von Demokrit den grundlegenden Begriff des Wirklichen zu entlehnen und nur hinzuzufügen, daß die „Atome" mit Kräften, die bestimmten Formeln genügen, wechselwirken; und daß das Kriterium der mathematischen Schönheit sich für die Erforschung dieser letzteren als fruchtbar erweist. Ein solcher Versuch einer Vermittlung zwischen Demokrit und Pythagoras löst kein Problem, weil ja doch kein „Körnchen", das im Raum angetroffen wird, unzerstörbar erscheint: weil ja, ganz im Gegenteil, alles vernichtet werden kann; und die einzigen Größen, die so stabil sind, daß die Physik sich vorstellen könnte, sie als fundamental zu betrachten, Anzahlen, Funktionen oder noch abstraktere mathematische Größen sind. „Alles ist Geometrie" verkünden manche Fachleute auf dem Gebiet der allgemeinen Relativitätstheorie gern.

Es scheint unnütz, einen genauen Entwurf einer begrifflichen Entwicklung zu geben, die schon alt und folglich wohlbekannt ist. Die experimentelle Entdeckung der Antiprotonen und damit die Bestätigung der Allgemeingültigkeit der Vernichtung und der Entstehung neuer Teilchen fallen beide in die Jahre um neunzehnhundertfünfzig. Aber diese Tatsachen konnten lange davor von Theoretikern vorhergesagt werden, die wußten, daß sie in der mathematischen Eleganz des Formalismus den sichersten Weg zum Erfolg finden würden. Nur als Gedächtnisstütze habe ich an einen wesentlichen Augenblick im physikalischen Denken, bei dem man dennoch nicht länger haltmachen darf, erinnert. Diesen Augenblick könnte man „Das Aufkommen des Pythagorismus" nennen (unter der Bedingung natürlich, daß jeder mystische oder magische Beigeschmack des Ausdrucks vergessen wird). Nach diesen notwendigen Vorbemerkungen sei es mir jetzt erlaubt, die Entwicklung von sehr viel neueren Gedanken zu betrachten, die weit weniger bekannt sind und folglich eine genauere Darstellung erfordern.

3. Die Philosophie der Erfahrung

Während der Materialismus sich bis auf Demokrit zurückführen läßt, ist der Positivismus viel jünger. Es gibt immer noch Personen, die Materialismus und Positivismus verwechseln, oder die zumindest diese Lehren für eng verwandt halten. Ein solcher Irrtum muß so früh wie möglich aufgedeckt werden, denn er verschleiert die Probleme, deren Studium wir uns vorgenommen haben. Zweifellos stimmt es, daß sehr viele Wissenschaftler sich zum Materialismus bekannt haben und daß viele als Positivisten aufgetreten sind. Aber wenn man genauer hinsieht, stellt man fest, daß es nur sehr wenige gibt, die beide Positionen gleichzeitig vertreten haben. Und die Ausnahmen von dieser Regel sind im Lauf der Geschichte immer seltener geworden.

Die Definition des Materialismus ist wegen seiner unterschiedlichen Spielarten etwas heikel. In einem ersten Versuch genügt es indessen, ihn mit einer Denkrichtung in Verbindung zu bringen, die leichter zu definieren ist, die ich *Realismus* nennen will und die auch solche nicht-materialistischen Denksysteme wie zum Beispiel den Platonismus oder den „Realismus der Substanz" umfaßt. Im Sinn des Realismus ist es vernünftig und richtig, zu behaupten, daß eine Wirklichkeit existiert und daß sie unabhängig ist vom menschlichen Verstand. (Im Folgenden werde ich diese Wirklichkeit „unabhängig" oder „intrinsisch" nennen.) Darüber hinaus kann dieser Denkrichtung zufolge der menschliche Verstand eine solche Wirklichkeit immer besser kennenlernen. Wenn man den Realismus gelten läßt, ist es natürlich, dieses Wissen als das Ziel der Naturwissenschaft anzusehen. Und es ist tatsächlich dieses Wissen, das die wissenschaftlichen Realisten (und unter ihnen die Materialisten) erwerben wollen.

Der Positivismus ist ganz anders; vor allem in den modernen Versionen, die ich (um nicht zu spitzfindige Unterscheidungen entwickeln zu müssen) mit dem Gattungsnamen „Philosophie der Erfahrung" belege. Es ist nicht etwa so, daß die Philosophie der Erfahrung die Nichtexistenz der unabhängigen Wirklichkeit behauptete. Aber sie verweist auf viel subtilere Art diesen Begriff an die zweite Stelle. An die erste Stelle rückt sie die Erfahrungstatsache, daß wir einzig das wissen können, was wir in unseren Beobachtungen und Handlungen wahrnehmen.

Meistens neigen wir ganz natürlich dazu, unseren Wahrnehmungen eine Ursache zuzuschreiben und uns deshalb eine unabhängige Wirklichkeit vorzustellen, die diese Rolle der Ursache spielt. Die Philosophie der Erfahrung behauptet nicht, daß hier notwendigerweise und in jedem Fall ein Denkfehler vorliegt. Aber sie erinnert uns daran, daß eine Auffassung dieser Art nicht eine Forderung der reinen Logik ist[1], daß sie die Gefahr eines Irrtums in sich birgt und daß diese im voraus schwer abzuschätzen ist. Die Geschichte der Naturwissenschaften, und insbesondere die der Physik, rechtfertigt einen solchen Vorbehalt zum Teil. Sie zeigt in der Tat, daß zu oft die Vorstellungen von Beständigkeit, Ortsbestimmung usw., die vom Begriff der physikalischen Wirklichkeit sehr schwer zu trennen sind, zu nicht gerechtfertigten Vermutungen geführt haben, die sich später als Irrtümer herausstellten. Aus diesem Grunde meint die Philosophie der Erfahrung, daß die systematische Zuordnung der Erscheinungen zu einer unabhängigen Wirklichkeit insgesamt eine Maßnahme ist, die nicht in den eigentlichen Bereich der Wissenschaft gehört. Danach wäre in vielen Fällen eine solche Zuordnung gewissermaßen eine Redeweise, meistens ungefährlich, manchmal nützlich als Bild – das heißt, um die Vorstellungskraft zu leiten – und schädlich auf die Dauer, wenn man sie zum Absoluten erhebt, und jedenfalls ohne Zusammenhang mit dem Ziel der Wissenschaft. Dies letztere wäre dann ausschließlich, eine Synthese der Beobachtungen zu erreichen und (meist mathematische) Regeln zu geben, die von vergangenen Beobachtungen ausgehen und gewisse Vorhersagen über die Ergebnisse durchzuführender Experimente erlauben. Man sieht, wie weit die Philosophie der Erfahrung von Anfang an vom Materialismus oder – noch allgemeiner – vom Realismus entfernt ist.

Die Philosophie der Erfahrung hat natürlich unmittelbare Verbindungen zur Naturwissenschaft. Sie hat eine leistungsfähige, da bedachtsame Methodik angeregt, die darin besteht, nur Begriffe zu gebrauchen, deren Sinn von vornherein genau festgelegt wurde, ob nun mit Bezug auf eine Äquivalenzklasse von Operationen oder andere in dieser Weise definierte Begriffe. Eine solche Methodik kann ihre Vorzüge jedoch nur in bestimmten Gebieten, die grundlegenden Charakter haben, unter Beweis stellen. In den anderen geht es schneller und ist damit wirksamer, wenn die Grundbegriffe der Theorie unverändert der täglichen Erfahrung, also dem Alltagsleben, entnommen werden. Die Forscher, die in den Wissenschaften dieser zweiten Art arbeiten – die auch bei weitem am zahlreichsten sind –, neigen also ganz natürlich dazu, sich spezielle Fragen nach der Bedeutung gewisser Grundbegriffe, wie zum Beispiel dem des *Objekts*, nicht zu stellen. Wenn man sich nun aber über solche Themen keine Fragen stellt, hat das unvermeidlich zur Folge, daß man dem nicht-kritischen Realismus anhängt (der gerade vom Alltagsleben geprägt ist). Das erklärt, warum diese Menschen im allgemeinen die Philosophie der Erfahrung nur als eine einfache *Methode* sehen, die nicht im geringsten ihre philosophische Grundentscheidung in Frage stellt; sie bleiben bei einer Art Objektivismus mikroskopischer Größenordnung, die die Atome, Moleküle

---

[1] Man bemerke, daß dann, wenn man die Philosophie Kants für stimmig hält, allein ihre Existenz genügt, um die Möglichkeit einer Alternative zu schaffen, weil doch in dieser Philosophie die Kausalität nichts anders ist als ein a priori Element des menschlichen Verstandes, die wir zu Unrecht den Sachen selbst zuschreiben.

usw. als absolut darstellt. Das ist, wir wiederholen es, sehr häufig der Fall, so weit die Spezialisten der Fachgebiete betroffen sind, die als Hauptgegenstand ihrer Forschungen nicht ganz kleine Teilchen untersuchen und es sich deswegen erlauben können, die Strukturen in der Größenordnung der Atome oder der kleinen Moleküle als „schwarze Kästen" zu behandeln.

Aber auch unter den Spezialisten der Grundlagenwissenschaften, die am unmittelbarsten von diesen Problemen betroffen werden – besonders sind das die theoretischen Physiker –, erhält die Philosophie der Erfahrung nur selten unbedingte Zustimmung. Wieder sind sehr viele dieser Fachleute (und um jeden Zweifel auszuschließen, möchte ich von vornherein klarstellen, daß ich dazu gehöre) im Grunde Realisten. Sie lehnen es mit Paul Valery ab, die Wissenschaft auf „die Menge der Vorschriften, die immer Erfolg haben" zu beschränken. Sie denken, daß die Unfehlbarkeit einer Vorschrift einen Grund haben muß und schreiben ihren immer neuen Erfolg der Existenz einer strukturierten unabhängigen Wirklichkeit zu, deren Strukturen gerade den Erfolg der Vorschrift zur Folge haben. In einer realistischeren Sicht liegt das Hauptinteresse an der Entdeckung einer erfolgreichen Vorschrift natürlich in der Tatsache, daß sie uns – so hoffen wir jedenfalls – über die Strukturen der unabhängigen Wirklichkeit aufklärt.

Hier nun zeigt sich aber eine grundsätzliche Schwierigkeit, die die Philosophen gut kennen. Solange ich bei den Tatsachen bleibe und jede Hypothese zurückweise, muß ich sehr wohl anerkennen, daß die fragliche „Aufklärung" sich nicht wirklich einstellt. Der konstante Erfolg einer Regel gibt mir einzig über die Gültigkeit dieser Regel Aufschluß. Um von da zu den Strukturen der Wirklichkeit zu gelangen, scheint es unbedingt notwendig zu sein, zusätzliche Forderungen von der Art „dieses Symbol, jene Operation, die ein Teil der Regel ist, entspricht einem Element der Wirklichkeit" einzuführen.

Wenn ich es mit einfachen Regeln zu tun habe, wie etwa „Um eine gleichmäßige beschleunigte Bewegung zu beobachten, genügt es, in der Nähe der Erde einen hinreichend schweren Gegenstand frei fallen zu lassen", dann mache ich implizit genau das. Ich sage zum Beispiel: „Der Gegenstand ist wirklich", „er existiert auch dann, wenn ich ihn nicht beobachte", „er hat in jedem Augenblick eine bestimmte Lage, auch wenn er nicht beobachtet wird": oder ich schließe vielmehr stillschweigend diese Aussagen mit ein, so selbstverständlich scheinen sie mir. Aber wenn ich mir der Tatsache bewußt werde, daß ich solche Axiome aufstelle, dann entdecke ich in dieser Tatsache eine Lehre und eine Warnung. Ich stelle dann fest, daß es fast unvermeidlich die *vertrauten* Begriffe sind (Gegenstand, Ort, Zeit), die ich zu „Teilen der Wirklichkeit" erheben möchte. Wieder einmal ist dies also die Achillesferse des Realismus. Dort ist er verletzlich. Tatsächlich liefert die moderne Physik aufregende Beispiele für Irrtümer, die durch diesen Wunsch herbeigeführt wurden; Irrtümer, die wichtige Argumente zugunsten der Philosophie der Erfahrung darstellen.

Wie jeder weiß, ist die Entwicklung der speziellen Relativitätstheorie ein solches Beispiel. Schon bevor Einstein sich mit dem Thema beschäftigte, existierten die grundlegenden Gleichungen der relativistischen Mechanik. Dabei waren die Arbeiten von Poincaré und Lorentz entscheidend. Aber diese beiden Forscher blieben noch Gefangene der Vorstellung vom absoluten Raum und der universellen Zeit, die in geeigneter Weise verfeinerte Begriffe aus dem täglichen Leben sind. Als Einstein die Unmöglichkeit aufzeigte, in operationeller Weise eindeutig die Gleichzeitigkeit entfernter Ereignisse zu definieren, machte er den entscheidenden Schritt. Genauer noch, der Endpunkt dieser Entwicklung wurde in dem Augenblick gesetzt, als Einstein im wesentlichen zu sagen wagte: „Eine solche operationelle Definition ist unmöglich, also kann es gut sein, daß der Begriff der Gleichzeitigkeit entfernter Ereignisse selbst nur relativ ist."

Aber die Quantenmechanik, die kurz nach der Relativitätstheorie entstand, liefert den Anhängern der Philosophie der Erfahrung noch gewichtigere Argumente. Das hat zwei Gründe. Der eine, elementare, ist, daß die Grundlagen der Quantentheorie noch fundamentaler sind als die der Relativitätstheorie[2]. Sie beherrschen nicht nur die Atomphysik, sondern die ganze Chemie – zu Recht also folglich auch zumindest einen großen Teil der Biologie –, die Festkörperphysik, die moderne Optik, die Kernphysik und so weiter: kurz, alles Wesentliche der exakten empirischen Naturwissenschaften.

Der zweite Grund ist, daß in der Quantenmechanik viel mehr als in der Relativitätstheorie die Hierarchie „Erfahrungstatsachen an erster Stelle, Elemente der Wirklichkeit an zweiter" eine entscheidende Rolle spielt.

Die Rechtfertigung einer solchen Behauptung kann an Hand eines konkreten Beispiels gegeben werden. Betrachten wir etwa eine photoelektrische Zelle, oder besser noch, eine „Spurenkammer", die eine durchsichtige Substanz enthält[3]. Wenn ich in diese Kammer eine ebene Welle ultravioletten Lichts schicke, die nur schwache Intensität hat und ultraviolett strahlt, dann stelle ich fest, daß diese Welle – von der ich hätte annehmen können, daß ihre Energie in der ganzen Kammer gleichmäßig verteilt ist – sich nur in einem einzigen Punkt der Kammer manifestiert, und zwar durch das Losreißen eines einzelnen Elektrons (aus einem Atom der Substanz), das, wenn man so sagen will, die *ganze* Energie, um die es hier geht, mit Beschlag belegt.

Angesichts einer solchen Tatsache scheint es offensichtlich sehr verführerisch, anzunehmen, daß in jeder elektromagnetischen Welle Energieteilchen (Photonen) *von vornherein vorhanden sind*, die zu jedem Moment an einem wohlbestimmten Ort sind und daß diese Teilchen gewöhnlich von der Welle gesteuert werden (man könnte die Interferenzphänomene so erklären), aber

---

[2] Man sollte nicht meinen, daß das Wissen von der *Existenz* der Relativitätstheorie Teil der Allgemeinbildung sei (mit demselben oder doch fast demselben Anspruch wie das Wissen von der Existenz der Pyramiden!) und daß eine Kenntnis von der *Existenz* der Quantenmechanik nicht Teil dieser Bildung wäre; daß es für einen Lateinlehrer oder Bankbeamten etwa beschämend sei, wenn er noch nie von den ersten gehört hat, und es fast zum guten Ton gehöre, wenn er von der zweiten nichts weiß. Diese einfache Tatsache genügt, um die Auswahlkriterien, die bei dem Erwerb der Allgemeinbildung maßgebend sind, in Mißkredit zu bringen.

[3] Die Spurenkammern können für viele Zwecke verwendet werden; wir betrachten sie hier nur als eine Art photoelektrischer Zelle.

daß sie auch durch einzelne Zusammenstöße mit Elektronen in Erscheinung treten können. Es scheint dann natürlich, diesen Begriff auf *Materiewellen* auszuweiten, von denen ihrerseits auch angenommen wird, daß sie dauernd lokalisierte Teilchen steuern können[4].

Unglücklicherweise ist eine solche Vorstellung sicherlich zu naiv. Sie hat Folgen, die einigen Tatsachen widersprechen. Man kann sie also entweder im Ganzen zurückweisen oder die Theorie komplizieren, indem man den Grundgedanken beibehält, der darin besteht, daß die gegebene Welle allein nicht *genügt*, um das Gesamtsystem vollständig zu beschreiben. (In der vorangehenden Veranschaulichung könnte eine einzige Welle jedes Teilchen steuern, dessen Bahn parallel zur Ausbreitungsrichtung ist.) Wenn man diese zweite Wahl trifft, sagt man, daß man die Auffassung vertrete, nach der „verborgene Parameter" existierten[5]. (Dies sind Parameter, deren Werte man – zusätzlich zur Welle – kennen muß, um vollständig den Bewegungszustand des betrachteten Systems beschreiben zu können.) Sehr viele Physiker und keine geringen – Louis de Broglie, Einstein – haben eine solche Wahl getroffen[6], deren Hauptvorteil es ist, gleichzeitig realistisch und begrifflich völlig klar zu sein. Dabei gibt es aber eine objektive Tatsache zu bedenken, nämlich daß diese Wahl, wenn sie explizit gemacht wird, zu übertrieben komplizierten Gleichungen führt, und daß die Theorien, die daraus entstanden sind – in fünfzig Jahren – *keine einzige* verifizierbare Vorhersage geliefert haben, die nicht auch aus den mathematisch viel einfacheren Theorien folgen würde, in denen keine verborgenen Parameter ins Spiel kommen.

Diese Unfruchtbarkeit der Theorien mit verborgenen Parametern kann nicht geleugnet werden. Sie stellt das häufigste Argument der Physiker zugunsten der Philosophie der Erfahrung dar. Ein bedingungsloser Anhänger dieser Philosophie verlangt – ich wiederhole – tatsächlich nichts anderes von der Naturwissenschaft, als daß sie bessere Vorschriften liefern soll, um Vorhersagen von Ereignissen besser berechnen zu können. Daß er nicht danach sucht, eine zugrunde liegende Wirklichkeit zu beschreiben, steht es ihm frei, die Existenz verborgener Parameter in Abrede zu stellen, und er *muß* sie sogar verneinen, da diese zur Technik des Vorhersagens nichts beitragen[7]. Es zeigt sich in diesem Fall, daß mit Hilfe einer rein mathematischen Darstellung der Welle – die als einfaches Werkzeug der Vorhersage aufgefaßt wird – relativ leicht sehr viele chemische und physikalische Eigenschaften der Atome und Moleküle berechnet werden können, welche keine andere Theorie liefern kann.

---

4 Das ist der Ausgangspunkt der von Louis de Broglie entwickelten Wellentheorie.
5 Die so erhaltene Theorie enthält in verborgener Weise gewisse Fernwirkungen. Man sagt, daß die verborgenen Parameter „nicht lokal" sind.
6 Aber sie machten sich nicht klar, daß die verborgenen Parameter nicht lokalisierbar sind, wie die Untrennbarkeit, von der weiter unten gesprochen wird, beweist.
7 Auch im obigen Beispiel ist es niemals möglich gewesen, vorherzusagen, in welchem Teil der Spurenkammer das Elektron losgerissen wird; weder mit Hilfe von Theorien mit verborgenen Parametern noch mit irgendeiner anderen. Das ist die Begründung für die Behauptung, daß diese Parameter entweder „verborgen" seien oder gar nicht existierten.

Bedeutet das: „Die Welle ist wirklich"? Man kann recht mühelos zeigen, daß diese Behauptung – im naiven Sinn des Wortes wirklich – wieder zu Schwierigkeiten bei der Interpretation der beobachteten Phänomene führen würde. Aber sie würde auch – in den Augen des bedingungslosen Anhängers der Philosophie der Erfahrung – „durch die Hintertür" diesen Begriff der Wirklichkeit wieder einführen, der seiner Auffassung nach verschwommen ist und mit dem die Naturwissenschaft eigentlich nichts anzufangen weiß. Das, was für ihn letztlich zählt, ist, daß die mathematische Darstellung der Welle es erlaubt, zukünftige Meßergebnisse vorherzusagen, wenn die Ergebnisse schon durchgeführter Messungen bekannt sind. Dieses Ziel erreicht die gewöhnliche Quantentheorie – ohne verborgene Parameter – bemerkenswert gut.

Die Kopenhagener Deutung

Solcher Art ist, sehr kurz zusammengefaßt, die Rechtfertigung für das Interesse, das die theoretischen Physiker vor allem in den letzten fünfzig Jahren an der Philosophie der Erfahrung haben. Dieses Interesse ist übrigens nicht nur rein passiv geblieben. Ich meine damit, daß die Theoretiker sich nicht damit zufriedengegeben haben, diese Theorie aus Büchern zu lernen und sie auf ihre Untersuchungen anzuwenden. Einige der hervorragendsten unter ihnen haben selbst daran gearbeitet und sie wesentlich umgeformt, abgeändert und verfeinert, um sie der modernen Physik anzupassen. Das gilt insbesondere für Niels Bohr, den Haupt-Urheber dessen, was man oft „die Kopenhagener Deutung" nennt. Die Anregung, die von Bohrs Denken ausging, war so beträchtlich, daß hier eine kurze Darstellung davon gegeben werden muß. In ihren großen Zügen wurde die Kopenhagener Deutung bis vor kurzem von fast allen Physikern ohne Vorbehalt anerkannt.

Bohr beginnt mit einer Definition der Naturwissenschaft selbst in ihrer ganzen Allgemeinheit. Wie zu vermuten, definiert er sie nicht durch eine gegebene und intrinsische Wirklichkeit, die sie zu beschreiben hätte. Er definiert sie statt dessen vor allem als ein Werk der Verständigung zwischen Menschen; dabei erstreckt sich diese Verständigung auf das, was die Menschen jeweils „getan und gelernt haben". Anders gesagt ist für ihn die Wissenschaft die Synthese eines Teils der menschlichen Erfahrung, des Teils, der jedem vernünftig denkenden Menschen mitgeteilt werden kann. Der Begriff der Wirklichkeit kommt für ihn erst später, und ich glaube, daß er es sogar vorgezogen hätte, davon nicht reden zu müssen; denn wenn er sich in einer Diskussion dazu genötigt sieht, das Wort zu gebrauchen, handelt es sich bei ihm immer um einen konstruierten Begriff, um eine allgemeine Bezeichnung, die ohne Unterschied auf eine große Anzahl von *Erscheinungen* angewandt wird. Er sah ohne Zweifel ernste Gefahren in einer Erhebung ins Absolute.

Aber dann, so wird man sagen, war ja Bohr – philosophisch gesehen – ein Idealist.

Ein solches Urteil ist vorschnell und der Betroffene hätte es wahrscheinlich bald verworfen. Es ist vorschnell wegen einer Zwischenstufe, die Bohr zwischen die Atome und die Menschen setzt, und von der ich noch nicht gesprochen habe. Es handelt sich ganz einfach um das Meßinstrument. Bohr scheint die Vorstellung von der Wirklichkeit der Instrumente als eine klare und deutliche Auffassung betrachtet zu haben. Wenigstens nimmt er in bezug auf sie an, was er in bezug auf Atome und Elektronen nicht annimmt: Ein Instrument, auch ein *nicht beobachtetes*, ist immer in einem wohl definierten Zustand und nimmt einen wohlbestimmten Teil des Raums ein. In den Augen seiner zahlreichen nicht idealistischen Anhänger genügt das, ihn von jeder „Sünde des Idealismus" freizusprechen. Ich will mich hier nicht auf einen solchen Streit einlassen, sondern nur bemerken, daß Bohr in einem Wort wie „Idealismus" ohne Zweifel wieder einmal eine verschwommene und irreführende Verallgemeinerung aufgezeigt hätte. Es bleibt dabei, daß das Meßinstrument für Bohr *als Instrument* definiert ist (das wird in einigen Texten ganz deutlich[8]); es wird also nicht durch seine Beschaffenheit, sondern durch Bezug auf die Gemeinschaft der Menschen, die Instrumente benutzen, definiert. Und weil Bohr die Wirklichkeit mit Hilfe der Erscheinungen definiert, letztere mit Hilfe der Instrumente und diese wieder durch ihren Gebrauch durch die menschliche Gesellschaft, ist es klar, daß am Ende sein Begriff von Wirklichkeit auf den Menschen bezogen ist.

Die Wichtigkeit, die Bohr den Instrumenten zuspricht, hat zur Folge, daß man (seiner Meinung nach) unmöglich – zumindest nicht eindeutig – von einem „Phänomen" sprechen kann, solange man nicht die Versuchsanordnung, die zur Untersuchung dieser Erscheinung benutzt wurde, vollständig beschreibt. Man muß tatsächlich sogar sagen, daß die Versuchsanordnung ein integraler Teil des Phänomens ist. So ist also die Fortbewegung eines Teilchens im Raum nicht an sich ein Phänomen. Das Ganze, bestehend aus dem Emissionsapparat, dem Teilchen, dem durchquerten Medium und dem Empfänger (an dem angegebenen Ort und gegebenenfalls in der angegebenen Richtung) wäre nach Bohr ein *Phänomen*, das die Physik mit Recht so nennen kann. Wie L. Rosenfeld schrieb[9], ist es „nunmehr das unteilbare, aus dem System und den Beobachtungsapparaturen bestehende Ganze, welches das ‚Phänomen' darstellt".

Eine unmittelbare Folge dieser Sichtweise ist, daß genau genommen (und im Gegensatz zu unserem Gefühl) ein Teilchen keine Eigenschaften wie Lage, Geschwindigkeit usw. hat. (Es kann noch Gattungseigenschaften haben, wie Masse, die allen Teilchen desselben Typs gemeinsam sind, aber das ist eine andere Sache.) Dieses Fehlen intrinsischer Eigenschaften ist in der hier betrachteten Theorie eine ganz grundlegende Tatsache, denn Bohr zeigt so die berühmten offensichtlichen „Paradoxa" der Quantenmechanik auf (den Inter-

---

[8] ... und in anderen weniger! Bohr ist nicht leicht zu lesen; als Folge davon sind seine Exegeten nicht immer einer Meinung.
[9] In *Louis de Broglie und die Physiker*, Hamburg 1955.

ferenzversuch von Young[10] usw.); in der Tat sind diese „Paradoxa" nur dann welche, wenn man fordert, daß ein Teilchen in jedem Moment mindestens einige der Eigenschaften (Lage oder Geschwindigkeit usw.) hat, die es kennzeichnen.

„Der Mensch ist das Maß aller Dinge", sagte schon Protagoras. Wie so viele der ein wenig lapidaren Sätze von Philosophen der Vergangenheit ist auch dieser etwas zweideutig. Ich kann ihn als Anzeichen eines reinen Idealismus verstehen: der Mensch *ist* und die Dinge sind nur seine Erfindung. Wenn die Philosophie der Erfahrung sich letztlich auf eine Vorstellung dieser Art zurückführen läßt, dann gibt es keine Wirklichkeit jenseits der Phänomene, von denen jedes mittels eines Komplexes von Beobachtungsinstrumenten definiert ist, der, man bemerke es, in manchen Fällen sogar im Raum über sehr große Flächen hinweg ausgebreitet sein kann – eine merkwürdige „Unteilbarkeit", auf die wir zurückkommen werden. Ich kann den Satz von Protagoras auch so verstehen, daß die Dinge und ihre Maße – besonders ihre Lage im Raum – die einzigen Vorstellungen sind, die wir uns wegen der Struktur unseres Gehirns und unserer Fähigkeiten von einer intrinsischen Wirklichkeit machen können, deren Existenz wir zwar nicht bezweifeln, die sich aber anders darstellt, als sie ist; wir ähnelten dann einem Menschen, der dazu verurteilt ist, Brillen mit blauen Gläsern zu tragen, und der immer nur einfarbige Bilder sehen würde, obwohl die Welt farbig ist. Wenn die Philosophie der Erfahrung so verstanden wird, könnte die oben festgestellte Untrennbarkeit vielleicht bedeuten, daß die hier als intrinsisch bezeichnete Wirklichkeit anders strukturiert ist als im Raum (oder als in der Raum-Zeit).

Man weiß, wie schwierig es ist, zwischen diesen beiden Sichtweisen zu wählen. Die letztere stößt auf Einwände der radikalen Positivisten, die geltend machen, daß der Begriff der intrinsischen Wirklichkeit auf keine Weise zufriedenstellend definiert werden könne. (Es ist insbesondere unmöglich, eine „operatorische" Definition zu geben!) Die erstere scheint das Geheimnis der beobachteten Regelmäßigkeiten in den Erscheinungen und noch mehr vielleicht das der Möglichkeit der Existenz *mehrerer* Menschen, von denen jeder in der Lage ist, Dinge wahrzunehmen und seine Wahrnehmungen mit anderen zu vergleichen, auf die Spitze zu treiben.

---

10 Der Versuch, der „Youngscher Interferenzversuch" genannt wird, besteht darin, ein Bündel von Teilchen – Photonen zum Beispiel – durch einen Schirm mit zwei nahe beieinander liegenden parallelen Schlitzen zu schicken. Auf einem zweiten Schirm, der hinter dem ersten steht, beobachtet man dann „Interferenzstreifen", das heißt abwechselnd Schatten und Licht. Diese Streifen verschwinden, wenn man einen der beiden Schlitze verdeckt. Die Erklärung dafür ist sehr schwierig, wenn man annimmt, daß jedes Teilchen in jedem Augenblick an einem bestimmten Ort ist, denn dann muß ja jedes Teilchen durch einen bestimmten Schlitz gehen und das Bild, das man auf dem zweiten Schirm sieht, sollte – wenn beide Schlitze offen sind – eine einfache Überlagerung der Bilder sein, die man erhält, wenn nur einer der beiden Schlitze offen ist: wenigstens muß man darüber hinaus zugeben, daß jedes Teilchen, das einen der beiden Schlitze passiert, in bestimmter Weise in seiner Bahn beeinflußt wird durch die Tatsache, daß der andere Schlitz offen oder geschlossen ist; diese Hypothese erscheint im Rahmen der herkömmlichen Physik als sehr künstlich.

Diskussion

Die Philosophie der Erfahrung hat den Wissenschaftlern unserer Zeit sehr geholfen, bis zu einem Punkt sogar, in dem sie, wenn man so sagen kann, für sie zu einem Reflex geworden ist. Das liegt an der Notwendigkeit, die sie zwang, im Laufe der Zeit auf fast alle „klaren und deutlichen" Begriffe verzichten zu müssen, die bislang so nützlich gewesen waren, daß sie selbstverständlich schienen, wie zum Beispiel der Begriff einer universalen Zeit oder auch der einer bestimmten Lage und Geschwindigkeit, die zu jedem Augenblick dem Schwerpunkt eines jeden Gegenstandes zugeordnet wurden. Konfrontiert mit einer solchen Revolution der Begriffe begannen die Wissenschaftler auch an der Allgemeingültigkeit von anscheinend sehr gewöhnlichen Begriffen zu zweifeln; Zweifel, die oft jemandem, der „nicht mit dazu gehörte" schwer verständlich zu machen sind. (In der Tat wird das Gespräch zwischen den Naturwissenschaftlern und den „Männern des Geistes" manchmal erschwert, weil diese letzteren noch spontan Gedanken, deren Zufälligkeit die ersteren erkannt haben, zu einem logischen Imperativ erheben wollen[11]. Diese Zweifel sind dennoch gerechtfertigt und notwendig, hinterlassen aber eine große Leere. Diese Leere auszufüllen scheint nur möglich, wenn man bei der Definition eines jeden Grundbegriffs einen sehr expliziten Hinweis auf die Erfahrung macht. All diese Begriffe können ungeeignet sein. Alle sind verdächtig. Aber die wiederholbare Erfahrung lügt nicht. Oder wenn sie lügt, dann lügt sie immer auf dieselbe Art, in jedem Fall und für jeden: so ist unsere Wissenschaft gültig, nützlich und aufregend, auch wenn sie letzten Endes nur ein Studium der Regelmäßigkeiten dieser Lügen ist! Und – so fragt die Philosophie der Erfahrung – in bezug auf was können wir denn ein System von Erscheinungen, deren Regelmäßigkeiten sich zuverlässig für jeden einsichtig wiederholen, als *Lüge* einstufen?

Jagten also die alten Philosophen, die hofften, hinter den Erscheinungen die Wirklichkeit kennenzulernen, einfältig Hirngespinsten nach? In den Einzelheiten muß man das wohl – leider – zugeben. Je mehr Erkenntnisse wir gewinnen, um so größer wird die Menge derjenigen, von denen man sagen kann, daß sie Erkenntnisse über uns selbst sind – über unsere Struktur als Menschen –, noch bevor sie Erkenntnisse über eine problematische äußere Welt oder eine ewige Wahrheit sind. So haben zum Beispiel die Denker, die sich nicht mit den „groben" Gegebenheiten der Sinne zufriedengaben, die ihre „Täuschungen" aufzeigten und sich über dieses „allzu Menschliche" hinaus erheben wollten, in der Vergangenheit als idealen Bezugspunkt oft die Mathematik gewählt, von der antithetisch angenommen wurde, daß sie die Sphäre der absoluten Wirklichkeit erreicht. Das Werk Spinozas illustriert vortrefflich diese edle Überzeugung, diese großartige Hoffnung und – denn man muß sie wohl als eine solche bezeichnen! – diese verwegene Mutmaßung.

---

11 Ein Beispiel ist der Gedanke, daß kein Gegenstand zur selben Zeit am selben Ort sein kann wie ein anderer Gegenstand.

Wieder einmal sehen wir heute: die Grundbegriffe der Mathematik und selbst die der Logik werden vom Kind nach und nach, ausgehend von seinem Umgang mit den Gegenständen aufgebaut, mit einer „Abstraktion des Wissens ausgehend von den Handlungen", wie Piaget betont[12], wenn sie nicht – wie J. Monod[13] es vorschlägt – von unseren Vorfahren, die sie so entwickelt hatten, vererbt worden sind. In der einen wie in der anderen Hypothese ist das, was die Begriffe unmittelbar zum Ausdruck bringen, also lediglich die Handlungsmöglichkeit des Menschen. Die Frage, ob sie auch indirekt eine ewige Wirklichkeit widerspiegeln, bleibt offen. Sie ist heikel. Man sieht also heute klar, daß es eine Naivität vergangener Zeiten war, mit einem schnellen und unüberlegten „ja" darauf zu antworten, als ob der Augenschein dafür spräche.

Wenn ich mir dieser Wahrheiten bewußt bin, erstaunt mich die Tatsache etwas weniger, daß in der Philosophie von Bohr die ganze Wirklichkeit der Atome, der Moleküle usw. schließlich ganz fest in der der Instrumente verankert ist, die ja, um es nochmals zu sagen, anscheinend nur durch ihren Bezug zum Menschen definiert sind. Ich muß indessen zugeben, daß Bohr dadurch das, was Copernicus getan hatte, zu einem großen Teil zunichte gemacht hat. Er hat den Menschen wieder in den Mittelpunkt seiner eigenen Darstellung des Universums gestellt, aus dem Copernicus ihn vertrieben hatte.

Noch mehr: in dieser rückläufigen Bewegung ist das Pendel über seinen Ausgangspunkt hinaus zurückgeschwenkt. Denn die Weltauffasung der Zeit vor Copernicus war unendlich viel realistischer als die, die die überwältigende Mehrheit der heutigen Wissenschaftler vertreten müßte, wenn sie mit sich selber in bezug auf ihre allgemeinen Ideen völlig stimmig wären. Ich denke an all die Wissenschaftler, die anerkennen, daß alle Naturwissenschaften mit Recht auf die Physik der Atome und Moleküle zurückführbar sind, und im gleichen Atemzug behaupten, das Problem der physikalischen Deutung der Quantenmechanik stelle sich nicht, da Bohr es ja gelöst habe. Sicher, es ist gelöst worden; aber im Rahmen einer Auffassung, in der der Begriff der Wirklichkeit der Eigenschaften von Objekten dem der menschlichen Erfahrung rigoros untergeordnet scheint und nur durch ihn einen Sinn bekommt. Was diese Unterordnung und die Gründe, die für ihre Annahme sprechen könnten, betrifft, ist es interessant, die Meinung von Wolfgang Pauli, einem der Schöpfer der Atomtheorie, zu hören[14]. Als er die „realistische" Auffassung Einsteins diskutiert und in Frage stellt, (und die Einwände gegen die Formulierung der Kopenhagener Schule, die dieser daraus ableitete), schreibt Pauli zuerst, daß er es für *unrichtig* hält, daß ein Körper, *auch ein makroskopischer*, immer

---

12 Die Tatsache, daß es möglich ist, eine *Anzahl* von Objekten unabhängig von ihrer Anordnung zu definieren, wird vom Kind entdeckt, wenn es – in Wirklichkeit oder in Gedanken – eine Sammlung ähnlicher Objekte zusammenstellt, sie in einer Reihe oder in einem Kreis anordnet und herausfindet, daß diese beiden Operationen voneinander unabhängig sind. J. Piaget, *Psychologie et Epistemologie*, Mediations, Gonthier.
13 J. Monod, *Le hasard et la nécessité*, Seuil, dt. *Zufall und Notwendigkeit*, Piper.
14 In Einstein, Born, *Briefwechsel 1916–1955*, Nymphenburger Verlagsbuchhandlung.

eine fast determinierte Position habe. Er fügt hinzu, daß er im *Prinzip* Beugungsexperimente[15] an makroskopischen Gegenständen beliebiger Dimension[16] für durchaus vorstellbar hält, daß man in diesem Fall eine nicht determinierte Lage – sie ist also nicht einmal fast-determiniert – ihrer Schwerpunkte annehmen muß und daß schließlich dann die Existenz einer bestimmten Lage während einer weiteren Beobachtung und die Feststellung, daß das Objekt „da ist", als „Schöpfungen" jenseits der Naturgesetze gesehen werden müssen. Dieser letzte Punkt stört ihn nicht.

In der Tat: die Vorstellung hegen, daß unter diesen Bedingungen Elemente der Wirklichkeit vor der Beobachtung existieren und im voraus den Ort bestimmen, wo das Objekt gefunden werden kann, heißt seiner Meinung nach so weit gehen, daß man an eine Wirklichkeit glaubt, von der man nichts weiß und von der man auch nichts wissen kann. (Denn die direkt angestellte Beobachtung belehrt uns nicht unmittelbar, sondern nur über das, was in dem Augenblick, in dem die Beobachtung gemacht wird, geschieht.) Pauli hat dazu ausgerufen: „Ob etwas, worüber man nichts wissen kann, doch existiert, darüber soll man sich ... doch wohl ebensowenig den Kopf zerbrechen wie über die alte Frage, wieviel Engel auf einer Nadelspitze sitzen können."

War der Schwerpunkt des Planeten Jupiter schon vor der Nacht, in der zum ersten Mal ein Mitglied der Gemeinschaft der Menschen seine Augen zum gestirnten Himmel hob, auf dem Umlaufkreis, auf dem wir ihn jetzt sehen? Welch dumme Frage, würde ein jeder Wissenschaftler sagen, denn die Antwort „ja" bietet sich an. Welch absurde Frage, hätte zweifellos Pauli gesagt, denn sie betrifft eine Sache, von der wir nichts wissen können, und ist also deshalb völlig sinnlos[17].

Obwohl diese beiden Urteile übereinstimmen, sind ihre Beweggründe, wie man sieht, sehr verschieden. Wenn ich die „eines jeden Wissenschaftlers"

---

15 Experimente, die mit Photonen ausgeführt werden; man sehe dazu in einem Buch, das in die Physik einführt, nach.
16 Man kennt gewisse Argumente, die den Gedanken nahelegen, daß Teilchen mit einer Masse von mehr als etwa 10^{-14} g nicht einmal im Prinzip in Beugungsexperimenten untersucht werden können. Diese Argumente stützen sich auf die Tatsache, daß die Wahrscheinlichkeitsverteilung der Lage des Schwerpunkts eines jeden Körpers mit endlicher Masse aufgrund der Existenz von Ungenauigkeitsbeziehungen Quantenfluktuationen unterworfen ist. Die allgemeine Relativitätstheorie macht nun die Krümmung des Raumes – und allgemeiner seine „Metrik" – von der Massenverteilung abhängig. Diese Größen fluktuieren also. Das könnte bei zwei linearen Überlagerungen von Materiewellen beträchtliche zufällige Phasendifferenzen hervorrufen und damit die Kohäsion zerstören. Solche Gedanken wurden insbesondere von F. Karolyhasi entwickelt. Siehe zum Beispiel A. Frenkel in Quantum Mechanics a Half Century Later, Lopes et Paty ed. Reidel, Dordrecht 1977.
17 Zumindest dem Buchstaben nach. Es stimmt, die Philosophie der Erfahrung gibt sehr wohl bestimmten Behauptungen, die die Vergangenheit betreffen, einen Sinn: jenen nämlich, ein Glied in einer hypothetisch deduktiven Kette sind, die Vorhersagen über zukünftige Beobachtungen erlaubt. Aber der Sinn dieser Behauptungen ist nach dieser Theorie ganz in den Vorhersagen, die die Zukunft betreffen, enthalten, das heißt in dem Zusammenhang, den sie zwischen den Wahrnehmungen der heute lebenden Menschen herzustellen erlaubt. Siehe zu diesem Thema weiter unten Seite 59.

übernehme, verliere ich das Recht, zu behaupten, daß die Arbeiten der Kopenhagener Schule die Probleme der Interpretation der Atomtheorie endgültig gelöst haben und daß ich mich um diese Probleme also nicht zu beunruhigen brauche. Wenn ich mir die Begründung Paulis zu eigen mache, brauche ich mir darüber keine Sorgen zu machen. Aber was soll ich von wisssenschaftlichen Berichten zum Beispiel über den Ursprung des Sonnensystems halten? Wahrscheinlich dies, daß es sich schließlich nur um Umschreibungen handelt oder, wenn man will, um Mythen, die in ihrem Wesen mit jenen vergleichbar sind, mit denen die primitiven Menschen ihre Auffassung von der Welt gestalteten und begründeten, obwohl diese modernen Berichte den alten Mythen wegen ihrer Reichweite überlegen sind. Vergleichbar sind sie auch mit dem „Mythos" der Ekliptik, das heißt mit einem Modell, das bis in unsere Tage nützlich ist, nach dem die Erde fest ist und die Sonne die Sternensphäre durchläuft. Die Reichweite und die Kohärenz des Modells der Ekliptik sind sicher weniger beträchtlich als die der heutigen Theorien des Planetensystems. Aber zu behaupten, daß das erste völlig falsch sei und daß die zweiten im Gegensatz dazu „das, was ist, beschreiben" widerspräche den Grundlagen der Philosophie der Erfahrung.

Wie man sieht, hat die Philosophie der Erfahrung viel Mühe, der modernen Geisteshaltung gewisse extreme Folgen der Zentrierung der Wirklichkeit auf den Menschen, die sie notwendigerweise impliziert, annehmbar zu machen. Da sie nicht die Verstandesschärfe eines Pauli haben, schrecken viele der begeistertesten Verfechter seiner Anwendung auf die Wissenschaft vor den Folgen zurück. Häufig genug hoffen sie naiv, sie vermeiden zu können, indem sie die „Philosophie der Erfahrung" wie eine *Methode* behandeln, und indem sie sich zur Maxime machen, „jegliche Philosophie zu vermeiden". Aber die begriffichen Probleme lassen sich nicht durch Verfahrensvorschriften lösen. Die Wahrheit ist vielmehr, daß der Realist (oder a fortiori der Materialist), der Mensch, der die Beschreibungen der Paläontologie oder jene der Astrophysik wörtlich nimmt, daß dieser Mensch von den Grundlagenproblemen besessen sein und sich keine Ruhe gönnen sollte, bevor er für sie – anderswo als in Bohrs Arbeiten – eine Lösung gefunden hat! Es ist eine Tatsache, daß die einzige Definition des *Zustands* eines physikalischen Systems, das kompetente Theoretiker zulassen, dieser Zustand mit einem Verfahren der „Präparierung durch einen Menschen" gleichsetzt; man kann zeigen, daß die Gleichsetzung mit einer natürlichen Präparierung, ohne jeden menschlichen Eingriff, alle die Schwierigkeiten, die sich dem Realismus von der Seite der Quentenmechanik stellen, wiederbelebt.) Kann man, wenn eine solche Tatsache für skandalös gehalten wird, den Skandal vielleicht unterdrücken, indem man kurz und bündig vorschreibt, jegliche Philosophie zu vermeiden?

Das, was indessen für einen Realisten bei all diesem – bei weitem – das Erstaunlichste ist, ist die Tatsache, daß die Anwendung der Philosophie der Erfahrung auf die Atomtheorie so fruchtbar gewesen ist. Sie brachte eine noch nie gesehene Ausbeute wissenschaftlicher und technologischer Ergebnisse, die von keiner anderen Methode reproduziert werden kann. Wenn man die Wissenschaften der Materie — zu denen sich jetzt auch die Biologie zählt — in ihrem heutigen Zustand betrachtet, muß man wohl anerkennen, daß jedenfalls in gewisser Hinsicht ihre Grundlagen in der Theorie der Atome und Moleküle liegen. Man muß sich also klarmachen, daß sie auf einer Wissenschaft beruhen, die nach dem berühmten Ausspruch Heisenbergs „nur ein Glied ist in der endlosen Kette der Auseinandersetzungen des Menschen mit der Natur, daß sie aber nicht einfach von der Natur „an sich" sprechen kann[18]."

Bis zur Entdeckung der Untrennbarkeit, von der weiter unten die Rede sein wird, war es noch erlaubt, zu hoffen, daß alle die paradoxen Aspekte der Quantenmechanik, wie die Kopenhagener Schule sie interpretierte, fortfallen würden, sobald diese Mechanik oder ihre Interpretation durch andere, vollständigere oder subtilere, ersetzt werden würde. Wir wissen jetzt, daß das sicher nicht so sein wird, da die Untrennbarkeit — einer dieser anscheinend „paradoxen" Züge —, wie man sehen wird, von den Grundsätzen dieser Theorie unabhängig experimentell beweisbar ist. Wir wissen also mit Sicherheit, daß manche alte philosophischen Grundlagen (intrinsische Wirklichkeit der physikalischen Raum-Zeit, Kausalität, Lokalität) der wissenschaftlichen Beschreibung des Universums sich ändern müssen und zwar in einem Sinn, der genau der ist, den die Quantenmechanik mehr oder weniger vorschreibt. Aber es ist darum noch nicht gesagt, daß alle Vorschläge dieser Mechanik als sichere Schlüsse betrachtet werden müssen. Insbesondere sind die antikopernikanische Revolution, der Rückschlag des Pendels zu einem Idealismus, der vom Positivismus nur verschleiert wird, Themen, über die eine Diskussion noch möglich erscheint. Sie soll im folgenden versucht werden.

---

18 W. Heisenberg, Das Naturbild der heutigen Physik, Hamburg 1955.

4. Die Untrennbarkeit

Die wissenschaftliche Methode, eine Hypothese zu prüfen, besteht darin, aus ihr Folgerungen abzuleiten; diese versucht man dann in Experimenten zu beobachten. Wenn die Experimente die Ergebnisse liefern, die vorhergesagt worden waren, ist das für die Hypothese ein gutes Zeichen. Es ist jedoch keine endgültige Bestätigung. Andere Hypothesen hätten dieselben Folgen haben können. Wenn die Experimente jedoch Ergebnisse liefern, die mit den Vorhersagen unverträglich sind, die aus der Hypothese abgeleitet wurden, dann genügt das im Prinzip, um mit Bestimmtheit nachzuweisen, daß sie falsch ist. Das zeigt, warum die wissenschaftliche Methode dann am interessantesten ist, wenn sie Vorstellungen zurückweist, die bis dahin für selbstverständlich gehalten worden waren. Dann verblüfft sie uns, indem sie uns zwingt, anzuerkennen, daß es in Wahrheit „mehr Dinge gibt im Himmel und auf Erden", als unsere Schulweisheit sich träumt.

Ein Beweis dieser Art entwickelt sich seit einigen Jahren in einem Zweig der Atom- und Teilchenphysik. Er beruft sich überhaupt nicht auf Argumente der Plausibilität, der Einfachheit oder der größten Nützlichkeit, wie sie sogar in der Physik recht häufig, aber doch philosophisch angreifbar sind. Dieser Beweis hat im Gegenteil etwas von der mathematischen Strenge eines Beweises durch Widerspruch. Seine Absicht ist, die folgende Aussage unbestreitbar zu machen: „Wenn der Begriff einer vom Menschen unabhängigen, aber seinem Wissen zugänglichen Wirklichkeit einen Sinn hat, dann ist eine solche Wirklichkeit notwendig *untrennbar*". Mit „untrennbar" ist dies gemeint: Wenn man sich vorstellt, daß es in dieser Wirklichkeit lokalisierbare Teile im Raum gibt und irgendwelche dieser Teile in wohlbestimmter Weise miteinander in Wechselwirkung waren, als sie nahe beieinander waren, dann bleiben sie in Wechselwirkung, wie groß auch ihre gegenseitige Entfernung wird, und zwar durch momentane Einflüsse, also solche, die „sofort da sind".

Es ist klar, daß eine Eigenschaft dieser Art tatsächlich jeder Hypothese über die Einführung einer unabhängigen Realität im Raum oder in der Raum-Zeit sehr viel Glaubwürdigkeit nimmt. Der Einfluß einer solchen Aussage auf unsere Weltanschauung ist zwangsläufig beträchtlich. Ich werde in den weiteren Kapiteln versuchen, ihn zu beschreiben.

Jede Beweisführung hat nüchterne Aspekte. Dies ist keine Ausnahme. In Anbetracht der Wichtigkeit des angestrebten Ziels würde das Gegenteil überraschen. In diesem Fall ist es jedoch einen besondere Nüchternheit. Sie besteht weder im Gebrauch eines technischen „Jargons" noch in der Verwendung

dung eines mathematischen Formalismus, der nur wenigen Eingeweihten bekannt ist. Sie liegt ganz und gar in einem gewissen Maß an Geduld, das gebraucht wird, um den Beweisfaden über die verschiedenen Stufen hinweg, die vor den Schlußfolgerungen liegen, die dann für den Verstand so wichtig sind, ständig vor Augen zu behalten. Der Leser sollte sich von vornherein darüber im klaren sein, daß die wichtigen Aussagen dieses Kapitels weder in den folgenden Hilfssätzen noch in dem Satz auf Seite 35 liegen (sie alle sind nur Vorbemerkungen), sondern allein in der Tatsache, daß die Schlußfolgerungen und damit eben auch die Voraussetzungen des fraglichen Satzes sich in gewissen Fällen als *falsch* herausstellen (siehe unten: *Die Untrennbarkeit*).

Die Hilfssätze

Der Beweis gründet sich vor allem auf einen sehr einfachen Hilfssatz, den ich *Lemma A* nennen will; ich formuliere ihn anhand eines Beispiels (vergleiche Abbildung 1).

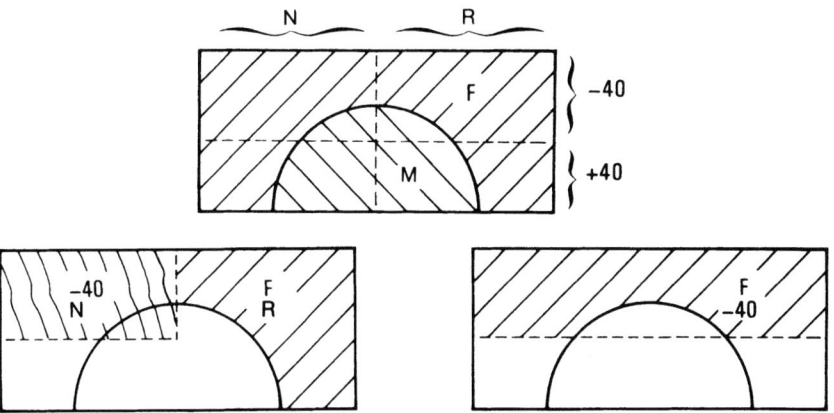

Abb. 1. Lemma A. M Mann; F Frau; R Raucher; N Nichtraucher; +40 (−40) über (unter) vierzig

Lemma A (am Beipiel formuliert)
In jeder beliebigen Bevölkerung ist die Zahl der Frauen, die jünger sind als vierzig Jahre, kleiner oder gleich der Summe der Zahl der Frauen, die rauchen, und der Zahl der Personen, die unter vierzig sind und nicht rauchen.

Beweis: Wir betrachten eine Frau unter vierzig (wir verabreden, daß wir sie zur Abkürzung *jung* nennen wollen). Wir können jetzt alle Arten von Klassen, zu denen sie gehört, betrachten, wie die der *Jungen*, oder die der *Frauen* oder die der *vernunftbegabten Zweibeiner* und so weiter. Insbesondere ist es klar, daß sie sicher entweder zur Klasse der rauchenden Frauen oder zu der der jungen Nichtraucher gehört (wenn sie raucht, gehört sie zur ersten, wenn nicht, zur zweiten). In jeder beliebigen Bevölkerung ist die Zahl der jungen Frauen also notwendigerweise kleiner oder höchstens gleich der Zahl der Frauen, die rauchen, vermehrt um die jungen Nichtraucher (die beiden Klassen überschneiden sich ja nicht). Das aber besagt gerade das Lemma.

Die Methoden der Statistik erlauben, diese Aussage zu verallgemeinern. Die Meinungsforscher, die Versicherungen usw. wissen sehr wohl, daß es bei einer hinreichend großen Population möglich ist, repräsentative Stichproben auszuwählen. Das Gesetz der großen Zahlen hat zur Folge, daß in diesen Stichproben die Anteile der Individuen mit dieser oder jener Eigenschaft dieselben sind wie in der Gesamtpopulation; oder sich ihnen wenigstens mit einer Genauigkeit nähern, die man nach Belieben verbessern kann, indem man den Stichprobenumfang vergrößert. In der Gesamtpopulation wähle ich nun drei repräsentative Stichproben gleicher Größe aus (das heißt, zu jeder gehört die gleiche Anzahl von Einzelpersonen), die ich 1, 2 und 3 nenne. Das erlaubt mir, das *Lemma B* zu formulieren (ich gebe ihm hier absichtlich einen Wortlaut, der statistisch gesehen vereinfacht ist, um nicht Einzelheiten, die für die Anwendung, die ich im Sinne habe, unwichtig sind, einführen zu müssen[1]. Die Gültigkeit dieses Lemmas folgt aus der von Lemma A.

Lemma B
Sobald die Größe der Stichproben ausreichend ist, *ist die Zahl der Frauen aus Stichprobe 1, die unter vierzig sind, kleiner oder gleich der Anzahl der Raucherinnnen aus Stichprobe 2 vermehrt um die Anzahl der nichtrauchenden Personen unter vierzig aus Stichprobe 3.*

Andererseits ist es klar, daß für den Beweis dieses Satzes die Natur der Eigenschaften, die die fraglichen Stichproben charakterisieren, gar nicht wesentlich ist. Genau wie Lemma A ist Lemma B ein Satz der reinen Mathematik. Er kann also sicherlich auf beliebige Eigenschaften verallgemeinert werden, wenn sie nur *dichotom* sind; das bedeutet, daß die Möglichkeiten für jede Eigenschaft eine einfache Alternative darstellen: Mann – Frau, Raucher – Nichtraucher usw. Diese Möglichkeiten kann man immer durch die Zeichen + und – ausdrücken.

Das Lemma B stellt ein sehr wichtiges Teilstück der hier vorgelegten Beweisführung dar. Die Beziehung, die es ausdrückt, hängt mit einem allgemeinen Typ von Ungleichungen, die „Bellsche Ungleichungen" genannt werden [Ref. 1], zusammen.

---

[1] Strenggenommen müßte der Satz mit der Einschränkung „mit einer Wahrscheinlichkeit, die sich eins nähert", beginnen.

Messungen

Eine der einfachsten, aber auch unumstrittensten und wichtigsten Beiträge der Philosophie[2] ist es, darauf aufmerksam gemacht zu haben, daß wir niemals von der äußeren Welt eine direkte Kenntnis haben. Wir können beobachten und, wenn wir Genauigkeit suchen, messen. Was wir dann wissen, sind die Ergebnisse dieser Messungen.

Wenn es sich um makroskopische Größen handelt, scheint es im allgemeinen möglich, sie zu messen, ohne sie dadurch praktisch zu verändern. Man kann in diesem Fall behaupten, daß man die Eigenschaften, die man gemessen hat, kennt. Wenn es aber um mikroskopische Größen geht, in der Größenordnung eines Atoms zum Beispiel, kommt es häufig vor, daß sie durch das zur Messung benutzte Instrument gestört oder vielleicht in gewissen Fällen sogar bestimmt werden. Allein die Existenz einer solchen Möglichkeit gebietet uns bei unseren Aussagen größte Vorsicht. Statt zu sagen, daß ich diese oder jene Eigenschaft des physikalischen Systems kenne, weil ich sie gemessen habe, sollte ich besser nur behaupten, daß ich über das System diese oder jene Ergebnisse erhalten habe, als ich das ausführte, was zur Messung der in Frage stehenden Eigenschaft notwendig war.

So muß ich mir also, wenn ich die Hilfssätze A und B direkt auf Atome oder beliebige mikroskopische Systeme anwenden will, zunächst diese Frage stellen: Können diese Sätze, die Aussagen über *Eigenschaften* machen, die das *System hat* (weiblich *sein*, Raucher *sein* usw.) auf *Meßergebnisse* verallgemeinert werden? Können sie insbesondere auf den Fall verallgemeinert werden, in dem die Wechselwirkung mit den Apparaten das Risiko einschließt, daß das Ergebnis gestört oder sogar in irgendeiner Weise erst erzeugt wird?

Die Sätze handeln von drei Eigenschaften, die jedes „System" hat. Eine erste Art der Verallgemeinerung besteht darin, den Fall zu betrachten, in dem an *jedem* System jede dieser drei Eigenschaften jeweils in fester Reihenfolge gemessen wird. Es ist leicht zu zeigen, daß bis auf eine schlichte Veränderung der Worte (die Ersetzung von „Eigenschaften" durch die entsprechenden „Meßresultate") der Beweis der Sätze dann nachvollzogen werden kann; und es ist auch leicht einzusehen, daß – zum Beispiel – die Tatsache, daß die zweite Messung vielleicht durch das Durchführen der ersten beeinflußt worden ist, nicht die Gültigkeit des Beweises antastet. Ich werde trotzdem diese erste Art der Verallgemeinerung der Sätze nicht weiterführen, denn bis heute hat man dafür keine Anwendungen gefunden, die neue Perspektiven eröffnen.

Viel wichtiger ist in dieser Hinsicht die Frage der Verallgemeinerung von Lemma B auf den Fall, in dem an jedem einzelnen System nur *zwei* statt drei Messungen durchgeführt werden. Unglücklicherweise ist diese Verallgemeinerung nicht direkt möglich. Stellen wir uns zum Beispiel drei repräsentative

---

[2] Wir verdanken sie Descartes. Berkeley und Hume haben sie wieder entdeckt und ihr Geltung verschafft.

Stichproben gleichen Umfangs vor, die einer Population von Studenten entnommen sind, die alle dieselben Kurse besucht haben und die drei Prüfungen, in Latein, Griechisch und Chinesisch ablegen können. Wir nehmen an, daß jeder Student in zwei Fächern geprüft wird; diese zwei Fächer sind für alle Prüflinge einer Stichprobe die gleichen. Die Verallgemeinerung von Lemma B, wenn sie war wäre, lautete dann z. B. so: *„Die Zahl der Studenten, die Latein und Griechisch bestanden haben, ist notwendigerweise kleiner oder gleich der Zahl der Studenten, die Latein und Chinesisch bestanden haben, vermehrt um die Zahl der Studenten, die in Griechisch bestanden haben und in Chinesisch durchgefallen sind."* Eine solche Aussage könnte unter Umständen falsch sein; dazu genügte schon, daß die Prüfung in Chinesisch vor den beiden anderen stattfindet und besonders anstrengend ist. Im Grenzfall könnte allein die Teilnahme an dieser Prüfung den Kandidaten so sehr erschöpfen, daß er in der darauffolgenden Prüfung sicher durchfällt, während ein normaler Anteil der Studenten, die nur in Latein und Griechisch geprüft werden, durchkommt. In einem solchen Fall ist die Aussage, die oben in Anführungszeichen steht, im allgemeinen falsch.

Solche Schwierigkeiten rühren einfach daher, daß im Beispiel die erhaltenen Resultate die Fähigkeiten schlecht wiedergeben. Eine ähnliche Aussage wie die vorhergehende, die aber die wirklichen Fähigkeiten der Kandidaten und nicht die erhaltenen Resultate betrifft, wäre zutreffend. Daher die Frage: Kann ich mir spezielle Situationen vorstellen, die in dem Fall, in dem an den untersuchten Größen nur zwei Messungen gemacht werden, garantieren, daß diese Messungen die gemessenen Eigenschaften getreu wiedergeben? Diese Situationen müßten also – am Beispiel der Prüfungen – den Faktor Müdigkeit oder die anderen Störquellen ausschließen.

Solche Situationen können in der Tat erfunden werden. Aber sie sind etwas Besonderes, denn sie haben nicht mehr mit Populationen zu tun, die aus isolierten Einzelwesen bestehen, sondern mit Populationen von Paaren, die miteinander in Beziehung stehen. Wir werden jetzt im einzelnen den Beweis, der auf dieser Idee beruht, ausführen.

Die Berücksichtigung von Paaren

Ich habe gerade festgestellt, daß ich die in Lemma B ausgedrückte Ungleichheit in dem Fall nicht direkt verallgemeinern kann, in dem zwei (odere mehrere) Messungen an denselben Individuen vorgenommen werden. Was kann ich nun tun, um Situationen zu finden, in denen ich unter gewissen Voraussetzungen, die mir vernünftig erscheinen, mit Sicherheit die Gültigkeit einer solchen Ungleichung bestätigen kann, von der ich fordere, daß sie sich direkt auf die Meßresultate bezieht?

Es ist klar, daß ich für die Antwort auf diese Frage eine neue Idee brauche, und daß ich dann, wenn ich sie gefunden habe, mit ihrer Hilfe den ganzen Beweis noch einmal durchführen muß.

Der neue Gedanke, der einen solchen Durchbruch erlaubt, ist der folgende: statt Messungen – oder Tests! –, die an einer Population von Einzelwesen durchgeführt werden, werde ich Messungen betrachten, die an einer Population von *Paaren* durchgeführt werden. Wenn ich also wieder ein Beispiel aus dem Bereich der Prüfungen nehme, kann ich mir eine Universität vorstellen, die nur eineiige Zwillinge zur Einschreibung zuläßt. Um zu vermeiden, daß die Abspannung nach einer Prüfung den Ausgang einer anderen beeinflußt, nehme ich zudem an, daß jeder Student nur eine Prüfung macht, wobei er von seinen Kameraden getrennt ist. Um diesen Gedanken recht nutzen zu können, stelle ich mir weiter vor, daß die Archivare dieser Universität im Laufe zahlreicher vorangegangener Jahre festgestellt haben, daß jedes Zwillingspaar, das dieselbe Prüfung machen mußte, entweder einen doppelten Erfolg oder einen doppelten Mißerfolg gehabt hat. (Man spricht in einem solchen Fall von einer „strengen positiven Korrelation"; die Korrelation wäre „streng und negativ", wenn in jedem Paar einer bestände und einer durchfiele.)

Wir wollen für einige Augenblicke unsere Absicht, sofort ein Analogon zu Lemma B zu finden, vergessen und uns zunächst damit zufriedengeben, zu untersuchen, was angesichts dieser Umstände gesagt werden kann³. Um die Untersuchung zu erleichtern, verwerfen wir im Augenblick jeden Gedanken an die Möglichkeit eines Betruges oder einer anderen Störung. Ich habe also die Statistik vor Augen, die zeigt, daß an dieser Universität niemals ein Zwilling bestanden hat, dessen Bruder nicht auch bestanden hat. Was kann ich aus dieser Tatsache schließen? Sicherlich sehr vieles, das einerseits den Soziologen und andererseits den Pyschologen interessieren würde. Aber im besonderen gibt es einen Schluß, den ich dank eines völlig elementaren Beweises durch Widerspruch mit Sicherheit behaupten kann: er besagt, daß es nicht der Zufall ist, sondern die schon vor dem Examen bestehenden Fähigkeiten, die den Erfolg oder Mißerfolg eines jeden Kandidaten bestimmen. In der Tat, wenn alle Studenten oder auch nur einige Studenten nicht entsprechend ihren Fähigkeiten, sondern zufällig geantwortet hätten, dann ist es sofort klar, daß unter

---

3 Wenn man es wie in diesem Kapitel mit einer Beweisführung zu tun hat, die in mehreren Etappen abläuft, dann ist es bisweilen nützlich, einige der Etappen durch intuitive, aber kurze Argumente zusammenzufassen, damit man den roten Faden besser verfolgen kann. In der Etappe, die dieser Absatz beschreibt, kann man intuitiv, aber schnell so zu einem Schluß kommen: nachdem der Zwilling, der als erster seine Prüfung ablegt, damit fertig ist, weiß sein Prüfer schon, welches Ergebnis der andere Zwilling haben wird. Dies Ergebnis ist also vorherbestimmt. Das heißt, daß dieser zweite Kandidat von vornherein eine bestimmte Fähigkeit hat, die Prüfung zu bestehen oder durchzufallen, eine Fähigkeit, die die Prüfung zuverlässig zeigen wird. Wenn kein Betrug vorliegt, müßte er diese Fähigkeit schon haben, bevor sein Bruder die Prüfung schreibt. Da die Reihenfolge, in der die beiden Brüder geprüft werden, erst in der letzten Minute festgelegt werden kann, zeigt das deutlich, daß jeder der beiden Brüder bestimmte Fähigkeiten hat, die die Prüfungen nur offenbaren. Das ist das wesentliche Ergebnis, das dieser Paragraph zeigen will. Der Leser, der sich durch die verwickelten Argumentationen entmutigt fühlt, wird sich bei einem ersten Durchlesen damit zufrieden geben können, den Inhalt dieser Fußnote zur Kenntnis genommen zu haben, und gleich zum folgenden Abschnitt übergehen können, der den von diesem Ergebnis ausgehenden Hauptsatz beweist.

der großen Zahl der Zwillingspaare, die geprüft wurden, es einige gegeben hätte, bei denen einer der Brüder die richtigen Antworten gegeben hätte, während der andere im Gegenteil die falschen gegeben hätte. Da das aber nach Voraussetzung nie so war, muß ich offenbar schließen, daß der Zufall bei den Antworten keine entscheidende Rolle gespielt hat. Anders gesagt, kann ich mir den Sachverhalt nur durch die Existenz schon vorhandener, korrelierter Fähigkeiten erklären, die durch die „Messungen" (die „Prüfungsergebnisse") getreu[4] widergespiegelt werden. Das Vorhandensein einer solchen Korrelation – zwischen den Fähigkeiten der Brüder – hat gar nichts Geheimnisvolles an sich: einerseits haben die Zwillinge die gleichen Chromosomen und andererseits wurden sie gemeinsam erzogen, hörten dieselben Vorlesungen und so weiter. Das erklärt zur Genüge, daß ihre Fähigkeiten gleich sind.

Angesichts der Tatsachen habe ich so die Hypothese, daß der Zufall bei den Ergebnissen der vorigen Jahre eine Rolle gespielt haben soll, radikal ausschließen können. Jedenfalls bin ich mir dessen sicher, soweit es die Paare betrifft, bei denen die beiden Brüder die gleiche Prüfung gemacht haben, unabhängig davon, welche das war. Ich sage das so: „Alle die Zwillingspaare, bei denen beide die Lateinprüfung gemacht haben, hatten schon vor der Prüfung die Fähigkeit, die Lateinprüfung zu bestehen oder nicht zu bestehen, und diese positive oder negative Fähigkeit wird durch die Ergebnisse getreu widergespiegelt; desgleichen haben die Studenten, die zu Paaren gehören, die die Prüfung in Griechisch ablegen, entweder die Fähigkeit, das Examen in Griechisch zu bestehen oder nicht und so weiter.

Aber nehmen wir jetzt an, daß diese Universität ungeheuer viele Studenten hat, die alle dieselben Vorlesungen hören und daß erst in der letzten Minute jeder das Los zieht, das bestimmt, welches – eine – Examen er machen muß, ohne daß er dies Ergebnis der *Auslosung* seinem Bruder oder einem Dritten mitteilen kann. Bis zu dieser Minute ist die Population der Universität homogen: die strenge Korrelation der Ergebnisse von Zwillingspaaren, denen durch Los das gleiche Fach zugefallen ist, berechtigt mich nicht, anzunehmen, daß *nur jenen* Studenten schon vor dem Examen existierende, Erfolg oder Mißerfolg festlegende Eigenschaften zugeschrieben werden dürften, deren Bruder zufällig das gleiche Los ziehen wird wie sie. Anders gesagt kann ich jetzt nicht nur (wie schon früher) sicher sein, daß einige Studenten schon vor der Auslosung die ganz bestimmte Fähigkeit haben, etwa im Fach Latein durchzufallen oder zu bestehen, sondern ich bin mir dieser Fähigkeit jetzt bei *allen* Studenten sicher, auch bei denen, deren Bruder nicht „Latein" zieht, und auch bei denen, die es selber nicht ziehen. Das gilt natürlich gleichermaßen für Grie-

---

[4] Das Adverb „getreu" sollte hier so verstanden werden: es ist vorstellbar, daß an der betrachteten Universität manche Vorlesungen schlecht sind und daß das Bestehen einer Prüfung in, sagen wir, Latein nicht die Fähigkeit des Kandidaten garantiert, Latein sprechen zu können. Selbst in diesem Fall werden jedoch, nach unserer Analyse, Fähigkeiten *getreu* durch die Ergebnisse wiedergegeben: nämlich die Fähigkeiten, Lateinprüfungen, so wie sie an dieser Universität gegeben werden – und in der Zukunft gegeben werden –, zu bestehen oder nicht. In unserer Begründung handelt es sich also ausschließlich um diese Fähigkeiten.

chisch und Chinesisch und alle anderen Vorlesungen. Auch in diesem Fall könnten wir übrigens einen sehr einfachen Beweis durch Widerspruch geben. Wenn nämlich eine statisch signifikante Zahl von Studenten in bezug auf einen Prüfungsstoff nicht diese bestimmte Fähigkeit hätte (und darum nur Zufallsantworten geben würde), dann würde bei der Auslosung mit größter Wahrscheinlichkeit ein Zwillingspaar, bei dem zumindest einer sich in dieser Lage befindet, dieses Fach ziehen. In einer sehr großen Universität würde das sogar bei vielen Paaren passieren; das hätte, wie wir schon sahen, die statistisch unvermeidliche Folge, daß man im besten Falle nur eine *teilweise* Korrelation zwischen den Ergebnissen dieser Paare beobachten würde [5]. Nach Voraussetzung ist das nicht so, also hat schon vor der Ziehung der Art der Prüfung jeder der Studenten die bestimmten Fähigkeiten in allen Fächern, in denen er unterrichtet wurde. Natürlich müssen diese Fähigkeiten für die beiden Partner dieselben sein, da ja eine strenge Korrelation gilt.

Das Theorem

Die Voraussetzungen für die folgende Beweisführung sind genau die Schlüsse, zu denen ich gerade gelangt bin. Es sind also keineswegs beliebige Hypothesen. Wenn ich jemals aus dem einen oder anderen Grund dazu gebracht würde, ihre Gültigkeit anzuzweifeln, könnte ich das logischerweise nur tun, wenn ich auch die Gültigkeit der Gedankenkette anzweifle, die zu ihnen geführt hat. Ich muß dann zum Beispiel zeigen, daß diese Gedankenfolge fehlerhaft ist oder daß sie selbst auf Voraussetzungen beruht, die nicht alle notwendig sind. Kurz, die Bedeutung dieses Abschnitts kann nicht wirklich unabhängig vom Inhalt des vorstehenden Abschnitts verstanden werden.

---

5 Es sollte hier bemerkt werden, daß dieses Resultat in aller Strenge nur dank der oben angesprochenen Bedingung wahr ist, daß die Studenten nicht einmal ihrem Bruder vom Ergebnis der *Auslosung* ihres Prüfungsfaches Bescheid sagen können. Man könnte sich in der Tat eine Population von Studenten vorstellen, die einerseits von sehr starker Bruderliebe bewegt sind und andererseits in Chinesisch nur unvollkommene Kenntnisse haben, die weder einen Erfolg noch einen Mißerfolg garantieren. Diese Studenten haben nach Voraussetzung keine bestimmte Fähigkeit, die Prüfung in Chinesisch zu bestehen oder nicht, aber wenn die Bedingung, an die wir gerade erinnerten, nicht befriedigt wäre, dann könnte es geschehen, daß die Studenten schon alle wüßten, welche Prüfung ihr Bruder ausgelost hat, und daß all jene, die wußten, daß ihr Bruder das Pech hatte, das (schwierige) Fach „Chinesisch" zu ziehen, dadurch so berührt sind und besorgt wären, daß sie in ihrem eigenen Examen durchfallen würden. Die Ergebnisse würden dann eine strenge Korrelation (allgemeines Nichtbestehen) bei den Studentenpaaren zeigen, bei denen beide das Fach „Chinesisch" gezogen haben, aber es wäre sicherlich unrichtig, wenn man eine solche Korrelation als Anzeichen dafür sehen würde, daß eine vorherbestimmte (negative) Fähigkeit bei den Studenten vorhanden war. Die Bedingung, die festlegt, daß die Studenten ihren Bruder nicht vom Ergebnis des Auslosens unterrichten können, schließt diese Lücke in der Beweisführung; wenn jemand die Prüfung nicht besteht, dann deswegen, weil er nicht die *Fähigkeit* hatte, sie zu bestehen, ob nun vor Aufregung oder aus anderen Gründen. (Kritische Analysen dieser Art, die in bezug auf die vorliegende Analogie lächerlich wirken, dürfen nicht außer acht gelassen werden, wenn es um das wirkliche physikalische Problem geht, das weiter unten ausführlich behandelt wird.)

Was sind nun, nach diesen Vorbemerkungen, die Schlüsse, zu denen ich oben gekommen bin? Im wesentlichen bestehen sie (unter der Hypothese, daß es zwischen den Kandidaten keine Verständigung gibt) in folgendem: an dieser bestimmten Universität haben *erstens* die Studenten am Ende eines Jahres (aber schon vor der Auslosung) immer[6] wohlbestimmte Fähigkeiten, in allen unterrichteten Unterrichtsfächern entweder zu bestehen oder durchzufallen, *zweitens* spiegeln die Messungen (das bestimmte Examen, das jeder machen muß) getreu diese Fähigkeit wieder, und *drittens* haben die Brüder eines Zwillingspaares in dem Moment, auf den es ankommt, genau dieselben Fähigkeiten.

Aber bis jetzt habe ich mich hauptsächlich für Zwillingspaare interessiert, bei denen beide Partner denselben Prüfungsstoff ausgelost haben. Nehmen wir jetzt noch einmal an, daß der Unterricht in Latein, Griechisch und Chinesisch erteilt wurde, und bleiben wir dabei, daß der Student in der letzten Minute ein Los zieht, das bestimmt, welche Prüfung er nimmt. Zusätzlich zu den drei Gruppen von Zwillingspaaren, bei denen beide Partner im selben Stoff geprüft werden (entweder in Latein, Griechisch oder Chinesisch) gibt es dann drei andere Gruppen von Paaren, die statistisch[7] gesehen die gleiche Population haben. In einer dieser Gruppen nimmt ein Partner die Prüfung in Latein und der andere in Griechisch, eine andere Gruppe besteht aus den Paaren, bei denen ein Partner in Latein und der andere in Chinesisch geprüft wird, und die dritte schließlich setzt sich aus Paaren zusammen, bei denen ein Partner in Griechisch und der andere in Chinesisch geprüft wird. Ich kann also in Anbetracht des schon Gesagten feststellen, daß die Prüfungsergebnisse mir genau Aufschluß geben darüber, welche Fähigkeiten jedes Paar in *zwei* Fächern hat. Wieder einmal weiß ich, daß die erhaltenen Ergebnisse die Fähigkeiten getreu wiedergeben, und ich weiß auch, daß jeder Student dieselben Fähigkeiten hat wie sein Bruder (siehe dazu den vorhergehenden Abschnitt). Betrachten wir zum Beispiel ein Paar, bei dem ein Partner in Latein geprüft wird und der andere in Griechisch. Wenn der erste bestanden hat und der andere durchgefallen ist, dann weiß ich damit, daß „das Paar" (das heißt jeder der beiden Brüder) schon vor dem Auslosen die Fähigkeit hatte, in Latein zu bestehen, *und* „die Fähigkeit", in Griechisch durchzufallen.

Diese Fähigkeiten hatten die Studenten, wie wir oben sahen, schon vor der Auslosung. Wir haben sogar gezeigt, daß jeder gleichzeitig wohlbestimmte Fähigkeiten hat, entweder positiv oder negativ, in Latein, Griechisch und in Chinesisch zu bestehen. Ich kann also wegen dieser Fähigkeiten die Begründung, die mich der Gültigkeit von Lemma B versicherte, Wort für Wort wiederholen: gerade vor der Auslosung gehört ein Student mit der Fähigkeit, in Latein und Griechisch zu bestehen, entweder zu der Klasse jener, die die Fähigkeit haben, in Latein und Chinesisch zu bestehen, oder zu der Klasse jener, die die Fähigkeit haben, in Griechisch zu bestehen und in Chinesisch durchzufallen.

---

[6] „immer" bedeutet: solange die Ergebnisse im Archiv registriert worden sind.

[7] „Statistisch" bedeutet „bis auf kleine Schwankungen". Man weiß, daß es immer möglich ist, die relative Wichtigkeit der Schwankungen so unbedeutend zu machen, wie man will, indem man den Stichprobenumfang vergrößert.

Diese beiden Klassen sind zueinander fremd. *Also ist (an unserer Universität) die Zahl der Studenten, die die Fähigkeiten haben, gleichzeitig in Latein und in Griechisch zu bestehen, notwendigerweise kleiner oder gleich der Zahl der Studenten, die die Fähigkeiten haben, gleichzeitig in Latein und Chinesisch zu bestehen, vermehrt um die Zahl der Studenten, die gleichzeitig die Fähigkeiten haben, in Griechisch zu bestehen und in Chinesisch durchzufallen.*

Aber, so wird man fragen, kann eine solche Aussage durch die Erfahrung bestätigt werden? Anders gesagt, können wir bei den Studentenzahlen, die hier verglichen werden, sicher sein, daß die Prüfungen sie auch zeigen, wie sie sind?

Im großen und ganzen ist die Antwort „ja". In der Tat, wenn ich mich immer noch auf das beziehe, was im vorstehenden Abschnitt gezeigt wurde – und natürlich wenn die Note, die der eine Bruder bekommt, nicht durch das Los oder das Ergebnis des anderen beeinflußt wird, denn diese Hypothese hatte ich ja verworfen – dann weiß ich, daß die wirklich gegebenen Antworten *getreu* die Fähigkeiten des Paares widerspiegeln, das sie gab. Unter den Paaren, die zum Beispiel Latein und Griechisch losten, kenne ich den genauen Anteil jener, die, schon bevor sie das Los zogen, die Fähigkeit hatten, diese beiden Prüfungen zu bestehen. Gerade weil ja die Prüfungsfächer durch das Los bestimmt wurden, kann dieser Anteil nicht sehr verschieden sein von dem Anteil der Paare mit denselben Eigenschaften in der gesamten Studentenschaft. Die Gesetze der Statistik lehren mich sogar, daß der wahrscheinlich zu erwartende Unterschied zwischen den beiden Anteilen beliebig klein gemacht werden kann, wenn die Anzahl der Studenten vergrößert wird. Mit einer näherungsweisen Genauigkeit, die im Prinzip immer verbessert werden kann, solange es nötig ist, gibt mir die Prüfung also *getreu* Aufschluß über den Anteil der Paare in der Gesamtpopulation der Universität, die gleichzeitig die Fähigkeit haben, in Latein und Griechisch zu bestehen. Gleichermaßen geben mir die Prüfungsergebnisse Auskunft einerseits über den Anteil der Studenten an der Gesamtpopulation, die gleichzeitig die Fähigkeit haben, in Latein und Griechisch zu bestehen, und andererseits den der Paare mit der Fähigkeit, in Griechisch zu bestehen und in Chinesisch durchzufallen: diese Anteile sind ganz einfach bis auf einen gemeinsamen Faktor (und bis auf auch wieder vernachlässigbare Schwankungen) gleich den entsprechenden Zahlen von bestandenen oder nichtbestandenen Prüfungen, wie man sie erhält, wenn man die Akten durchsieht, die über die Prüfungen angelegt worden sind. Selbstverständlich brauchen wir nur die Akten durchzusehen, die die Ergebnisse von Paaren, die Prüfungen in verschiedenen Fächern abgelegt haben, festhalten.

Wenn ich mich auf die letzte kursiv gedruckte Aussage (s. oben) beziehe, dann stelle ich fest, daß sie einerseits offensichtlich gültig bleibt, wenn ich den Ausdruck „Zahl der Studenten" überall durch den Ausdruck „Anteil der Paare in der Gesamtpopulation" ersetze (man kommt ja vom ersten zum zweiten, indem man durch die Gesamtzahl der Studenten dividiert) und daß diese Anteile andererseits gleich sind (immer bis auf einen gemeinsamen Faktor und bis auf vernachlässigbare Schwankungen) mit Größen, die wahre Meßergebnisse sind, nämlich die Zahl der Paare, bei denen beide Partner bestehen oder bei denen der eine besteht und der andere durchfällt (je nachdem), Zahlen, die ich wie gesagt erhalten kann, indem ich die entsprechenden Prüfungsakten durchsehe.

Wir haben also gerade bewiesen, daß in unserer Universität die Prüfungsergebnisse getreu die Fähigkeiten der Kandidaten widerspiegeln (und von diesen Fähigkeiten wissen wir, daß sie präexistent sind). Ich kann dann also jetzt die fragliche Aussage so umformulieren, daß ich von Meßergebnissen spreche, und damit ergibt sich ein Satz, den ich wegen seiner Wichtigkeit im folgenden einfach „Theorem" nennen werde.

Theorem

In der oben beschriebenen Universität und unter der Voraussetzung, daß die Studenten von der Auslosung ihrer Prüfungsfächer an voneinander getrennt sind, kann man – mit einer Wahrscheinlichkeit, die gegen eins geht, wenn die Zahl der Studenten hinreichend groß ist – behaupten, daß die Zahl der Paare, bei denen ein Partner in Latein und der andere in Griechisch besteht, kleiner oder höchstens gleich der Zahl der Paare ist, bei denen ein Partner in Latein und der andere in Chinesisch besteht, vermehrt um die Zahl der Paare, bei denen ein Partner in Griechisch besteht und der andere in Chinesisch durchfällt.

Für die Gültigkeit dieses *Theorems* ist die Voraussetzung wesentlich, daß die Prüflinge isoliert sind. Man kann also annehmen, daß der Präsident dieser Universität alle denkbaren Vorsichtsmaßnahmen ergreift, damit diese Hypothese erfüllt wird. Ich nehme in der Folge an, daß er sich zu diesem Zweck entschlossen hat, die Kandidaten in weit voneinander entfernten Zimmern zu prüfen; und daß der Kandidat das Los, das bestimmt, welche Prüfung er unmittelbar danach schreiben wird, erst sieht, nachdem er das ihm zugewiesene Zimmer erreicht hat.

Zurück zur Physik

In der Physik ist der Fall der strengen Korrelation, das heißt, der Situationen, bei denen zwei Gegenstände (gewöhnlich spricht man von zwei „Systemen") am Anfang völlig gleiche Eigenschaften haben (oder umkehrbar eindeutig aufeinander abgebildet werden können), gar nicht selten. Wenn diese Systeme sich anschließend auf natürliche Weise voneinander entfernen – während sie ihre Eigenschaften beibehalten –, so kann man, wie oben, bei einem von ihnen die Eigenschaft a und beim anderen die Eigenschaft b messen. Und unter sehr schwachen Bedingungen dafür, daß sie sich aus großer Entfernung nicht beeinflussen, hat man auch die zusätzliche Garantie, daß die erste dieser Messungen die Eigenschaft, die als zweite gemessen wird, nicht beeinflußt. Wenn man es unter diesen Bedingungen so einrichtet, daß eine sehr große Zahl solcher Paare von Systemen hergestellt wird, und wenn man dann bei einer sehr großen Zahl dieser Paare a und b mißt, bei der gleichen Menge anderer Paare a und c und endlich bei wiederum der gleichen Zahl b und c, dann wird man erwarten dürfen, daß das Analogon des Satzes durch die erhaltenen Resultate bestätigt wird.

In einem der Sätze des vorangehenden Absatzes mußte ich den Einschub „unter sehr schwachen Bedingungen dafür, daß sie sich aus der Ferne nicht beeinflussen", einführen. Diese Beschränkung ist wesentlich. Ich will mich jetzt bemühen, sie zu präzisieren.

Dazu erinnere ich daran, aus welchem Grund wir sie einführten: sie soll verhindern, daß ein Prüfling, der sich im Raum befindet, in dem die Lateinprüfung durchgeführt wird, und der gleich geprüft werden wird, aus der Entfernung durch die Prüfung, die sein Bruder gerade in Chinesisch macht, beunruhigt wird. Das könnte vielleicht der Fall sein, wenn selbst nach ihrer Trennung die beiden Brüder durch irgendein Morsesystem oder ein Walkie-Talkie oder auch nur durch einen einfachen Faden (der dem einen das Zittern des anderen mitteilt!) in Verbindung stehen. Dazu möchte ich noch zwei Bemerkungen machen.

Die erste ist, daß jedes Signal – auch der Zug an einem Faden! – Zeit braucht, um sich auszubreiten[8]. Wenn die Prüfungen, denen sich die beiden Brüder unterziehen, praktisch im selben Augenblick stattfinden, die eine gleich hier und die andere in einem sehr weit entfernten Raum, dann habe ich allen Grund anzunehmen, daß keiner der beiden im geringsten durch die Prüfung des anderen beeinflußt werden kann. So ist es auch in der Physik, soweit es die Messungen an zwei (miteinander in Beziehung stehenden) Systemen betrifft, wenn diese Messungen praktisch zur selben Zeit und an voneinander weit entfernten Orten stattfinden. Das sind also die Bedingungen, unter denen ich – wenn sie verwirklicht sind – mit gutem Grund erwarten kann, daß der Satz bestätigt wird.

Die zweite Bemerkung betrifft die Situationen, in denen solch strenge Bedingungen nicht erfüllt sind. Sie besagt, daß selbst dann die Vorstellung, daß sich die Systeme aus der Entfernung nicht beeinflussen, in sehr vielen Fällen wahrscheinlich ist, wie das Beispiel der zwei Studenten, die ihre Arbeiten in zwei verschiedenen Räumen schreiben, zeigt. Hier eben kommt der Begriff der Trennung der Systeme ins Spiel. Wenn dieser Begriff für unseren Verstand sinnvoll ist, so genau deshalb, weil wir denken, daß zwei Gegenstände dann, wenn sie einmal getrennt sind, keinen Einfluß aufeinander haben oder auf jeden Fall, daß sie sich dann weniger beeinflussen als zu der Zeit, in der sie vereint waren. Wir definieren also, anders gesagt, intuitiv den Begriff der Trennung im wesentlichen gerade durch die Abwesenheit oder die Verminderung dieses gegenseitigen Einflusses. In dem – sehr hohen – Maß, in dem wir meinen, daß ein solcher Begriff einen Sinn hat und sich in der Tat auf die Wirklichkeit anwenden läßt, in dem Maß, in dem wir meinen, daß er tatsächlich auf spezielle Gegenstände oder Wesen zutrifft, die sich „getrennt" haben, werden wir erwarten, daß das Theorem für solche Fälle gilt; oder zumindest werden wir erwarten, daß die Vorhersagen immer besser bestätigt werden, je weiter sich die jeweils zwei Elemente der Paare von Systemen, die wir betrachten, voneinander entfernen.

Dieses Betrachtungen genügen zum Verständnis des Folgenden. Es bleiben indessen einige Bemerkungen zu machen.

Bemerkung I. Vom Zufall und von der Notwendigkeit. Oben habe ich gezeigt, daß man aus der strengen Korrelation, die bei gewissen Ergebnissen beobachtet wird (Zwillingsbrüder, die sich derselben Prüfung unterzogen haben), auf die Anwesenheit von bestimmten schon vor der Prüfung existierenden Fähigkeiten schließen kann: in dieser Universität antworten die Studenten nicht auf

---

[8] Kein Signal ist schneller als das Licht. Das ist ein Prinzip der Relativitätstheorie, das bis jetzt durch die Erfahrung immer bestätigt wurde.

gut Glück. Dazu ist zweierlei zu bemerken. Zunächst ist, – wie ich schon betont habe – diese Information keine Hypothese, sondern eine *Folge* des Beweises, also seiner Voraussetzungen (und im besonderen der Hypothese, daß es zwischen den Kandidaten während der Prüfung oder während der vorangehenden Auslosung keine Wechselwirkung gibt). Es wäre also widersinnig, zu behaupten, daß wir in diesem Kapitel *Determinimus vorausgesetzt* hätten. Die zweite Bemerkung ist, daß man wohlgemerkt keineswegs den Determinismus *allgemein* bewiesen hat, sondern nur, soweit es Phänomene betrifft, die in der hier beschriebenen strengen Korrelation stehen.

Was den Beweis selbst betrifft, so ist es vielleicht nützlich, klarzustellen, daß er von den Prüfern ein unparteiisches Verhalten verlangt. Im besonderen wäre er nicht gültig, wenn die Prüfer ihre Noten nicht aufgrund der Antworten der Kandidaten geben würden, sondern als eine Funktion ihrer Reihenfolge oder der Antworten ihrer Vorgänger oder auch des Faches, das der Bruder des Prüflings gezogen hat. Für die Anwendungen des Theorems auf die Physik werde ich im folgenden annehmen, daß die Meßinstrumente so gebaut sind, daß sie ein ähnlich fehlerhaftes Verhalten wie das dieser Prüfer nicht zulassen.

Bemerkung II. Man bemerke, daß im physikalischen Fall (Paare von Teilchen, siehe weiter unten) der Beweis des Theorems ganz sicher erfordert, daß die Teilchen, ganz wie die Zwillinge, in Gedanken getrennt werden können. Aber die entgegengesetzte Hypothese – die durch die elementarste Deutung der Quantenmechanik nahegelegt wird – läuft darauf hinaus, von vornherein die *Untrennbarkeit gelten zu lassen*, die dieses Kapitel ja gerade beweisen will.

Bemerkung III. Gibt es noch andere Hypothesen als die genannten, die dem Beweis des Satzes zugrunde liegen? (Etwa die Existenz einer äußeren Wirklichkeit als Grundlage der Regelmäßigkeiten der Phänomene und sehr allgemeine Bedingungen einer Nicht-Beeinflussung aus der Ferne?) Diese Frage muß bei einer sorgfältigen Analyse bejaht werden. Außer daß hier die Induktion benutzt wird, kann man in der gegebenen Begründung eine verborgene Voraussetzung erkennen, die man auf verschiedene Weisen beschreiben kann. Eine davon besteht darin, mit Einstein zu sagen (siehe Kapitel 7), daß dann, wenn man – ohne das System zu beeinflussen – mit Sicherheit das Ergebnis einer Messung einer physikalischen Größe dieses Systems voraussagen kann, in der Wirklichkeit etwas existiert, das dieser Größe entspricht. Andere Aussagen erfüllen denselben Zweck, ohne ausdrücklich den Begriff der Wirklichkeit einzuführen. Aber das sind Feinheiten, auf die wir hier noch nicht einzugehen brauchen (siehe Kapitel 12). Hier genügt die Bemerkung, daß eine verborgene Hypothese, falls es sie gibt, jedenfalls nur schwer angezweifelt werden kann.

Bemerkung IV. Wenn in unserer Universität – wie in einer gewöhnlichen Universität – die Studenten im voraus über den Prüfungsstoff informiert würden, könnte es geschehen, daß zum Beispiel die Studenten, die in Latein und Griechisch geprüft werden, das Chinesische vernachlässigen und also schon am Prüfungstag die Gruppen mit den Kombinationen Latein – Griechisch, Latein – Chinesisch und Griechisch – Chinesisch keine repräsentativen Stichproben der Gesamtpopulation der Studenten mehr darstellen, auch wenn sie zu Beginn des Jahres aus Studenten bestand, die im Mittel dieselben Fähigkeiten hatten. In diesem Fall trifft der Beweis des Theorems sicherlich nicht zu. Aber ich habe diesen Fall ausgeschlossen, indem ich beschloß, jeder Student hätte unmittelbar vor seiner Prüfung ein Los zu ziehen, das bestimmt, in welchen Fächern er geprüft wird.

In der Physik ist ein solches Hindernis bei dem Beweis des Theorems wenig wahrscheinlich. Damit es eintritt, müßte die Wahl der physikalischen Größen, die gemessen werden – oder die Bereitstellung der benutzten Instrumente – aus der Entfernung die gemessenen physikalischen Systeme oder ihre Quellen beeinflussen können, bevor die Messung durchgeführt wird.

Man wird sicherlich für eine Versuchsanordnung sorgen, die jeden Einfluß dieser Art, der von bekannten Kräften herrührt, ausschließt. Soweit aber unbekannte Einflüsse vorhanden sind, kann man jedenfalls hoffen, sie vernachlässigbar klein zu machen, indem man die Quelle weit entfernt von den Empfängern aufbaut. Eine kleine grundsätzliche Schwierigkeit, das Theorem streng zu beweisen, bleibt wegen der Möglichkeit solcher Wirkungen, so unwahrscheinlich sie auch sein mögen, dennoch bestehen. Man wird sie erst an dem Tag völlig ausschließen können, an dem man Methoden zur Verfügung hat, die äquivalent dazu sind, daß die Meßinstrumente erst dann „in Stellung" gebracht werden, *nachdem* Teilchen von der Quelle ausgeschickt worden sind, das heißt praktisch während eines Zeitraums von der Größenordnung einer milliardstel Sekunde. So unglaublich das erscheint, so ist es doch kein Ziel, das aus technischen Gründen ganz unmöglich zu erreichen wäre. Bemühungen in diesem Sinn wurden schon angestellt.

Bemerkung V. Das Theorem bezieht sich auf die Zahl der Paare, die *wirklich* in Latein und Griechisch, beziehungsweise in Latein und Chinesisch, bestanden haben und die Griechisch bestanden haben, aber in Chinesisch durchgefallen sind. Der Beweis ist offenbar auf die entsprechenden Anzahlen *eingeschriebener* Studenten nur dann anzuwenden, wenn die Sekretärin, die die Aufgabe hat, die Zensuren einzutragen, darauf achtet, die Noten eines jeden Studenten in ihr Register einzutragen, oder wenn sie dabei zumindest gleichmäßig unaufmerksam ist. In diesem letzten Fall sind in der Tat die Zahlen der eingetragenen Noten proportional zu den wirklichen Zahlen, und die Ungleichheit der letzteren hat eine entsprechende Ungleichheit der ersteren zur Folge. Dieser Fall tritt also dann ein, wenn das, „was man nicht sieht" (die Noten, die die Sekretärin einzutragen vergaß), sich nicht anders verhält als das, „was man sieht".

Aus verschiedenen technischen Gründen sind die in den hier beschriebenen Experimenten benutzten Apparate leider unvollkommen. Sie zeigen nicht alle Ergebnisse an und gewisse Paare von Teilchen entkommen ihnen. Man hat trotzdem jeden Grund anzunehmen, daß ihre Unvollkommenheit nicht selektiv ist. Sie zeigen diese Wirkungen in einer gleichförmigen Weise; auch in diesen Experimenten ist es in hohem Maße unwahrscheinlich, daß das, was man nicht sieht, sich anders verhält als das, was man sieht. Das erlaubt die Anwendung des Satzes auf die Ergebnisse der bis heute durchgeführten Versuche, obwohl alle bis heute zur Verfügung stehenden Apparate noch unvollkommen sind.

Die experimentelle Überprüfung

Noch einmal: Das Theorem findet in der Physik seine wichtigsten Anwendungen. Die Liste der Entsprechungen zwischen den Begriffen des Beispiels und denen eines beliebigen physikalischen Experiments ist offensichtlich und wurde bereits benutzt. Die Studenten symbolisieren die betrachteten physikalischen Systeme (Atome, Moleküle, usw.), den Prüfern entsprechen die Meßinstrumente, den Prüfungen die Wechselwirkungen zwischen den Systemen und den Instrumenten, den Ergebnissen (Erfolg oder Mißerfolg) die Meßergebnisse der verschiedenen dichotomen Variablen (s. S. 28), die für Darstellungen der Eigenschaften der Systeme gehalten werden, und den Fähigkeiten der Studenten schließlich diese Eigenschaften selbst.

Wenn nun die Physik nicht als eine einfache Sammlung von Vorschriften aufgefaßt wird, wenn − anders gesagt − der Begriff einer Wirklichkeit, die unabhängig von unserem Bewußtsein existiert (ohne ihm jedoch völlig unzugänglich zu sein), irgendeinen Sinn haben soll, dann ist der Beweis des Satzes, wie er oben skizziert ist, ein allgemeiner Beweis. Ich meine damit, daß er auf jedes physikalische System angewendet werden kann, ob es nun klassisch oder quantenmechanisch ist (im Fall der Quantenmechanik indessen müssen einige begriffliche Schwierigkeiten behoben werden; diese Fragen werden im zwölften Kapitel behandelt).

Die physikalischen Beispiele für strenge Korrelation, bei der die Ungleichheit, die der Satz vorhersagt, befriedigt ist, sind unzählbar; es genügt, eins zu beschreiben. Zunächst sind Magnetstäbe paarweise angeordnet. Das eine Element jedes Paares ist parallel zum anderen und, zum Beispiel, im entgegengesetzten Sinn magnetisiert. Die Nord-Süd-Richtung des einen fällt mit der Süd-Nord-Richtung des anderen zusammen. Wir können sagen, daß sie Kopf an Schwanz liegen. Aber im Raum unterscheidet sich die allgemeine Ausrichtung von einem Paar zum anderen und ist zufällig verteilt. Später werden die Elemente jeden Paares durch eine Kraft, die von außen kommt, getrennt. Sie verschieben sich, der eine Magnet zur Rechten des Beobachters, der andere zur Linken, aber immer unter Erhaltung der Anfangsrichtung. Der Beobachter läßt alle Stäbe, die sich nach rechts bewegen, durch einen Apparat gehen, in welchem eine gewisse, durch einen Vektor[9] a charakterisierte Richtung aus-

---

[9] Hier und in den folgenden Kapiteln kann der Gebrauch gewisser Fachausdrücke leider nicht immer vermieden werden. Es sind die Worte „Vektor" und „Spin" und der Ausdruck „Komponente des Spins in Richtung a". (Fortsetzung s. gegenüberliegende Seite)

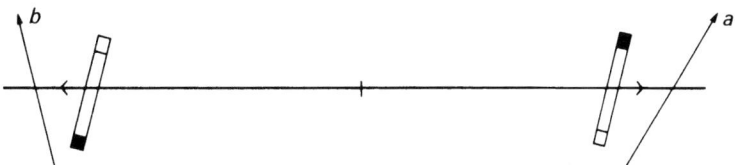

Abb. 2. Schema einer Messung an einem Paar von Magnetstäben

gezeichnet ist und der automatisch bei jedem Stab feststellt, ob der durch a und die Nord-Süd-Richtung des Stabes gebildete Winkel spitz ist (er schreibt dann +) oder stumpf (er schreibt dann −). Genauso läßt er alle Stäbe, die sich nach links bewegen, durch einen dem anderen gleichen Apparat hindurchgehen, dessen Richtung jedoch durch einen Vektor b, der verschieden ist von a, charakterisiert ist: mit denselben Symbolen + und − notiert dieser Apparat gleichermaßen für jeden Stab, ob der Winkel, den b und die Nord-Süd-Richtung des Stabes bilden, spitz oder stumpf ist (Abbildung 2).

Nachdem der Experimentator so eine sehr große Anzahl von Paaren von Magnetstäben untersucht hat, beginnt er von neuem mit der gleichen Anzahl von Stäben, benutzt aber diesmal Geräte, deren Orientierung durch die Vektoren a und c, wobei c verschieden ist von b, bestimmt ist. Schließlich wieder-

---

Der Begriff des *Vektors* ist für den Physiker außerordentlich einfach: Es handelt sich um einen Pfeil, den man sich, wenn man will, ganz gegenständlich vorstellen kann und der im Raum eine vorgegebene Richtung hat. Im allgemeinen ist ein Vektor auch durch seine Länge charakterisiert, aber oft dienen die benutzten Vektoren nur dazu, eine Richtung festzulegen und ihre Länge braucht also nicht betrachtet zu werden. Bei der *Komponente* eines Vektors in einer gegebenen Richtung handelt es sich um eine Zahl, die der Länge der Projektion des Vektors in diese Richtung (mit dem richtigen Vorzeichen versehen) entspricht. So ist zum Beispiel die Komponente der (gerichteten) Hypothenuse eines rechtwinkligen Dreiecks in der Richtung, die durch einen Schenkel des rechten Winkels definiert wird (ohne das Vorzeichen zu berücksichtigen) gleich der Länge dieses Schenkels.

Der Begriff des *Spins* ist schwieriger. Man kann ihn mit Hilfe des *Drehimpulses* einführen. Wenn ein Körper sich um eine Achse dreht, wie zum Beispiel die Erde in vierundzwanzig Stunden um die Achse, die durch die Verbindungslinie der beiden Pole definiert ist, dann ist es am einfachsten, ihre Bewegung durch einen Vektor anzugeben, der in dieser Achse liegt, dessen Richtung in der Achse durch den Rotationssinn und dessen Länge durch die Geschwindigkeit der Rotation bestimmt ist. Ein solcher Vektor heißt *Drehimpulsvektor*.

Sehr viele Elementarteilchen zeigen bei Versuchen bemerkenswerte Eigenschaften, die sie in gewisser Hinsicht − aber auch nur in gewisser Hinsicht − makroskopischen Objekten mit einem *Drehimpuls* ähneln lassen. Man sagt, diese Teilchen hätten einen *Spin*. Es ist bequem, den Spin als einen zum Teilchen gehörenden Vektor aufzufassen. Aber die Analogie mit dem *Drehimpuls* der makroskopischen Objekte darf nicht zu weit getrieben werden. So gibt es zum Beispiel Meßgeräte − sie werden Stern-Gerlach-Apparate genannt −, die man auf eine beliebige Richtung einstellen kann und die es erlauben, eine Größe zu messen, die man − aus theoretischen Gründen, deren Erläuterung zu lang werden würde − geneigt ist, als die *Spinkomponente des Vektors* in der Richtung, in die der Stern-Gerlach-Apparat ausgerichtet ist, zu interpretieren. Indessen (und da versagt die Gleichsetzung des Spins mit einem klassischen Vektor) können die so erhaltenen Zahlen immer nur ganze Vielfache einer Größe sein, je nach dem Typ der betrachteten Teilchen; und das ganz unabhängig von der Ausrichtung des Apparates.

holt er ein drittes Mal dieselbe Untersuchung, aber diesmal benutzt er Geräte, deren Richtungen durch die Vektoren *c* und *b* gekennzeichnet sind.

Die Bedingungen, unter denen der Satz angewandt werden kann, sind so sicher befriedigt. Dieser Satz muß nur umformuliert werden, damit berücksichtigt wird, daß die hier eingeführte strenge Korrelation „negativ" ist (zur Definition der negativen Korrelationen siehe S. 31). Mit der oben beschriebenen Methode[10] ist es leicht, zum Beispiel das Folgende zu beweisen: wenn man in einem solchen Experiment nur die Paare von Magnetstäben zählt, die beide Meßergebnisse mit dem Vorzeichen + ergaben, dann *ist die Summe der Anzahlen der Paare bezüglich der beiden letzten dieser Operationen notwendigerweise größer oder gleich der Zahl, die sich für die erste ergab*[11]. Das Experiment bestätigt diese Vorhersagen, genau wie es auch das Theorem bestätigt, soweit es makroskopische Experimente betrifft, auf die der Satz angewendet werden kann.

Ich habe mir gerade eine Versuchsanordnung vorgestellt, die qualitativ das makroskopische Modell eines mikroskopischen Versuchs ist. Warum sollte ich nicht auch den mikroskopischen Versuch, dessen Modell diese Anordnung ist, betrachten! Zeitlich gesehen war es zuerst dieser Versuch, nicht der makroskopische Aufbau, den man sich vorgestellt hat. Theoretische Gründe machten ihn interessant. Sie wurden durch die Fakten bestätigt. Denn ich muß betonen, daß im Gegensatz zu den vorher beschriebenen Experimenten – mit Studenten und Magnetstäben – die Versuche, um die es jetzt geht, wirklich durchgeführt wurden. Und sogar wiederholt. Diese experimentellen Untersuchungen wurden seit dem Beginn der siebziger Jahre in vielen Laboratorien in Europa und den Vereinigten Staaten durchgeführt. Sie gingen dabei von theoretischen Vorstellungen aus, die während der sechziger Jahre entwickelt worden waren. Meine Absicht hier ist gewiß nicht, die technischen Aspekte zu vermitteln. Ich möchte nur die Grundgedanken und die Resultate aufzeigen. Diese Ergebnisse haben weitreichende Folgen.

Das Experiment, das ich beschreiben will, ist in einigen Fällen mit Paaren von Photonen, also Lichtquanten gemacht worden. In anderen Fällen wurde es mit Paaren von Protonen, also Kernen von Wasserstoffatomen, durchgeführt. Besonders an diesem zweiten Vorgang möchte ich den Leitgedanken verdeutlichen. Er besteht darin, daß man zuerst ein Proton einem anderen

---

10 ... und – seien wir genau! – unter Beachtung gewisser einfacher Symmetrien, die sich eigentlich von selbst verstehen. Insbesondere sollte das Experiment so angelegt sein, daß es – in der Sprache des Textes – sicherstellen sollte, daß es nicht von der anfänglichen Orientierung dieses Paares im Raum abhängt, welcher der beiden Stäbe sich, sagen wir, nach rechts (und nicht nach links) bewegt.
11 Der Beweis ist dem oben beschriebenen sehr ähnlich, der die Fälle mit streng positiver Korrelation betrifft. Der Leser kann ihn leicht selbst durchführen. Wenn er sich zu dieser Übung entschließt, sollte er bedenken, daß ein positives Ergebnis bezüglich eines der Stäbe hier einer „Fähigkeit" des anderen zu einem negativen Ergebnis entspricht; er kann dann Schlußfolgerungen über zwei „Fähigkeiten" desselben Magneten ziehen, wobei die Symmetrien berücksichtigt werden müssen. Siehe dazu auch Literaturhinweis [9].

Proton nähert, und zwar so, daß die beiden in einem „Zustand vom Gesamtspin Null" zusammentreffen [12]. Die Protonen ähneln in gewisser Weise winzigen Magnetstäben, und nach Definition ist ein „Zustand vom Gesamtspin Null" ein Zustand, in dem die Magnetisierung der beiden Protonen sich aufhebt, genau wie die der beiden Magnetstäbe im makroskopischen Modell sich aufhebt, wenn sie „Kopf an Schwanz" liegen [13]. Anschließend werden sich dann die Protonen, nachdem sie in Stoßprozessen in den Spin-Zustand gekommen sind, von dem wir sprechen, wieder voneinander entfernen, ohne daß sie während dieser Zeit ihren Spinzustand ändern. Schließlich passiert jedes Proton einen Stern-Gerlach-Apparat (oder etwas Ähnliches), der auf eine vom Experimentator gewählte Richtung eingestellt ist, die für die beiden Protonen nicht gleich ist. Jeder Apparat ist mit einem Zähler verbunden, der das Erscheinen des Protons entweder im „Bündel Nord" oder im „Bündel Süd" registriert, wobei diese Ausdrücke jeweils die Bündel bezeichnen, die beim Verlassen des Apparates zum Nordpol oder zum Südpol des Magneten dieses Geräts abgelenkt werden. Die Zugehörigkeit zum Bündel Nord wird durch das Zeichen + und das zum Bündel Süd durch das Zeichen − ausgedrückt. Jedes Protonenpaar erzeugt also in der Gesamtheit der Registrierapparatur, die aus den zwei Zählern besteht, entweder zwei + Zeichen oder zwei − Zeichen oder ein + Zeichen und ein − Zeichen; dieser letzte Fall kann auf zwei verschiedene Weisen zustande kommen, je nachdem, welcher Apparat etwa das + Zeichen registriert hat. Diese erste Etappe des Experiments wird mit N Protonenpaaren wiederholt. Dann wird die Richtung des einen Stern-Gerlach-Apparats geändert und das Experiment wird mit N anderen Protonenpaaren fortgesetzt. Schließlich wird die Richtung des anderen Apparates geändert (wie es auf Seite 41 beschrieben wurde) und das Experiment mit N anderen Protonenpaaren gemacht. In jeder dieser drei Phasen wird die Zahl der Fälle, in denen ein Paar das Auftreten von zwei + Zeichen bewirkt hat (wir nennen das „Anzahl der Fälle + +"), registriert (vgl. Abbildung 3).

Ähnliche Versuche werden gemacht, bei denen nacheinander die Winkel, die die relativen Richtungen der Apparate angeben, verändert werden.

Bei manchen dieser relativen Richtungen stellt man fest, daß die Zahl der Fälle + + in der zweiten Phase vermehrt um die Zahl der Fälle + + in der dritten Phase größer ist als die Zahl der Fälle + + in der ersten Phase. Das

---

12 Man kann zeigen, daß es dazu genügt, ein Bündel von Protonen − das zum Beispiel durch einen Van de Graaf-Beschleuniger erzeugt wurde − durch eine Scheibe, die einen großen Teil Wasserstoff enthält, zu schicken, wenn man nur dafür sorgt, daß die Protonen des Bündels hinreichend kleine Geschwindigkeit haben.

13 Der Grund dafür, daß man vom „Zustand mit Gesamtspin Null" spricht, ist, daß man jedem Proton einen Spin zuschreibt, der parallel zu seinem Magnetvektor ist, und daß in dem betrachteten Zustand die Vektorsumme dieser Spins Null ist. Indessen sind die Protonen mikroskopische Teilchen, die den Gesetzen der gewöhnlichen Mechanik nicht gehorchen, und der Begriff eines kleinen Spinvektors, der an jedes Proton angeheftet wird, darf, wie wir gesehen haben, nicht wörtlich genommen werden, besonders wenn wir im folgenden von Vektorkomponenten sprechen.

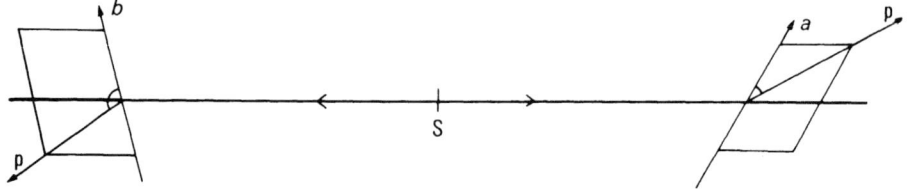

Abb. 3. Schema einer Messung an einem Paar von Protonen (p, p), die von einer Quelle S ausgeschickt werden.

überrascht nicht, denn wie wir (S. 42) bemerkten, entspricht das der Vorhersage der Übertragung des Satzes auf diesen Fall. Aber hier liegt jetzt der wesentliche Punkt. Für gewisse andere relative Richtungen stellt man fest, daß das Gegenteil der Fall ist. Die Summe der Zahlen im Fall + + bezüglich der beiden letzten Phasen ist kleiner als die Zahl der Fälle + + in der ersten Phase[14]. Das Phänomen ist reproduzierbar und der Unterschied zwischen den beiden Zahlen ist sicher größer als der, den einfache statistische Schwankungen hervorrufen können.

Die Untrennbarkeit

Ein solches Versuchsergebnis steht im Widerspruch zu den Vorhersagen des Theorems. Das ist die grundlegende Tatsache, mit der dieses Kapitel vertraut machen will. Ich muß also jetzt ihre Bedeutung bewerten. Jedes Theorem ist einem Verkaufsautomaten vergleichbar. Man gibt eine Hypothese hinein, und das Theorem zieht einen Schluß. „Wenn die Hypothese richtig ist, dann stimmt der Schluß" behauptet ein Theorem. Und wenn der Schluß sich als falsch herausstellt, dann stimmte die Hypothese nicht: kein Geld, dann keine Ware und keine Ware, *weil* kein Geld hineingesteckt wird.

In diesem Fall hat die Behauptung des Theorems die Form einer experimentell beweisbaren Vorhersage angenommen. Wenn die Hypothese stimmt, ist die Vorhersage für jede Orientierung relativ zur Apparatur richtig. Für einige dieser Richtungen ist sie es aber nicht. Also muß die Hypothese falsch sein.

Wie heißt denn diese falsche Hypothese? In den Bemerkungen IV und V (Seite 38 und 39) haben wir festgestellt, daß die genannten Einschränkungen

---

14 Genaugenommen ist das Ergebnis, das ich hier mitteile, das, was man mit einem idealen Aufbau und vollkommenen Empfangsgeräten erhalten würde. Um die Unvollkommenheiten besser zu berücksichtigen, haben die Physiker die durch das Theorem gegebene Ungleichung durch eine kompliziertere, aber im wesentlichen ähnliche beschrieben. Und diese neue Ungleichung ist es, deren Verletzung bei bestimmten relativen Orientierungen der Apparatur festgestellt wird [Ref. 2].

nicht wirklich wesentlich scheinen. Unter diesen Bedingungen ist die einzige Hypothese, die in das Theorem eingeht – abgesehen von den Hypothesen über die Wirklichkeit, siehe Kapitel 3 und 12 [15] – diejenige, *daß eine Beeinflussung aus der Ferne* vernachlässigbar ist. (Sie ist das physikalische Äquivalent zur Hypothese, daß keine Verständigung zwischen den Prüfungskandidaten möglich sein soll; diese wurde bei dem Beweis des Theorems gemacht. Siehe dazu oben S. 32 und S. 36.) Ohne jeden Zweifel folgt daraus: in den Augen eines Realisten ist mit Sicherheit diese Voraussetzung falsch. Mit aller Wahrscheinlichkeit – anders ausgedrückt – ist es *diese Hypothese*, die unser Experiment widerlegt.

Es handelt sich hier um eine sehr wichtige Entdeckung. Man kann ihren eigentlichen Sinn gar nicht so schnell erfassen. Wenn ich es versuchen wollte, müßte ich mich insbesondere davor hüten, mich durch Formeln verführen zu lassen, mit denen man manchmal versucht, ein langes Gespräch zusammenzufassen, während man dadurch in Wahrheit den Sinn verfälscht.

Ich muß mir jetzt also peinlich genau ins Gedächtnis zurückrufen, was ich glaubte, bevor ich die Versuchsergebnisse kannte, mich daran erinnern, warum ich glaubte, die Existenz einer Beeinflussung für so wenig wahrscheinlich halten zu können, daß sie den Beweis des Theorems nicht stören würde; wiederentdecken, welche Arten eines Einflusses aus der Entfernung eine solche Wirkung haben könnte.

Diese Aufgabe erfordert glücklicherweise nur ein kurzes Nachdenken. Tatsächlich habe ich schon früher (siehe S. 37) festgestellt, daß dann, wenn die Messungen fast gleichzeitig gemacht werden, aber die Abstände beträchtlich sind, die Voraussagen des Theorems nur dann verletzt werden, wenn es Einflüsse gibt, die sich extrem schnell ausbreiten. Diese Einflüsse müßten sich tatsächlich mit einer Geschwindigkeit ausbreiten, die mindestens so groß ist wie das Verhältnis zwischen der fraglichen Entfernung und dem Zeitraum zwischen den beiden Messungen. Wenn bei gewissen Experimenten dieses Verhältnis größer wäre als die Lichtgeschwindigkeit, dann müßte es Einflüsse geben, die sich mit ihren Wirkungen schneller als die Lichtgeschwindigkeit ausbreiten, und das stünde im Widerspruch zu der Vorstellung, die man sich im allgemeinen von den Grundlagen der Relativitätstheorie macht. Das wäre dann eine sehr wichtige Entdeckung. Unglücklicherweise ist eine solche Geschwindigkeit im Versuch schwer zu erreichen, deshalb sind (auch wegen der Bemerkung IV auf Seite 38) die gegenwärtig angestellten Versuche in dieser Hinsicht nicht ganz schlüssig. Man muß indessen betonen, daß sie Bedingungen verwirklichen, die so sind, daß eine Erklärung mit Hilfe eines direkten oder indirekten [16] Einflusses, der

---

15 und auch von Möglichkeit der Wahl repräsentativer Stichproben. Die letzte Hypothese ist allgemein und kommt in allen Zweigen wissenschaftlicher und technischer Forschung vor.
16 ‚Indirekt' bedeutet hier eine „normale" Kausalität und eine andere, die *in die Vergangenheit gerichtet* ist, ins Spiel zu bringen. Es gibt Argumente für und gegen eine solche Vorstellung. Natürlich kann man die Vorstellung solcher Einflüsse auch durch die Idee ersetzen, daß die beiden gemessenen physikalischen Systeme nur ein einziges bilden, das im Gegensatz zu all den ausgedehnten physikalischen Systemen, die wir kennen, sogar in Gedanken „untrennbar" ist.

schneller ist als das Licht, die wahrscheinlichste geworden ist. Jeder andere Versuch führt unvermeidlich tatsächlich sehr künstliche Hypothesen ein, bei denen man spürt, daß technische Verbesserungen der Experimente sie irgendwann unwirksam machen werden.

Aber ich kann auch noch etwas mehr sagen. Wieder einmal ist es in der Tat (siehe S. 37) der Begriff der *Trennung*, die Vorstellung von Gegenständen, die früher vereint waren und jetzt getrennt worden sind – oder sich selbst trennten – ein Begriff, der ein Nachlassen der Einflüsse enthält, die der eine auf den anderen ausüben kann. Es ist also ein Begriff, der, sowie man ihn auf ein Paar von Gegenständen anwenden kann, impliziert, daß für diese Objekte die Vorhersagen des Theorems auf die Tatsachen um so besser zutreffen, je mehr die Entfernung zwischen den Orten, an denen die Größen gemessen werden, zunimmt. Die Experimente, die ich beschrieben habe, bringen aber sehr verschiedene Entfernungen ins Spiel, und doch ist niemals eine Wirkung dieser Art beobachtet worden; auch nicht in dem Fall, in dem die Entfernungen „unvergleichlich" viel größer sind als die charakteristischen Längen der Objekte selbst. Darüber hinaus gibt es Argumente, diesmal nicht experimenteller, sondern theoretischer Natur, die wirklich annehmen lassen, daß die Vorhersagen des Satzes immer verletzt werden, wie groß auch die Entfernung der Objekte sein mag. Unter diesen Bedingungen muß ich zugeben, daß diese Gegenstände, auch wenn sie Gebiete des Raums einnehmen, die sehr weit voneinander entfernt sind, nicht wirklich getrennt sind. Diese Tatsache werde ich zur Abkürzung von jetzt an die Untrennbarkeit (oder Nicht-Separabilität) nennen.

Zwei weitere Beobachtungen drängen sich auf.

Die erste betrifft die Tatsache, daß solche Experimente die Untrennbarkeit nur in bezug auf bestimmte physikalische Systeme aufweisen, nämlich Teilchen mit einem Spin in einem Zustand mit Gesamtspin Null (oder genau definiertem Spin). In welchem Maß ist es gerechtfertigt, diesen Begriff auf den Fall von beliebigen Systemen, die in der Vergangenheit vereint waren, auszudehnen? Die Antwort auf diese Frage – das ist meine erste Bemerkung – kann auch nur durch Bezug auf die Theorie erhalten werden. Es gibt wirklich seit langer Zeit, wie ich gesagt habe, eine allgemeine Theorie mikroskopischer Systeme (Teilchen, Atome, Moleküle usw.). Das ist die Quantenmechanik. Wo Paare von Teilchen mit einem Spin im Zustand des Gesamtspins Null (oder genau definiertem Spin) betroffen sind, sagt diese Theorie schon voraus, daß das Theorem verletzt sein wird. Sie sagt die Untrennbarkeit voraus. In der Tat, wenn ich von vornherein an alle ihre Vorhersagen geglaubt hätte, wäre es gar nicht nötig gewesen, ein Experiment zu machen, um die Resultate zu kennen[17]. Aber die Untrennbarkeit widersprach zu vielen – wenigstens scheinbaren – „Offensichtlichkeiten", als daß es gut erschiene, auf diesem Gebiet ein blindes Vertrauen in die Theorie zu haben. Es ist darum sehr viel besser, daß der Versuch durchgeführt wurde.

---

17 Deshalb war die Untrennbarkeit eine theoretische Entdeckung, bevor sie experimentell aufgezeigt wurde.

Jetzt ist er jedenfalls gemacht. Und ich bin *durch die Tatsachen gezwungen*, in bestimmten Fällen die Untrennbarkeit zuzugeben. Und auch in all den Fällen, in denen die Quantenmechanik mir ihre Existenz nahelegt, habe ich keinen triftigen Grund mehr, nicht an sie zu glauben: da – ich wiederhole – die Quantentheorie eine sehr allgemeine Theorie der Atome ist und „die Welt aus Atomen gemacht ist", werde ich also zu der Ansicht geführt, daß die Untrennbarkeit zweifellos eine allgemeine Tatsache ist[18].

Meine zweite Beobachtung ist eher eine Warnung. Man darf nicht glauben, daß die Existenz von Einflüssen, die schneller sind als das Licht, die Möglichkeit mit sich bringt, brauchbare Signale auszuschicken, die schneller sind als das Licht. Das ist nicht so, und es ist sogar möglich zu zeigen, daß die Experimente, die ich beschrieben habe, so etwas tatsächlich nicht zulassen. Die Untrennbarkeit muß daher die Aufmerksamkeit jener fesseln, die sich im wesentlichen um das *Wissen* kümmern. Aber jenen, die sich vor allem mit dem *Tun* beschäftigen, kann sie gleichgültig sein.

Zum Abschluß dieses Kapitels ist es vielleicht nicht unnütz, die Schritte qualitativ zusammenzufassen, um zu zeigen, inwieweit sie zwingend sind. Dazu ist es das einfachste, von einer idealen Situation auszugeben und das Beispiel der Prüfungen wiederaufzunehmen; und – da uns ja das physikalische Experiment einen Fall geliefert hat, in dem die Vorhersagen des Theorems nicht gegeben sind – die Linien noch etwas deutlicher nachzuzeichnen und uns einen besonders krassen Fall, in dem die Vorhersagen des Theorems hinsichtlich der Prüfungsergebnisse verletzt sind, vorzunehmen. Ich will den Fall betrachten, in dem einige Zwillingspaare in Latein und Griechisch bestehen, aber kein Paar gleichzeitig in Latein und in Chinesisch besteht und in dem in keinem Paar ein Bruder ist, der in Griechisch besteht, und einer, der in Chinesisch durchfällt. Das soll wieder einmal an einer Universität stattfinden, an der immer eine strenge Korrelation bei Zwillingen, die beide dieselbe Prüfung ablegen, beobachtet wird. Es ist überflüssig, hinzufügen, daß die Universität außerordentlich groß sein muß, um den Anordnungen der Experimente mit Elementarteilchen zu entsprechen: und daß es dort soviele Prüfungen gibt, wie man nur will, und ihre Bedingungen beliebig wiederholbar sind. Ich nehme dann an, daß das Theorem nicht nur in einer einzigen Prüfung verletzt wird, sondern in jeder, die gleichartig organisiert ist, und daß es davon sehr viele gibt, so wie ich es erklärt habe.

Wie gehen wir nun vor, wenn wir all die eben aufgezählten Ergebnisse möglichst vernünftig erklären wollen? Wenn es keine Auslosung gäbe, wäre es ein möglicher Lösungsansatz, zu sagen: „Chinesisch ist schwierig; der Anblick ihrer Brüder, die sich immerzu auf das Examen vorbereitet haben, hat jene

---

18 Man kann nebenbei bemerkt feststellen, daß die Experimente, um die es hier geht, einen wertvollen Test der Quantenmechanik und ihrer Gültigkeit in makroskopischen Entfernungen darstellen. Wir sehen jetzt, wie falsch es wäre zu sagen – wie man es manchmal versucht hat –, daß diese Mechanik nur auf Erscheinungen anwendbar ist, bei denen Entfernungen von atomarer Größenordnung eine Rolle spielen; daß also „der *Maßstab* das Gesetz bestimmt".

Studenten traumatisiert, die solch einen Bruder haben, und das so sehr, daß sie ihre eigenen Fähigkeiten in den anderen Fächern verloren haben." Aber ein solches Argument ist nicht stichhaltig, weil ja alle Studenten sich auf alle drei Fächer vorbereiten müssen und erst in der letzten Minute, wenn die Brüder aus jeder Familie schon weit getrennt sind, jeder ein Los zieht und erfährt, welche Prüfungen er machen muß. Ein anderer Erklärungsansatz wäre es, zu sagen, daß es sich um eine Marotte der Prüfer handelt, daß sie vorher entschieden haben, die Brüder aller Studenten, die in Chinesisch geprüft werden, durchfallen zu lassen. Aber dieser Weg ist auch nicht möglich, weil ja der Prüfer eines Kandidaten nicht wissen kann, welche Fächer sein Bruder ausgelost hat. Wenn wir versuchen wollen, dies mittels der Fähigkeiten zu erklären, so zeigt uns das Theorem, daß das nicht in Frage kommt. Der Beweis ist hier sogar noch etwas einfacher als im allgemeinen Fall. Wir fassen ihn kurz so zusammen. Es hat einen Sinn, von der Fähigkeit eines *Paares* zu sprechen (da ja, sie die strenge Korrelation uns gelehrt hat, jeder der Brüder eines Paares dieselben Fähigkeiten besitzt). Nach Voraussetzung gibt es keine Paare mit der Fähigkeit, gleichzeitig in Latein und Chinesisch zu bestehen, und das, wie groß auch immer die Anzahl der Stichproben ist. Das bedeutet dann, daß sie gar nicht existieren, von Fluktuationen abgesehen (die man vernachlässigen kann). Erst recht gibt es kein Paar, das in der Lage ist, gleichzeitig die Prüfungen in Latein, Griechisch und Chinesisch zu bestehen. Genauso gibt es kein Paar – das folgt direkt aus der Hypothese –, das in Griechisch besteht und in Chinesisch versagt, und das hat zur Folge (und zeigt damit deutlich), daß es keine Paare gibt, die in Griechisch und Latein bestehen können und in Chinesisch nicht. Alles in allem sollte es also hier kein Paar geben, das in Latein und Griechisch besteht (denn jedes Paar ist offenbar fähig oder unfähig, in Chinesisch zu bestehen).

Wie erklären wir die Ergebnisse, von denen ich annahm, daß wir sie erhalten hätten und die einem solchen Schluß widersprechen? Wenn man nicht an eine „prästabilisierte Harmonie" – die hier bis zur Unvorstellbarkeit künstlich wäre – appelliert, findet man keine Lösung, die nicht einen Einfluß über die Entfernung hinweg entweder bei den Zwilingen oder bei den Prüfern ins Spiel bringt (oder, was auf dasselbe herauskommt, eine hypothetische „Untrennbarkeit" der Zwillinge oder der entsprechenden Teilchen). Andererseits werden Lösungen möglich, sobald man die Möglichkeit eines solchen Einflusses aus der Entfernung zugesteht. Eine davon ist zum Beispiel, anzunehmen, daß die Tatsache, das Fach Chinesisch gezogen zu haben, den Studenten krank werden läßt und diese Krankheit telepathisch auch seinen Bruder ansteckt und es ihm unmöglich macht, seine Prüfung, ganz unabhängig vom Fach, zu bestehen [19].

---

[19] Das ist wohlbemerkt ein Vergleich. In der Physik ist der Einfluß aus der Entfernung, den wir zwischen Instrument und System hervorrufen können, nicht a priori ein Grund, ein telepathisches Phänomen heranzuziehen.

Die physikalischen Experimente, die ich beschrieben habe, sind wirkliche Experimente. Sie leiden unter all den Unvollkommenheiten der Instrumente, von denen man sich nur bei dem, was man „Gedankenexperimente" nennt, leicht befreien kann. Man darf sich also nicht wundern, wenn sie einen weniger reinen Fall darstellen als das Modell, das wir uns hier vorgestellt haben. Aber die verlaufen im selben Sinn, und die Idealisierung, die das Modell anbietet, erlaubt also in gewisser Weise bis auf den Kern die Folgerung zu erfassen, die, von solchen Experimenten ausgehend, zur Untrennbarkeit führt[20].

Die Unteilbarkeit

Stellen wir schließlich fest, daß in diesem Kapitel die Untrennbarkeit – ohne jeden Zweifel – offenbar wird, aber nur im Bereich einer realistischen Philosophie, wie gleich zu Beginn ausgeführt wurde. Eine letzte interessante Frage bleibt, ob in den Begriffen Bohrs und der Kopenhagener Schule, die über den Rahmen des Realismus hinausgehen, etwas der Untrennbarkeit Gleichwertiges auftritt. Wenn man diese Frage genau untersuchen will, erweist sie sich als recht schwierig. Geeignete Denkansätze zu diesem Thema werden wir später erörtern. Aber glücklicherweise ist doch der Leitgedanke der Antwort deshalb nicht weniger offensichtlich. Dazu genügt es, den schon zitierten Satz von

---

20 Manchmal wird die folgende Frage gestellt: „Ist diese Untrennbarkeit – die die Quantenmechanik formell einführt und von der die hier beschriebenen Experimente zeigen, daß sie existiert – ist diese Untrennbarkeit wirklich eine so neue Sache, wie hier behauptet wird? Findet man manche ihrer Merkmale nicht schon in der traditionellen Physik? Ist nicht zum Beispiel die Gesamtenergie (die kinetische und die potentielle) eines zusammengesetzten ausgedehnten Systems schon eine untrennbare Größe?

Auf diese Frage kann folgendermaßen geantwortet werden. Betrachten wir zum Beispiel ein Doppelsternsystem. Es ist wahr, daß die kinetische Energie dieses Systems getrennt werden kann, ihre potentielle Energie aber nicht. Sie ist eine Eigenschaft der beiden Komponenten, die nicht aufteilbar ist. Stellen wir uns jedoch einmal vor, das System explodierte. Die beiden Sterne entfernen sich dann bis ins Unendliche voneinander. Bei diesem Vorgang vermindert sich ihre Wechselwirkungsenergie und verschwindet schließlich. Wie klein auch die vorher beliebig gewählte Zahl „Epsilon" sei, so kann man immer eine Entfernung angeben, für die gilt, daß dann, wenn die Entfernung der beiden Sterne sie übersteigt, die Wechselwirkungsenergie kleiner ist als Epsilon. Dann könnte man (zumindest) sagen, daß die beiden Sterne ein „bis auf Epsilon trennbares System" bilden. Im Gegensatz dazu spielt im Fall von zwei Protonen, wie er im Text besprochen wurde, die Entfernung, wie wir sahen, überhaupt keine Rolle. Die Ungleichung des Satzes ist ebenso verletzt, wenn die Messungen an schon voneinander entfernten Protonen gemacht werden, wie wenn sie noch benachbarte messen. Die Situation ist, wie man sieht, völlig verschieden von dem oben beschriebenen klassischen Fall. So erscheint es ganz vernünftig, das Wort „Untrennbarkeit" den nicht klassischen Situationen der hier im Text beschriebenen Art vorzubehalten, bei denen die Entfernung nichts ausmacht. Und unter diesen Bedingungen ist die Antwort auf die oben gestellte Frage sehr wohl, daß die Untrennbarkeit ein neuer Begriff ist, der erst mit der Entwicklung der Quantenmechanik auftauchte, und dessen objektive Wirklichkeit erst durch die neueren im Text erwähnten Experimente bewiesen wurde.

L. Rosenfeld wiederaufzunehmen: „Es ist jetzt das unteilbare Ganze, das durch das System und die Beobachtungsinstrumente gebildet wird, das die Erscheinung definiert". Und man braucht sich nur daran zu erinnern, daß in den oben beschriebenen Versuchen immer zwei Beobachtungsinstrumente beliebig weit voneinander entfernt vorkommen. Nach Rosenfeld bilden sie trotzdem ein „unteilbares Ganzes" (zu dem auch das System gehört). Wenn diese geheimnisvolle „Unteilbarkeit" eines Ganzen, das andererseits offensichtlich weit im Raum verteilt ist, irgend etwas bedeutet, dann kann das nur ein Begriff sein, der dem der Untrennbarkeit sehr nahe ist, wenn er nicht sogar derselbe ist.

Eine solche Auffassung wird durch ein genaues Studium der Analyse, die Bohr von den oben beschriebenen Experimenten machte, bestätigt[21].

Im wesentlichen erinnert Bohr an das Registrieren der Meßergebnisse durch die beiden weit voneinander entfernten Apparate; er bemerkt, daß die Bedingungen, die die möglichen Arten von Vorhersagen über das zukünftige Verhalten des Protons bestimmen, das sich zu einem der zwei Apparate hinbewegt, von dem ganzen Versuchsaufbau abhängen (der auch den weit entfernten anderen Apparat enthält); und er behauptet, daß diese Bedingungen Teil der beobachteten Erscheinung sind. Allgemeiner betont er sogar, daß auch solche Bedingungen, die von der Gesamtheit des Aufbaus abhängen, „ein Element darstellen, das jeder Beschreibung irgendeines Phänomens, dem man den Ausdruck *physikalische Wirklichkeit* zuschreiben kann, inhärent ist".

Die Umstände eines Aufbaus, der räumlich weit vom betrachteten Ort entfernt ist und doch einen wesentlichen Teil – der durch keinen anderen zu ersetzen ist – der Beschreibung der physikalischen Wirklichkeit so, wie sie ist, hier und in diesem Augenblick darstellt: das ist eigentlich eine fundamentale Unteilbarkeit. Sie ist nicht völlig mit der Untrennbarkeit gleichzusetzen, wie sie oben definiert wurde, denn sie bringt Instrumente ins Spiel und nicht nur mikroskopische Systeme. Sie unterscheidet sich auch dadurch, daß sie Objekte vereint, die nicht, oder noch nicht, in Wechselwirkung waren. Jedenfalls stellt man fest, wenn man darüber nachdenkt, daß diese Züge den Begriff der Unteilbarkeit „à la Bohr" noch weiter von den Auffassungen des gesunden Menschenverstandes entfernt sein lassen als die Untrennbarkeit selbst. Bis auf diese Einzelheiten sind die beiden Begriffe recht ähnlich, da ja der eine wie der andere nur durch eine Unterordnung des Begriffes der Entfernung unter den Begriff der *menschlichen* Fähigkeiten zu verstehen ist. Zwischen Elementen der unabhängigen Wirklichkeit existiert nicht intrinsisch eine Entfernung. Wir sind es, die sie in bestimmter Weise zwischen Elemente der *empirischen Wirk-*

---

[21] Bohr kannte die Ergebnisse der Experimente nicht. Aber er hatte Gelegenheit, einige sehr ähnliche „Gedankenexperimente", die früher von Einstein, Podolski und Rosen vorgeschlagen worden waren, zu diskutieren. Er wußte auch, welche Ergebnisse die Quantentheorie voraussagte. Seine Überlegung ist daher von der experimentellen Seite her wohl begründet, da ja, wieder einmal, die wirklichen Ergebnisse der durchgeführten Versuche alle Vorhersagen bestätigt haben.

lichkeit setzen, oder, anderes gesagt, dem *Bild* der Wirklichkeit, das wir uns für unsere Beziehungen und unseren Gebrauch aufgebaut haben.

Das systematische Studium dieser Fragen nehmen wir weiter unten auf; zunächst sollen einige „Zwischenspiele" soweit wie nötig betonen, was philosophisch gesehen auf dem Spiel steht.

5. Böswillige und anspruchslose Zwischenspiele

Materie

Die physikalischen Wissenschaften werden oft die „Wissenschaften von der Materie" genannt. Die Materie erscheint als Grundbegriff. Und eine der Tatsachen, von denen uns manche Wissenschaftler zu überzeugen suchen, ist, daß sich wirklich alles auf den Begriff der Materie zurückführen läßt, daß sie letztlich das einzige „Existierende" ist und unzählige Eigenschaften hat.

Das Mindeste, das man von so entschiedenen Materialisten verlangen darf, ist eine klare Aussage darüber, was sie unter diesem Begriff verstehen. Um das herauszufinden, besuchte ein Freund von mir eines Tages einige meiner geschätzten Kollegen, alles Universitätsprofessoren. Zuerst sprach er mit einem ehrwürdigen Chemiker. Der sagte ihm: „Junger Mann, die Sache ist einfach. Die Materie bleibt erhalten und die Form geht verloren. Lesen Sie doch Lavoisier, wenn Sie Einzelheiten wissen wollen". Unterdessen sprach ein Teilchenphysiker vom Massendefekt und dann von der Entdeckung der Antiteilchen. Damit die Vorstellung von der Erhaltung der Substanz gerettet werden könnte, schlug er vor, als Materie die Zahl der Barionen *minus* der Zahl der Antibarionen zu bezeichnen (oder ein Drittel der Zahl der Quarks vermindert um die der Antiquarks). Bevor er noch diese Begriffe definiert hatte, mischte sich einer seiner Kollegen ein. Zu dieser Zahl, so meinte er, müsse man die der Leptonen, vermindert um die Zahl der Antileptonen, hinzufügen. Sie wurden sich schließlich einig, als sie beide anerkannten, daß die Wahl zwischen diesen Formeln – und noch mehreren ähnlichen – völlig zufällig sei. Und als jemand sagte: „Die Zahl ist also die Idee der Dinge", verdrückten sich die beiden Freunde diskret aus Angst, für Platoniker gehalten zu werden.

Objektivität

Der atomistische oder mechanistische Materialismus stellt eine Vereinigung von zwei Hypothesen dar. Eine ist ontologisch: unabhängig von uns ist die Welt wie eine Uhr beschaffen. Kleine Teilchen, Felder, Kräfte sind ihre Bestandteile und Triebfedern. Die andere ist epistomologisch: wir können die Welt, so wie sie ist, und ihr ganzes verwickeltes Räderwerk immer besser und im Grenzfall sehr gut kennenlernen. Diese Behauptungen können natürlich nicht aus einem Vorwissen *abgeleitet* werden. Wenn dem Philosophen und dem Mystiker andere Auffassungen lieber sind, können sie diese beiden a priori verwerfen. Aber der Anhänger dieser Hypothesen (der in der heutigen Zeit am ehesten ein Biologe ist), hält eine Antwort bereit: „Eine Auffassung", so sagt er, „wird immer durch ihre Folgerungen gerechtfertigt. Was folgt nun aus den Vorstellungen der Philosophen? Oder aus denen der Mystiker? Objektiv gesehen nichts. Und betrachten Sie nun im Gegensatz dazu meine Auffassung: die ganze klassische Physik, ein großer Teil der Astrophysik, die ganze moderne Biologie bestätigen sie. Sogar auf Gebieten wie denen des Lebens und der Gedanken, bei denen man naiv an den Finalismus, an eine aktive Rolle des Bewußtseins glauben konnte, zeigen uns unsere Entdeckungen heute, wie ausschließlich die Notwendigkeit und der Zufall regieren. Denken Sie an das Modell der Doppelhelix!"

„Ist es nicht," so fährt dieser Gelehrte fort, „Wahnsinn, oder jedenfalls Kinderei, wenn wir weiterhin von einer „causa finalis" reden? Oder wenn wir immer noch den Geist, das Bewußtsein, das wir von den Dingen haben, als eine Größe mit dem gleichen Rang sehen, den die Materie hat, das heißt mit dem Rang, den die Teilchen oder die Felder haben, die, ganz allein, das Universum erklären können, den Menschen und seinen Verstand *einbegriffen*? All das sind Naivitäten oder besser: Sekundarerscheinungen, trügerische und verführerische Scheinbilder, von denen sich jeder starke, geistig erwachsene, gewissenhafte Mensch freimachen muß. Die Vielzahl kleiner Teilchen, die durch Kräfte gebunden sind, die die Quantentheorie beschreibt und die bald dem Determinismus, bald dem objektiven Zufall, den auch diese Physik beschreibt, gehorchen: sie stellen die endgültige Wirklichkeit der Welt dar. Alles läßt sich auf die Physik zurückführen, auf ihre reine und eiskalte Objektivität."

Unter dem Eindruck dieses Triumphalismus und dieser gewaltigen Selbstsicherheit müssen die Mystiker und Philosophen die Augen senken. Sie erkennen, wie sie sich mit Kleinigkeiten beschäftigt haben, anstatt das für den Menschen Wesentliche, das offenbar die Molekularbiologie ist, zu betrachten. Ist es wirklich die Biologie? Aber nein, eher die Physik, denn die Biologie hat sich doch, wie unser Weiser sagte, auf die Physik reduziert – zumindest im Prinzip.

Die Neugierigsten unter ihnen (aber das sind nur wenige, denn dieser Weg ist schwieriger als der andere) hören sich also das an, was der Physiker zu sagen hat.

Da erklingt ein anderer Ton. Ein anderer Triumphalismus. Ja, es stimmt, weniger jugendlich naiv. Seit etwa dreißig Jahren verdaut die Grundlagenphysik mit Mühe die Fortschritte, die sie zwischen den beiden Weltkriegen durch die Arbeit mit künstlich erzeugten Vorgängen gemacht hat. Doch ist der Ton, der hier erklingt, darum nicht weniger stark. Was behauptet denn nun der Physiker? In einem Satz, ganz einfach, aber wahr: „Ich erkläre alle Phänomene, die Sie um sich herum sehen." – „Alle!" erwidern wir, sehr überrascht. – „Aber ja, wirklich alle." – „Und wie?" – „Im Grunde genommen mit den Gleichungen von Maxwell und Schrödinger."

Jetzt sind wir, die Mystiker und Philosophen, noch mehr beeindruckt. „Das bestätigt, was der mechanistische Gelehrte uns vorhin sagte", rufen wir einstimmig. Aber – „Still!" flüstert der Physiker. „Das Wort *mechanistisch* wird hier nicht sehr gern gehört." – „Wie," so fragen wir, „stimmen Sie nicht zum Beispiel mit den Biologen überein, wenn sie behaupten, daß die Naturwissenschaft und nur die Naturwissenschaft objektiv ist?" – „Doch", ruft unser Gesprächspartner mit Entschlossenheit. – „Aber warum fürchten Sie dann das Wort mechanistisch?" – „Oh, das liegt einfach daran, daß die Biologen und wir uns nicht ganz einig sind über den Sinn des Wortes „objektiv"; wir sind es sogar so wenig, daß der Ausdruck *mechanistisch* in unseren Ohren ziemlich falsch klingt. Aber das ist, glauben Sie mir, nur eine unwichtige Kleinigkeit.... Ihre Beschreibung würde Sie langweilen." – „Indessen ist es wohl nötig, daß wir, die reinen Denker, wissen, was wir unseren Schäfchen predigen sollen. Was sollen wir ihnen über das Wesen der Naturwissenschaft sagen?" – „Ach, einfach, daß sie objektiv ist. Nichts leichter als das".

Diese Äußerung ruft ein Schweigen hervor, das dem Physiker als Verlegenheit erscheint. Um uns zu überzeugen, geht er noch weiter: „Sehen Sie", sagt er uns, „es ist nicht das erste Mal, das zwischen religiösen Orden – und die Gelehrten sind durch ihre Askese die Mönche von heute, wie Sie wissen – es ist nicht, so sage ich, das erste Mal, daß zwischen religiösen Orden solche – oh, ganz winzigen! – Schwierigkeiten aufkommen. Belehrt durch das, was uns dieser Schlauberger, der Verfasser der *Provinciales*[1] erzählt, haben wir, diese Biologen und wir Physiker uns darüber einigen können. Wir sind übereingekommen, einstimmig zu sagen, daß die Grundprinzipien, auf denen die Naturwissenschaft beruht, *objektiv* sind. In Wirklichkeit verstehen wir Physiker darunter etwas anderes als der Rest der Welt. Wir meinen damit, daß die Grundprinzipien sich auf *entscheidende Weise auf die Fähigkeiten oder Unfähigkeiten der Beobachter beziehen können*, vorausgesetzt, daß es sich ganz allgemein um menschliche Beobachter und nicht um einen speziellen handelt. Dazu sind wir ja wohl verpflichtet, denn ohne das stürzt die herkömmliche Atomphysik ein. Und reißt das Molekulare mit sich! Und auch die Biologie gleichen Namens! Die Biologen, von denen Sie sprechen, wollen uns, wenn sie sagen, eine Aussage sei objektiv, im Gegenteil zu verstehen geben, daß sie Bezug hat zur Wirklichkeit, von der der Mensch nur eine Folge ist; und daß sie sich folglich nicht auf ihn beziehen kann. Deswegen betrachten wir sie sie mit gutem Grund als *Mechanisten* und meinen das abfällig. Aber diese Zusammenstöße bleiben geheim; denn Sie verstehen wohl, daß es ungehörig wäre, solche Auseinandersetzungen in die Öffentlichkeit zu tragen. Die Öffentlich-

---

[1] Blaise Pascal (1623 – 1662) war nicht nur einer der besten klassischen französischen Schriftsteller, sondern auch bahnbrechend in der Anwendung der experimentellen Methode in den Naturwissenschaften; insbesondere ist es sein Verdienst, das Experiment angeregt und geleitet zu haben, mit dem die Existenz des Luftdrucks bewiesen wurde. Später wurde er ein Jansenist. In seiner witzigen Kritik an den Mitgliedern der Sorbonne, die die Anhänger von Jansenius verfolgten (*Lettres Provinciales*, 1656), machte er ihre gewichtige Argumentation durch den Hinweis zunichte, daß sie nur in Worten übereinstimmten.

keit würde außerdem nichts davon verstehen. Sagen Sie denen, die Sie danach fragen, also ganz einfach, daß die Naturwissenschaft *objektiv* ist und hüten Sie sich vor allem davor, dieses Wort definieren zu wollen."

„Aber das, ehrwürdiger Vater – ... Verzeihung, Herr Professor", antworten wir, „ist doch etwas anderes. Denn wenn schließlich die ersten Grundlagen der Physik sich nicht ohne einen ausdrücklichen Hinweis auf die Möglichkeiten der menschlichen Beobachter und sogar nur mit Rücksicht auf die Grenzen ihrer gemeinsamen Fähigkeiten ausdrücken lassen, wie können wir da von einem *nackten Affen* und anderen Lächerlichkeiten einer materialistischen Kultur sprechen, die sich für fortschrittlich hält? Der Mensch wäre demnach *kein* physikalisches System, das man vernachlässigen kann. Er würde dann nicht als ein zufälliger und lächerlicher Auswuchs der Natur in einer kleinen Ecke des Universums auftauchen, das seine Naturwissenschaft ihm beschreibt und das er mit seinen Sinnen wahrnehmen kann. Ganz im Gegenteil wäre er das Maß – und am Ende sogar zumindest der Mitverfasser – dieser ganzen empirischen Welt, die er versteht und von der er glaubt, daß sie an sich existiert. Protagoras, und nicht Lukrez, hätte die Wahrheit gesagt!"

„Verzeihen Sie," antwortete der andere, „aber Spezialisierung verpflichtet. Ich kann keine Aussagen anhören, die unwissenschaftlich sind."

6. Bemerkungen über den Scientismus

Ein Appell an die Ironie hat seine Vorteile. Er legt den Kern einer Frage bloß. Er zeigt, inwiefern sie uns betrifft. Am Ende des langen Tunnels einer unter Umständen mühsamen Beweisführung betont er die Ergebnisse und macht auch dem Unaufmerksamen verständlich, was daran neu ist.

Deswegen quälen mich in bezug auf das letzte Kapitel keine Gewissensbisse in der Art Baudelaires. Ein unbestimmter wissenschaftlicher Anstrich erweckt in zu vielen unserer Zeitgenossen ein Weltbild, welches durch neue Ergebnisse physikalischer Forschung als überholt erscheint, die Entdeckung der experimentellen Beweismethoden, die die Unvermeidlichkeit einiger esoterischer Postulate, die im Zentrum der heutigen Physik stehen, zu bestätigen suchen. Diese Tatsache erscheint interessant. Daher wäre es sehr ärgerlich, wenn so neue Einsichten und Fragen nur auf der rein technischen Ebene behandelt würden. Sie haben ein anderes Los verdient; und wenn man versuchen will, ihre Bedeutung und ihre Tragweite sichtbar zu machen, muß man, außer für kleine Gruppen von Theoretikern, sehr leuchtende Farben benutzen. Wenn ich zudem die Ironie einfach als ein Mittel gebrauche, etwas aufzudecken, wie ich es gerade getan habe, dann, so scheint mir, hat das nichts zu tun mit einer gewissen intellektuellen Feigheit, die darin bestehen würde, daß man vorgibt, ein Problem wirklich mit Hilfe der Ironie *gelöst* zu haben. Offenbar muß die Ironie auf jeden Fall leicht sein und zwanglos bleiben, wenn sie Ironie sein soll. Und was die genaueren Abstufungen betrifft, die etwas schwierigeren Begriffe, oder die Folgerungen, die dem anscheinend gesunden Menschenverstand widersprechen, so drückt sich der reine Spötter zu leicht darum, sie in Betracht zu ziehen. Wenn dagegen ein Ergebnis *gesichert* ist, warum sollte man dann nicht – ohne diesmal Mutwilligkeit und Einseitigkeit zu sehr zu fürchten – über die spotten, die sich weigern, es in ihr System einzubeziehen?

Die Risiken eines „Bumerang-Effekts", die dieses Verfahren mit sich bringt, sind, da stimme ich zu, erheblich, auch wenn es mit Vorsicht gebraucht wird. Es gibt in der ganzen Welt eine große Zahl von Menschen, die gleichzeitig oberflächlich und dogmatisch sind und die vorgeben, alles gefunden zu haben, ohne daß sie überhaupt gesucht haben. Sehr viele von ihnen wischen hochmütig die Ergebnisse beiseite – in ihren Augen sind sie geradezu lächerlich –, zu denen die Wissenschaftler kamen. Viele versuchen sogar, die Rollen zu vertauschen. Sie werfen den bedauernswerten Gelehrten Dogmatismus vor, die sich (um den Preis der Ausübung einer manchmal demoralisierenden Strenge) zwingen, mit kleinen Schritten den engen Weg eines nicht illusorischen Wissens zu gehen. Die Kritik an den Naturwissenschaften ist, wie die an der Philosophie, sicherlich heilsam, aber nur unter der ausdrücklichen Bedingung, daß keine von beiden von den Marktschreiern des Neinsagens untergraben wird. Wenn die *Zwischenspiele*, die wir gerade gelesen haben, als Wasser – auch nur ein einziger Tropfen! – auf deren Mühle verstanden wurden, dann wäre die Sinnwidrigkeit total: die Professoren, von denen das vorhergehende Kapitel handelte, ähneln den wahren Wissenschaftlern nicht mehr, als die Ordensbrüder Pascals an den Heiligen Johannes vom Kreuz erinnern. Es sind Marionetten, erfunden nur zu dem Zweck, ein *Problem* besser darstellen zu können.

Dieses Problem nun hat nichts Imaginäres an sich. Es stellt sich durch die Existenz eines gewissen banalen Scientismus. Sicherlich ist das scientistische Denken kaum an sich verlockend, insbesondere nicht in einer Zeit, in der der Prozeß der unheilvollen Nebenwirkungen, die diese oder jene wissenschaftlichen Technologien haben können, so häufig von solchen Echos eingeleitet und hervorgebracht wird. Und selbst auf der Ebene des *Wissens* allein ist dieses Denken weit davon entfernt, von vornherein *verführerisch* zu sein. In den Augen vieler ist es ganz im Gegenteil hoffnungslos trocken, wie übrigens einige seiner Verfechter, Jean Rostand oder Jaques Monod etwa, erkannt und geschrieben haben. Warum dann verteidigten sie es mit einer solchen Beharrlichkeit, wie es viele andere ernsthafte Denker taten? Die Antwort scheint mit sehr einfach zu sein. Sie haben es ganz einfach deshalb verteidigt, weil es ihnen objektiv *wahr* erschien; und weil sie die zu oft verkannte Gewißheit hatten, daß eine Idee sehr wohl als unbequem empfunden werden kann, ohne daß sie das daran hindert, richtig zu sein! Man hat das treffend so formuliert: „Es gibt keinen Beweis durch Entsetzen." Auch keine Widerlegung! Obwohl ich aus Gründen, die noch genannt – und ausgeführt – werden sollen, das Weltbild der Scientisten nicht teile, kann ich es nur gutheißen, daß sie angesichts der Flut von Verwirrung über das *Objektive* und die *Werte* diese Wahrheit hoch und heilig gehalten haben.

Es geschieht nicht mit der linken Hand, noch weniger mit unbestimmten Hinweisen auf „menschliche Werte", auf „Hoffnung" usw., wenn ich meinerseits den Scientismus als widerlegt betrachte. Denn – noch einmal – er beruht auf wirklich ernstzunehmenden Grundlagen. Es ist banal – aber doch unwiderlegbar! – zu sagen, daß der Newtonsche Kraftbegriff die Bewegung der Planeten besser erklärt, als es die Keplersche Hypothese der Engel tut; daß in gewisser Weise die Materie aus Atomen besteht, die überall denselben Gesetzen gehorchen, ob auf der Erde oder in den entferntesten Galaxien; daß die großen Wälder, deren Pracht uns begeistert, im gleichen Sinne aus Myriaden von Riesenmolekülen bestehen, die sich mechanisch reproduzieren wie winzige Maschinen; daß der Mond, der sie in der Nacht bescheint, eine Anhäufung von Felsen ist und nicht ein Hafen für verlassene Lieben! So lästig oder peinlich die Erinnerung an solche scheinbar einfachste Wahrheiten auch ist, haben wir das Recht, sie zu vergessen? Zu vergessen, daß es Tatsachen sind?

Ich meinerseits denke dazu, daß es unredlich wäre, die Banalität dieser Tatsachen als einen Vorwand dafür zu nehmen, daß man so tun könne, als gäbe es sie nicht; dieser Versuchung erliegen die Mystiker leicht. Ich verstehe also sehr wohl, daß so viele Physiker aus dem klassischen Zeitalter der Physik – dem der Entdeckung der Moleküle, der Atome, der Elektronen usw. – überzeugt waren von der Wahrheit einer „einfachen" wissenschaftlichen Sicht der Welt. Ich verstehe auch sehr wohl, daß soviele Biologen unserer Zeit, ihren eigenen Gefühlen zum Trotz, genauso denken. Stimmt es übrigens nicht, daß ganz unmerklich eine stark vom Scientismus angeregte „reduktionistische" Denkart sich Schritt für Schritt eines Teils der diffusen Denkweise eines jeden von uns bemächtigt hat, und damit zum Beispiel selbst die „reinen Denker" dazu nötigt, sich ihren Verstand analog zu den Schaltstellen eines Computers vorzustellen? Wenn der Scientismus recht hat – oder genauer, wenn die Sicht der Welt stimmt, die er mit Nachdruck nahelegt, die einer Welt, die schließlich aus Myriaden einfacher und lokalisierbarer kleiner Objekte besteht, die selbst nur quasi-lokale Eigenschaften haben –, dann wäre eine solche Entwicklung der Denkweisen sicherlich ausgezeichnet. Es ist sicher immer gut, wenn die Menschen die Wahrheit kennen. Es ist also vor allem wünschenswert, daß sie eine Vorstellung von der Natur des Universums haben, das in großen Zügen der Wahrheit entspricht. Aber wenn dagegen die endgültige Sicht der Welt, die der banale Scientismus vorschlägt, falsch ist, wenn ihre begrifflichen Grundlagen fehlerhaft sind, dann ist diese Entwicklung im Gegenteil sehr bedauerlich. (Wie es einstmals, sehr zu Recht, die Philosophie der Aufklärung proklamiert hat, ist eine allgemeine, diffuse, soziologische Denkweise, die auf falschen Vorstellungen beruht, in jeder Hinsicht gefährlich.)

Meine Behauptung ist nun hier, wie man in den *Zwischenspielen* gesehen hat, daß die zweite der beiden Möglichkeiten tatsächlich verwirklicht wurde; oder anders gesagt, daß der gewöhnliche Scientismus falsch ist. Darin schließe ich mich der Ansicht von bedeutenden Philosophen an, deren Begründung ich weiter unten ausführen werde. Aber im Gegensatz zu ihrer Argumentation gründet sich meine auf wissenschaftliche und damit spezielle Voraussetzungen: Man könnte sich eine Welt vorstellen, die so ist, daß sie darauf nicht angewendet werden können. Sie sind anwendbar auf die Welt, die die Erfahrung uns offenbart.

Von dieser Beweisführung kennen wir schon die Bestandteile und die großen Linien. Es bleibt doch, sie zu präzisieren. Dazu werden wir drei Postulate erörtern: das des *physikalischen Realismus*, das der *strengen Objektivität*, das des *Multitudinismus*. Hier geht es nicht mehr um Ironie und noch weniger um die Suche nach irgendeiner eindrucksvollen Formel, die die Unaufmerksamen bei der Stange hält. Es scheint hier angebracht, diese Begriffe einen nach dem anderen einzuführen und jedesmal darauf zu achten, daß ihre Definition kohärent und eindeutig ist.

Das Postulat vom physikalischen Realismus

Ich kann nichts besseres tun, als die Definition dieses Postulats bei A. Messiah zu entlehnen. In seinem klassischen Lehrbuch über die Quantenmechanik[1] heißt es:

„Das Erste, was man von einer Theorie fordern wird, ist offensichtlich, daß ihre Vorhersagen in Übereinstimmung mit den experimentellen Beobachtungen sind; es ist ganz sicher, daß die Quantentheorie diese Bedingung erfüllt, zumindest auf dem Gebiet der Atom- und Molekularphysik. Aber eine physikalische Theorie kann nicht vorgeben, *vollständig* zu sein, wenn sie sich damit begnügt, vorherzusagen, was man beobachten wird, wenn man dieses oder jenes Experiment durchführt. Zu Beginn jedes wissenschaftlichen Unterfangens stellt man fundamentale Grundforderung, daß die Natur eine objektive Realität besitzt, die unabhängig ist von unseren Sinneswahrnehmungen oder von den Mitteln, mit denen wir sie untersuchen; die Absicht der physikalischen Theorie ist es, einen verständlichen Rechenschaftsbericht über diese objektive Wirklichkeit zu geben[2]".

Ich werde das Postulat, das Messiah in diesem Zitat ausspricht, „das Postulat vom physikalischen Realismus" nennen. Im Widerspruch zu dem, was dieser Text vermuten läßt, ist das Postulat vom physikalischen Realismus nicht allgemein akzeptiert. Die Philosophen „der Erfahrung" haben, wie wir sahen, dazu eine vorsichtige Haltung eingenommen und viele theoretische Physiker sind ihnen gefolgt. Aber die Mehrzahl der Wissenschaftler denkt keineswegs so und für sie stellt ein solches Postulat tatsächlich den Ausgangspunkt ihres ganzen Unterfangens dar. Insbesondere befinden sich diejenigen unter ihnen, die man „Scientisten" nennen könnte, in dieser Kategorie. Aber sie sind nicht allein. Wir merken noch an, daß der physikalische Realismus ganz offensichtlich ein Sonderfall des Realismus ist, der am Anfang von Kapitel 3 definiert wurde, der auch die Philosophien eines *nicht-physikalischen* Realismus umfaßt, nämlich jene, die verneinen, daß eine auf der Erfahrung beruhende Theorie jemals das Wirkliche erfassen könne (wie zum Beispiel die Philosophie Platons).

Das Postulat von der starken Objektivität

Das Postulat vom physikalischen Realismus hat eine besonders wichtige Konsequenz für die Definition eines der wesentlichsten Worte im Vokabular der Wissenschaft, nämlich der *Objektivität*. Um sich davon zu überzeugen,

---
1 A. Messiah, *„Mechanique quantique"*, Dunod, Paris.
2 Der Verfasser bemerkt dann, daß die Aussagen der Quantentheorie, wie man sie unterrichtet, sich im Gegenteil in einer Form darstellen, die Bezug nimmt auf unsere Wahrnehmungen oder auf unsere Instrumente. Indessen unterläßt er es genauso wie andere Verfasser von Lehrbüchern der Mikrophysik, das hier aufgezeigte Problem zu erörtern.

braucht man sich nur einen Augenblick in Gedanken an die Stelle eines der Wissenschaftler zu setzen, die dieses Postulat ablehnen. Wie wird er dieses Schlüsselwort definieren? Nicht durch Bezug auf eine intrinsische Realität, denn eine solche Vorstellung ist für ihn nicht wissenschaftlich. Da für ihn der Begriff der Beobachtung wesentlich ist, wird er seine Defintion ganz offensichtlich mit Bezugnahme auf einen solchen Begriff formulieren. Und genau das tut er. Zum Beispiel folgt aus dem Gesamtwerk von Niels Bohr, wie wir gesehen haben, daß für diesen Autor jeder Beweis objektiv ist, der für *jeden Beobachter mit gesundem Menschenverstand* endgültig ist. Für solche Wissenschaftler können ein Beweis oder eine Definition, auch wenn sie sich in grundlegender Weise auf den Begriff der menschlichen Beobachtung beziehen, sehr wohl *objektiv* sein: es genügt, daß sie vom Wechsel des Beobachters unabhängig ist. Ich nenne die so definierte Objektivität die *schwache Objektivität*. Sie unterscheidet sich grundsätzlich von der Subjektivität durch diese Unabhängigkeit. Man könnte sie auch „Intersubjektivität" nennen. Selbst ein überzeugter Realist kann nicht verleugnen, daß die schwache Objektivität für den Aufbau der Wissenschaft genügt, wenigstens, wenn diese frei ist von jedem Anspruch, über das, was über die Beobachtung hinausgeht, zu reden.

Indessen ist es klar, daß der Realist − oder genauer der, der das Postulat des physikalischen Realismus akzeptiert − sich nicht mit einer solchen Definition der Objektivität zufriedengeben kann. Wenn, wie der oben zitierte Text es ausdrückt, Aufgabe der physikalischen Theorie ist, einen verständlichen Rechenschaftsbericht über eine von unseren Sinneserfahrungen oder unseren Beobachtungsweisen unabhängige Wirklichkeit zu geben, ist es klar, daß, was immer die Rolle der Beobachtung bei dem Aufstellen der Theorie sein mag, deren Schlüsse sich allein auf eine solche Wirklichkeit beziehen dürfen. Das heißt, sie dürfen ausdrücklich *keinen einzigen* wesentlichen Hinweis auf die Gemeinschaft der menschlichen Beobachter machen[3]. Ich werde die so ver-

---

[3] Der Gebrauch des Adjektivs „wesentlich" braucht hier vielleicht eine Erklärung. Im Text wird damit bewußt vereinfachend auf die unbezweifelbare Tatsache angespielt − die den Philosophen wohlbekannt ist −, daß jede Aussage mit Worten gemacht wird, daß diese Worte Vorstellungen ausdrücken und daß diese Vorstellungen mit Notwendigkeit die *menschliche* Erfahrung widerspiegeln, aus der sie hervorgehen. Eine solche Feststellung könnte manche Leser veranlassen, zu glauben, daß es letztlich nur Aussagen gibt, die strenggenommen nur in dem hier „schwach" genannten Sinn objektiv sind. Entweder verschmilzt die starke Objektivität mit der schwachen oder sie ist nur eine Sichtweise des Verstandes.

Ich persönlich glaube nicht, daß dieser Schluß richtig ist. Genauer gesagt glaube ich, daß er *für einen Anhänger* (ob bewußt oder unbewußt) des *physikalischen Realismus* nicht aus den Voraussetzungen folgt. In der Tat glaubt ein solcher Realist per definitionem an die wirkliche Existenz der Größen, auf die sich zumindest einige der wissenschaftlichen Worte beziehen, die er benutzt. Betrachten wir zum Beispiel die Aussage der Himmelsmechanik, die der folgende Satz ausdrückt: „Zwei Objekte, die im Raum von allen anderen isoliert sind, erfahren jedes eine Beschleunigung, die umgekehrt proportional ist zu dem Quadrat der Entfernung zwischen ihnen." Es ist zutreffend, daß in dieser Aussage (die in bezug auf hier unwichtige Einzelheiten absichtlich vereinfacht ist) die Worte wie „Entfernung" und „Beschleunigung" Vorstellungen ausdrücken, die uns, als Menschen, nur wegen unserer menschlichen Erfahrung und unseres *menschlichen* Nachdenkens zur Verfügung stehen. Anders gesagt, sie sind, was man „Kon-

standene Objektivität *starke Objektivität* nennen. Das *Postulat – oder Prinzip – der starken Objektivität* besagt, daß die Behauptungen und Definitionen, denen eine Naturwissenschaft den Beinamen *objektiv* zuschreibt, alle in Begriffe der starken Objektivität übersetzt (oder zumindest übersetzbar) sein müssen. Die Scientisten im besonderen reduzieren den Menschen und seinen Verstand auf den Status kleiner Zufälle einer unabhängigen Wirklichkeit, die unsere Naturwissenschaft zu beschreiben vorgibt. Wäre es nicht, von ihrer Warte aus gesehen, völlig absurd, die Gesetze des Universums dem Verhalten und den Fähigkeiten eines Wesens unterzuordnen, das nur einen unbedeutenden Teil davon bewohnt und sich nur zufällig dort befindet? Die Scientisten beharren also aus Notwendigkeit auf dem Prinzip der starken Objektivität.

---

strukte" nennt (und der zweite Begriff ist sogar ein sehr ausgearbeiteter und im ganzen recht neuer Konstrukt). Trotzdem: der Anhänger des physikalischen Realismus – wie die Mehrzahl der Anhänger des Realismus – glaubt auf Grund seiner philosophischen Entscheidung, daß es einen Sinn hat, von wirklich existierenden Größen zu sprechen, ganz unabhängig von der Existenz eines wirklichen oder möglichen Beobachters. Wenn es sich um die hier als Beispiel betrachtete Aussage handelt, hat er also nur die Wahl zwischen zwei Möglichkeiten. Entweder sieht er die hier erwähnten Begriffe der Entfernung und der Beschleunigung wirklich als solche Größen (in jedem Augenblick nehmen die beiden betrachteten Objekte wirklich verschiedene Orte ein und weisen in der Tat eine beschleunigte Bewegung auf). Dann ist die Aussage im strengen Sinn und nicht nur im schwachen Sinn objektiv. Oder aber er sieht Entfernung oder Beschleunigung oder beide zusammen nicht als wirklich existierende Größen, die unabhängig sind von jedem Beobachter (und die Objekte, auf die sie sich beziehen, wahrscheinlich auch nicht). In dem zweiten Fall, das ist wahr, ist die fragliche Aussage für diesen Realisten nur im schwachen Sinn objektiv. Aber gleichzeitig findet er sich, wenn er in seinem physikalischen Realismus stimmig sein will, gezwungen, die Frage gründlich zu behandeln, die sich ihm so stellt: Da ja nach Voraussetzung die Natur eine von jedem Beobachter unabhängige Wirklichkeit besitzt und da die Naturwissenschaft das Ziel verfolgt, diese Wirklichkeit zu beschreiben, muß er versuchen, diese tiefere Ebene der Wirklichkeit zu entdecken und sie mit Hilfe von Aussagen, die sich tatsächlich auf sie beziehen und darum im starken Sinn objektiv sind, zu beschreiben. Wenn ihm das nicht gelingt, muß er hoffen, daß es anderen gelingt.

Sich mit Aussagen zufriedenzugeben, deren Objektivität nur schwach ist, bedeutet für ihn, sich mit Worten abspeisen zu lassen. (Siehe dazu auch Kapitel 11 „*Der ‚gerade Weg‘ der Philosophen*".)

Umgekehrt könnte man vielleicht versuchen, die schwache Objektivität auf die starke Objektivität zurückzuführen? Die Antwort ist, daß dies von der Natur der Aussagen abhängt. Jede Aussage, die im starken Sinn objektiv ist, kann sicherlich durch eine andere, die nur im schwachen Sinn objektiv ist, ersetzt werden. Es genügt, Ausdrücke wie zum Beispiel „die Größe A hat den Wert q" durch Ausdrücke der Form „Wenn man A mißt, findet man a" zu ersetzen. Aber das Umgekehrte trifft nicht zu. Insbesondere bei Aussagen der elementaren Quantenmechanik gibt es zumindest eine, die die Wahrscheinlichkeit, ein bestimmtes Ereignis zu erhalten, betrifft, wenn diese oder jene Messung angestellt wird (so wie Fachleute es machen), die sehr schwer durch eine im starken Sinne objektive Aussage zu ersetzen ist. Diese neue Aussage müßte in der Tat – um nicht zu falschen Folgerungen zu führen – sich entweder auf das ganze Universum oder auf den Begriff des Meßinstruments beziehen. Nun sind die Versuche, die angestellt worden sind, um diesen letzteren Begriff (sofern er das Problem, das uns jetzt beschäftigt, kennzeichnet) auf den Begriff des makroskopischen Systems zurückzuführen, zweifellos sehr interessant. Aber sie sind so komplex und verwickelt, daß man ihre Triftigkeit allein deswegen bezweifeln kann, denn es bleibt zumindest störend, daß die grundlegendsten Gesetze des Universums solche unentwirrbaren Komplikationen unter ihrer eleganten Erscheinung verbergen sollten (vgl. dazu auch Kapitel 11, *Der makroskopische Versöhnungsversuch*).

Tatsächlich betrachten die meisten von ihnen es als so selbstverständlich, daß die Vorstellung, es könnte anfechtbar sein, ihnen gar nicht in den Sinn kommt. Und (ich bemerke das nebenbei) die Spezialisierung der Fachgebiete – wegen der Zunahme der Erkenntnisse ist sie unvermeidlich – hat zur Folge, daß sie nicht die – doch grundlegende – Tatsache kennen, daß die Atom- und Molekulartheorie, die ihre physikalischen Kollegen unterrichten, um eine Definition der Objektivität herum gebaut ist, die das Prinzip der starken Objektivität, um das es hier geht, in keiner Weise widerspiegelt.

Das multitudinistische Postulat

Schon im Altertum standen die Gedanken von Demokrit, Epikur und Lukrez zu denen anderer Philosophen im Widerspruch, weil sie das Sein zerstückelt sahen: systematisch und gleichmäßig aufgeteilt, die vielfach schillernde Welt reduziert auf Kombinationen von Myriaden einfacher Wesen, die ihren wohlbestimmten Ort im Raum haben. Die überwältigende Mehrheit der Denker hat darin lange Zeit nur eine offenbar irreführende Vereinfachung der wirklichen Situation gesehen. Sollte eine Wolke, ein Stern, ein Vogel nichts anderes sein als nur eine einfache atomare Struktur? Aber langsam hat sich die Lage verändert. Die Theorie, die von äußerster Einfachheit zu sein schien, hat sich zunehmend als fruchtbar erwiesen. Und gegen Ende des letzten Jahrhunderts war die einst provozierende These zu einer immer stärker akzeptierten Vorstellung geworden. Ihren Inhalt will das Wort „Multitudinismus" beschreiben. Ich nenne also *Multitudinismus* jede Sicht der Welt, in der das Universum in eine gewaltige Zahl sehr einfacher Elemente nur weniger verschiedener Arten zerlegt ist, die jedes in einem gegebenen Augenblick einen einzigen kleinen Teil des Raums einnehmen und auf das Verhalten von Elementen, die von ihnen weit entfernt sind, nur einen begrenzten Einfluß ausüben. Ein „Laplacescher Dämon", ein Wesen mit ausgezeichneten Sinnen und vollkommener Intelligenz, könnte genaue Rechenschaft von dem ablegen, was über eine kurze Zeitperiode hinweg in einem endlichen Bereich des Raumes wirklich vor sich geht, ohne daß er die Ereignisse, die zur selben Zeit in beliebig weit entfernten Bereichen des Raumes stattfinden, berücksichtigen muß [4]. Der Atomismus Demokrits ist ein Beispiel für einen Multitudinismus. Aber eine klassische und relativistische Feldtheorie ist gleicherweise multitudinistisch, denn die Felder haben an jedem Ort und zu jeder Zeit Werte, die man lokal verändern kann, ohne die Werte der Felder, die in diesem Augenblick in hinreichend weit entfernten Bereichen sind, zu beeinflussen. Man muß nicht glauben, – wie viele

---

4 Mit nur wenig Nachdenken bemerkt man, daß ein solches Postulat der „Lokalität" zu jeder multitudinistischen Anschauung gehört; seine Verneinung würde dazu führen, daß man ganzheitliche Wirkungen zugeben müßte, die vom Geist der multitudinistischen Auffassung her gerade zurückgewiesen werden müssen.

Menschen ohne wissenschaftliche Bildung es gerne tun –, daß der Multitudinismus eine Auffassung sei, von der man sich leicht freimachen könne.

Kann man sich einen Scientismus vorstellen, der nicht multitudinistisch ist? Es ist nicht verboten, sich eine solche Frage zu stellen, und die Antwort darauf wird offenbar abhängig sein von der Breite, die man dem Begriff des Scientismus selbst zuzugestehen bereit ist. Es ist dennoch wohl klar, daß alle Weltanschauungen, die bisher vorgestellt worden sind und bei denen man auf den Gedanken kommen könnte, sie in die Rubrik „Scientismus" einzuordnen, multitudinistische Anschauungen sind. Außerdem erfordert jede nicht multitudinistische Weltanschauung eine erhebliche begriffliche Vorstellungskraft, die in eine ganz andere Richtung geht als der elementare reduktionistische Verstand, der die banale scientistische Richtung kennzeichnet. So scheint es angebracht, den Multitudinismus als eine wesentliche Komponente des Scientismus oder zumindest des bestehenden banalen Scientismus zu betrachten.

Mit diesem Verständnis ist es jetzt leicht, die Falschheit des Scientismus zu beweisen. Ein solcher Beweis ergibt sich unmittelbar, wenn man berücksichtigt, daß in jeder Weltanschauung, die auf dem physikalischen Realismus und der Forderung nach starker Objektivität beruht, der Begriff der Untrennbarkeit einen wohl definierten Sinn hat: entweder gibt es Erscheinungen, bei denen die Untrennbarkeit sich zeigt, oder aber es gibt sie nicht. Die experimentellen und theoretischen Anzeichen sprechen nun alle zugunsten des ersten Teils dieser Alternative, die wir im vierten Kapitel gesehen haben. Folglich gibt es Fälle, in denen selbst der Laplacesche Dämon, von dem weiter oben die Rede war, nicht Rechenschaft ablegen könnte über das, was sich während einer kurzen Zeit in einem Bereich R des Raums – in dem sich ein Gegenstand S befindet – abspielt, ohne die Ereignisse dieser Periode in einem anderen von R sehr weit entfernten Bereich R' in Betracht zu ziehen; dem Bereich nämlich, wo man einen Apparat aufgestellt hat, der mit einem physikalischen System interagiert, das in der Vergangenheit selbst mit dem Objekt S in Wechselwirkung gewesen ist. Es ist klar, daß der Abstand zwischen den beiden Bereichen R und R' beliebig groß sein kann. Das multitudinistische Postulat ist dann verletzt. Und da es, wie wir gesehen haben, eines der Elemente des banalen Scientismus ist, muß dieser Scientismus wegen seiner Unvereinbarkeit mit den experimentellen Gegebenheiten abgelehnt werden. Diese Folgerung müssen wir uns merken.

Selbstverständlich ist die Vorstellung, nach der der gewöhnliche Scientismus eine Sicht der Welt darstellt, die nicht an die Struktur der heutigen physikalischen Theorien angepaßt ist, gar keine neuer Gedanke. Selbst unter den Wissenschaftlern hat sie seit langem ihren Weg gemacht, vor allem bei den theoretischen Physikern. In dieser Hinsicht sprechen die Arbeiten von Heisenberg zum Beispiel für sich selbst. Man sollte jedoch zwei Dinge beachten. Das erste ist, daß diese Theoretiker eine Ersatzlösung vorschlagen, die auf der Philosophie der Erfahrung beruht, der Philosophie, die bereits im dritten Kapitel beschrieben wurde, die aber selbst Züge hat, die sie ziemlich verletzlich machen, wie wir im nächsten Kapitel sehen werden. Das zweite ist, daß bis zur Entdeckung der Untrennbarkeit die These von der Falschheit des gewöhnlichen Scientismus nur außerordentlich plausibel gemacht werden konnte, und zwar durch Argumente der Einfachheit, deren Überzeugungskraft für die Pragmatiker größer war als für andere, insbesondere für Realisten[5]. Die Entdeckung der Untrennbarkeit verändert diese Lage auch für den Realisten, weil sie diese These zur Gewißheit macht.

---

[5] In dieser Hinsicht darf man den Wert der Hinweise, die seit langem durch das Studium der Irreversibilität gegeben worden waren, nicht gering schätzen. Die übliche Definition der Entropie ist sicher nicht im starken Sinn objektiv, denn sie bezieht sich auf unsere Unkenntnis der Einzelheiten. Es stimmt, daß die modernen Physiker heute versucht haben, zumindest die deutlichsten Aspekte dieses „Fehlers" zu beheben; ihre Versuche waren nicht vergeblich. Es wurden Modelle für „unendliche" makroskopische Systeme eingeführt (siehe Kapitel 11), in denen die Beweise für die Existenz einer definierbaren Entropie ohne Bezug auf unsere Unkenntnis der Einzelheiten gegeben werden. Aber es geht dabei in allen Fällen um eine ziemlich formale Entropie und um Modelle, die im Rahmen des scientistischen Realismus nicht als eine Approximation des Wirklichen gesehen werden können. (Siehe dazu die Diskussion auf Seite 130.)

7. Die Einwände Einsteins gegen die Philosophie der Erfahrung

Sicherlich kann die Entdeckung der Falschheit des gewöhnlichen Scientismus die Wissenschaftler, die sich mit ihm beschäftigen, dazu anregen, sich den Gedanken der Positivisten, also der Philosophie der Erfahrung, zuzuwenden. Sie verzichten dann darauf, die Wirklichkeit, so wie sie ist, zu beschreiben, sind zurückhaltend sogar in bezug auf die möglichen Bedeutungen eines solchen Begriffs und beschränken ihren Ehrgeiz auf die Beschreibung der Phänomene. Sie geben sich also damit zufrieden, allgemeine Regeln zu finden, die vorherzusagen erlauben, was sie unter bestimmten Bedingungen beobachten werden. Wenn ihnen dieses Ziel zu bescheiden vorkommt, können sie sich in klassischer Weise trösten, indem sie den Sinn der verwendeten Wörter verändern. Die Gesamtheit der Phänomene nennen sie „Wirklichkeit" und die unabhängige Wirklichkeit, auf deren Beschreibung sie verzichten, nennen sie ein „Ding an sich". Sie können dann erhobenen Hauptes mit lauter Stimme sagen, das, was sie studierten, sei sehr wohl – wie der Mann auf der Straße meint – die objektive Wirklichkeit der Welt.

Die Geschichte der Physik des 20. Jahrhunderts zeigt deutlich, worauf ich schon oben hingewiesen habe, daß diese Bescheidenheit à la Montaignes eine ziemlich tiefe Einsicht verdeckt. Im Grunde jedoch bietet auch die Philosophie der Erfahrung einigen Einwänden Angriffsflächen.

Diese haben sicherlich nicht alle dasselbe Gewicht. So neigt zum Beispiel eine solche Philosophie, wie sich gezeigt hat, dazu, jede Vorstellung einer vom Menschen völlig unabhängigen Wirklichkeit abzulehnen. (Dies deswegen, weil solch eine Vorstellung unnütz ist, da eine solche Wirklichkeit nicht erkannt und weil sie nicht operativ definiert werden kann.) Die fast offensichtliche Feststellung der Verwandtschaft dieser Sichtweise mit dem Idealismus Berkeleys ist nicht *an sich* ein wesentlicher Einwand. Sie wird das erst, wenn man die objektive Kritik, die am Idealismus geübt wird, genau ausführt, denn es wäre offensichtlich absurd, etwas abzulehnen, wenn es nur um eine Frage der Benennung geht.

Aber andere Einwände gegen die Philosophie der Erfahrung haben meiner Ansicht nach größeres Gewicht. Einer ist, daß ich die Sinneserfahrung anderer Menschen nicht direkt kenne. Genaugenommen sind die Hinweise auf die Mitteilbarkeit, mit denen in einer solchen Philosophie der Begriff der Objektivität begründet wird, also Hinweise auf eine etwas mysteriöse Sache, die der Positivismus nicht erklärt. (Bei Bohr verbirgt der Hinweis auf ein Instrument diesen Fehler, ohne ihn ganz zu beheben.) Wie Einstein bemerkt: Wenn man diese

Philosophie ernst nimmt, dann ist es „eine mühsame Sache, den Solipsismus zu vermeiden".

Ein weiterer Einwand ist, daß wir vergangene Ereignisse nicht direkt sinnlich wahrnehmen können. Wenn es stimmt, daß eine Aussage nur dann einen bestimmten Sinn hat, wenn wir sie mit unseren Sinnesorganen überprüfen können, welchen Sinn hat dann genaugenommen eine Aussage, die sich auf die Vergangenheit bezieht? Wie versetzt man sich zum Zwecke der Überprüfung in die Vergangenheit? Eine erste Antwort könnte sein, daß es diesen Sinn nicht gibt: sicher ist er in mikroskopischen Systemen oft schlecht definiert oder mehrdeutig, wie die Theoretiker der Quantenmechanik sehr wohl wissen. Aber wenn es sich um Systeme in unserer Größenordnung handelt? Die übliche Antwort des Empirismus besteht in der Annahme, daß es sich tatsächlich um Aussagen handele, die Folgen für die Zukunft haben; daß die Beschreibung der Wälder und Seen des Mesozoikums *ausschließlich* ein bequemes Verfahren sei, Hinweise zusammenzufassen, die man dem geben könnte, der nach Erdöl oder den Knochen des Diplodocus suchen will! Einige Naturwissenschaftler würden eine solche These unterstützen wollen. Alle oder fast alle würden ohne Zögern die Meinung vertreten, daß Aussagen, die sich auf die Vergangenheit beziehen, einen unmittelbar klaren Sinn haben und eindeutig sind, sobald sie makroskopische Systeme betreffen. Aber dann kann dies nicht im operativen Sinn gemeint sein. Man weicht damit vom uneingeschränkten Positivismus ab. Und darüber hinaus stellt sich die Frage: Wo ist die Grenzlinie zwischen dem mikroskopischen und dem makroskopischen Bereich?

Wie kann man ausschließlich die induktive Methode rechtfertigen, wenn man sie nicht auf die Ordnung einer Wirklichkeit außerhalb unserer Sinne und unabhängig von unseren Möglichkeiten gründet? Ich weiß wohl, daß eine solche Rechtfertigung auf jeden Fall schwierig ist, auch wenn man eine äußere Wirklichkeit zuläßt. Aber dann ist es nur eine Frage der Strenge, während im Empirismus im Grenzfall jede Rechtfertigung, selbst eine intuitive, zu fehlen scheint. Wenn die Sonne nicht an sich existiert – wenn sie nur eine Vereinbarung der Sprache ist, die dazu dient, von der Gemeinsamkeit unserer vergangenen Erfahrungen Rechenschaft abzulegen – was läßt micht glauben, daß morgen wieder Tag wird? Wenn das nur Gewohnheit ist, worauf beruht dann mein Vertrauen in die Gewohnheit? Dieser Einwand gegen den reinen Positivismus stellt ein Argument zugunsten des Realismus dar, das sicherlich nicht streng ist (so sieht zum Beispiel Kant in *unserer* Struktur, nicht in der der unabhängigen Wirklichkeit den Ursprung der von uns beobachteten Gesetzmäßigkeiten). Ein solches Argument ist indessen so einfach, daß wir es jederzeit benutzen, ohne es zu merken. In der Tat, es bringt uns dazu, an die Existenz einer äußeren Realität zu glauben, die unabhängig ist von jeder Beobachtung und Messung. Und es ist (es möge Kant nicht mißfallen!) glaubhaft. Wenn man den Bereich der großen Allgemeingültigkeit verläßt, um sich auf die Einzelheiten der zu erklärenden Regelmäßigkeiten einzulassen, wenn man an die Vielzahl der Beobachter und an die Übereinstimmung ihrer Urteile in einfachen Fragen denkt, wird einem klar, daß der Glaube an eine unabhängige und geordnete Realität immer noch die am wenigsten phantastische Art und Weise ist, in der wir Rechenschaft von der Ordnung unserer Beobachtungen ablegen können. Das ist es zweifellos, was Einstein ausdrücken wollte, als er in einer Kritik an Bohr schrieb: „Alle Menschen, inklusive die Quanten-Theoretiker, halten aber an dieser These [der Existenz] der Realität fest, solange sie nicht über die Grundlagen der Quantentheorie diskutieren."[1]

Die Auffassung Einsteins

Unter den Einwänden allgemeiner Art haben wir uns gerade die wichtigsten, die gegen die Philosophie der Erfahrung erhoben werden können, angesehen. Aber es gibt andere, spezifischere, die sich gegen die Art wenden, in der dieser Empirismus dazu herangezogen wurde, die Grundlage der Quantentheorie der Atome und Moleküle zu errichten. Auch hier führte Einstein den Angriff.

Eine häufig vertretene Meinung besagt etwa folgendes: Wenn Einstein die Quantentheorie nicht befriedigend gefunden hat, so wegen ihres *dem Wesen nach* indeterminierten Charakters. Es stimmt, daß sein wohlbekannter launiger Ausspruch: „Der liebe Gott würfelt nicht" einen das leicht glauben lassen kann. Aber wenn man die Texte zur Hand nimmt, scheint es wahrscheinlich, daß eine so starke Verkürzung einer Ansicht, die im ganzen gesehen ziemlich klassisch nach der Art Spinozas ist, von ihrem Urheber schließlich nur als ein Ausdruck eines zweitrangigen Einwands gesehen wurde, während der erste Einwand – wieder einmal – sich auf die fehlende starke Objektivität (s. Definition S. 61) der fraglichen Theorie bezieht. Das war jedenfalls die Gewißheit, zu der Wolfgang Pauli im Lauf seiner Gespräche mit Einstein selbst gekommen war, eine Gewißheit, die er Born in den schon erwähnten Briefen mitteilt (siehe das Ende von Kapitel 3).

Im Grunde durchläuft Einsteins Überlegung die folgenden Etappen: Denken wir uns einen makroskopischen frei im Raum beweglichen Körper, eine kleine Bleikugel etwa zur besseren Veranschaulichung. Sie besteht aus einer gewaltig großen Zahl von Atomen. Nach der Quantentheorie hängt ihre Wellenfunktion[2] von all ihren Raumkoordinaten und der Zeit ab. Aber die partiellen Differentialgleichungen, denen eine solche Funktion gehorcht (die „Schrödinger-Gleichung" dieses Systems) sind von sehr einfacher Art. Wenn man die Variablen geeignet wählt, kann man leicht eine elementare Gleichung E daraus ableiten, die nur die Wellenfunktion des Schwerpunkts des betrachteten Körpers enthält. Man stellt fest, daß E die „Schrödinger-Gleichung" eines freien Teilchens ist; diese mathematischen Entwicklungen sind übrigens vollkommen bekannt und unangefochten.

---
1 A. Einstein in *Louis de Broglie und die Physiker,* Hamburg 1955.
2 Die Wellenfunktion ist die mathematische Grundlage der elementaren Quantenmechanik. Das Quadrat ihres Absolutbetrages gibt die Wahrscheinlichkeit an, mit der die Bestandteile des betrachteten physikalischen Systems am bestimmten Orten gefunden werden können.

Einstein macht dann auf die gleichermaßen bekannte Tatsache aufmerksam, daß E unendlich viele zulässige Lösungen hat, von denen die Mehrzahl sehr „ausgedehnte" Wellenfunktionen sind. Darunter versteht man Funktionen, die in einem sehr ausgedehnten Bereich des Raumes wesentlich von Null verschieden sind. Mit Hilfe von Argumenten, die man kaum in Frage stellen kann (und die nur wenige Gegner der Einsteinschen Auffassung kritisieren), zeigt er, daß die Theorie diese Lösungen wirklich enthält. Er zeigt, mit anderen Worten, daß aus einfachen Gründen der Folgerichtigkeit zugegeben werden muß, daß der Zustand der Bewegung des Schwerpunkts gewisser Körper durch *ausgedehnte* Wellenfunktionen beschrieben werden kann.

Aber, bemerkt er dann, die Quantentheorie gibt vor, in der Lage zu sein, eine *vollständige* Beschreibung der physikalischen Realität geben zu können. Wenn ein solcher Ausdruck einen Sinn hat, so den, daß *jedes* Element der physikalischen Realität durch Information, die uns die Theorie liefert, wohl bestimmt sein muß, zumindest dann, wenn sich diese Information als die umfassendste herausstellt, die die Theorie geben kann[3]. In der gewöhnlichen Quantentheorie wird die Wellenfunktion *mit Recht für den Vermittler maximaler Information* gehalten. Aber andererseits gibt diese Wellenfunktion, wenn sie ausgedehnt ist, nicht die Lage des Schwerpunktes im Raum an. Wenn die Theorie vollständig ist, muß man also die anscheinend absurde Folgerung ziehen, daß unter solchen Bedingungen der Schwerpunkt des betrachteten Körpers keine bestimmte Lage hat, obwohl es sich um einen makroskopischen Körper handelt. Wie Einstein bemerkte: Wenn die Quantentheorie vollständig wäre, müsse man sehr erstaunt sein, daß zum Beispiel ein Stern oder eine Fliege, die man zum erstenmal sieht, einem praktisch lokalisiert vorkommen. Er folgert, daß die Beschreibung durch die Wellenfunktion eine *unvollständige* Beschreibung ist, die einige Elemente der Realität vernachlässigt.

Ich habe schon (siehe Kapitel 3) ausgeführt, wie die Vorkämpfer der Philosophie der Erfahrung – und Wolfgang Pauli im besonderen – auf Einsteins Einwände geantwortet haben. Ihre Methode der Widerlegung besteht – man erinnere sich – darin, darauf zu bestehen, daß es keinen Sinn habe, von der Struktur, die eine Wirklichkeit zu einer bestimmten Zeit hat, zu sprechen, wenn man laut Voraussetzung diese Struktur in diesem Augenblick nicht kennt. Innerhalb des epistemologischen Rahmens der Philosophie der Erfahrung ist eine solche Überlegung gerechtfertigt. Aber man muß diesen Rahmen beachten. Der Einwand Einsteins sollte nicht als ein Einwand gegen die Philosophie der Erfahrung benutzt werden, sondern vielmehr als ein Beitrag dazu, die sehr radikale Art und Weise, in der die heutige Physik sie verwendet, ins

---

[3] Wenn ich ein Rechteck beschreiben will, aber nur die Länge angebe, ist meine Angabe unvollständig. Genauso sind die Angaben der Thermodynamik, die nur über die makroskopischen Größen und die Dichte der Verteilung in bezug auf die Moleküle, aber nicht auf den Ort und die Geschwindigkeit eines jeden der letzteren Aufschluß geben, Angaben, die alle Physiker *unvollkommen* nennen würden.

Licht zu rücken. Hier darf es keine halben Maßnahmen geben, kein Lippenbekenntnis zur Philosophie der Erfahrung oder ein Festhalten an ihr, das sich irgendwie auf die einfache Bestätigung der Tatsache reduziert, daß es besser ist, Tatsachen zu glauben als Theorien, oder auch andere ähnliche Allgemeinheiten. Wenn man die Maxime vertritt, nach der man nur über das sprechen darf, was man weiß, stimme ich zu. Wenn man hinzufügt, daß man nie mehr weiß, als die Erfahrung lehrt, und daß die Theorie die Dienerin der Erfahrung ist, stimme ich vielleicht noch einmal zu (weniger stark, weil ich zum Beispiel an das Zögern Piagets denke). Aber wenn man mir sagt, daß die Philosophie der Erfahrung ausschließlich solche Ansichten vertritt, dann muß ich bemerken, daß es für sie in diesem Fall wohl aussichtslos ist, Einsteins Einwand in bezug auf die fehlende starke Objektivität der gewöhnlichen Quantentheorie zu widerlegen.

Wenn das angestrebte Ziel ist, die Theorie – und damit die moderne Physik – auf die Philosophie der Erfahrung zu gründen, dann erlaubt die Analyse, die auf Einsteins Einwand ausgerichtet ist, sehr wohl einen Art von „Mindestpreis" festzulegen, den ein Realist „bezahlen" muß (wobei er liebgewordene Intuitionen abschwören muß), um dies Ergebnis zu erhalten. Dieser Preis ist die Einsicht, daß die Wirklichkeit sich auf Phänomene reduziert, welche – auf dem Umweg über die dem Menschen verfügbaren Forschungsmöglichkeiten – direkt auf den Menschen hinweisen.

Aber, wird man sagen, ist die Notwendigkeit eines solchen Bezugs nicht schon vor langer Zeit von den Philosophen erkannt worden? Wissen die Leute denn nicht, wie zum Beispiel Henri Bergson[4] schrieb, „was an den Dingen gesehen und berührt werden kann, bestimmt unsere möglichen Handlungen an ihnen"? Sicherlich haben viele große Philosophen sich in diesem Sinne ausgedrückt. Aber ihr üblicher Gebrauch sehr allgemeiner Formeln erlaubt indessen nicht immer, die wahre Natur ihrer Gedanken so genau zu fassen, wie es notwendig scheint. Es gibt eine Möglichkeit, den Anspruch Bergsons zu verstehen, an dem ein Realist keinen Anstoß nehmen kann (und ich bin nicht sicher, ob dieser Autor es nicht selbst so verstanden hat). Sie besteht in der Beobachtung, daß die verschiedenen Lebewesen mit Sinnesorganen ausgestattet sind, die in Hinsicht auf das, was die Natur der von ihnen wahrgenommenen Unterschiede betrifft, extrem verschieden sind. Ein Garten, den ein Mensch betrachtet, und derselbe Garten, von einem Frosch gesehen, sind zweifellos unglaublich verschiedene Strukturen. Jeder der beiden sieht Kontraste, wo der andere sie nicht sieht: so zerlegt jeder die Wirklichkeit auf seine Weise. Und wie die Sinne zum großen Teil ein Werkzeug sind, mit denen die Evolution die Lebewesen in Hinsicht auf das Handeln ausgestattet hat – unentbehrlich zum Überleben –, so ist es richtig zu sagen, daß diese Zerlegung schließlich hinsichtlich jeder möglichen Handlung an dem Wirklichen realisiert wird.

Noch einmal sei es gesagt: gegen eine solche Interpretation des Ausspruchs Bergsons würden selbst die meisten überzeugten Realisten (in dem Sinn, wie

---

4 In „L'évolution créatrice", Paris, Alcan.

ich „Realismus" definiert habe) nichts von Bedeutung einzuwenden haben. Aber – wieder – muß man wohl verstehen, daß eine so „versöhnliche" Interpretation der Zurückführung der Phänomene auf den Menschen – seine Fähigkeiten als Beobachter – überhaupt nicht zur Widerlegung von Einsteins Einwand genügt. Für den Realisten ist der oben als Beispiel angeführte Garten eine Struktur an sich, außerordentlich kompliziert dazu, wenn man an all die winzigen Teile denkt, die ihn ausmachen und die nur mit einer ungeheuren Zahl von Parametern genau darzustellen sind, von denen die Einzelwesen aller Arten nur *einige* wahrnehmen. Anders gesagt sind die Beschreibungen des Gartens, die ihre Sinne ihnen ermöglichen, *unvollständig*. Man begreift dann, daß einer vom anderen verschieden ist und daß die „Phänomene" von den Handlungsmöglichkeiten abhängen. Aber, im Gegensatz dazu ist die Beschreibung der Wirklichkeit, die die Quantentheorie zu bieten vorgibt, so sagen ihre Begründer, *vollständig*. Wer zum Beispiel die Wellenfunktion kennt, kennt damit *alle* Parameter. Für den, der das glaubt, nimmt die Notwendigkeit, die Beschreibung der Wirklichkeit auf den Menschen zu beziehen, eine ganz andere Dimension an. Auf der philosophischen Ebene geht sie, wenn man so will, noch viel tiefer. Sie kommt jedenfalls den Vorstellungen Berkeleys, oder, falls man das vorzieht, einer sehr radikalen Interpretation des Satzes des Protagoras sehr nahe: Der Mensch ist das Maß aller Dinge.

Neue Kritik an Einstein

Aber wenn der Realist legitim den verborgenen Idealismus kritisieren kann, den er bei den Anhängern der Kopenhagener Deutung findet, können diese nicht ihrerseits den Realisten in einer Auffassung des Wirklichen des Dogmatismus anklagen? Können sie ihm nicht vorwerfen, die physikalische Theorie um jeden Preis in eine vorher festgelegte Form pressen zu wollen? Die Geschichte der Naturwissenschaft zeigt, daß diese Gefahr tatsächlich groß ist. Und die Theoretiker der Generation, die auf Einstein folgte, tadelten fast einstimmig, daß er gerade in diesem Fall die offene Einstellung seiner Anfangszeit aufgegeben habe, das heißt, sogar die, die ihn zur Entdeckung der Nichtexistenz einer universellen Zeit, wie sie die Newtonsche Physik fordert, geführt hatte. Genauer gesagt lautet die Kritik so: „Einstein hat sich vom Begriff der Wirklichkeit eine Idee a priori gebildet, die philosophisch ist und folglich (der philosophische Leser verhülle hier sein Gesicht) schlecht definiert."

Die grundlegendsten Begriffe sind selbstverständlich am schwierigsten zu definieren. Einstein wollte dennoch die Herausforderung annehmen. Er versuchte auf operationale Art zu präzisieren, was man unter einem „Element der Wirklichkeit" verstehen sollte. Natürlich war er sich der Tatsache völlig bewußt, daß wir keine direkte Kenntnis von den Dingen selbst haben, sondern nur von unseren Gefühlen und unseren Handlungen. Er wollte also das Element der Wirklichkeit definieren, indem er sich auf die beobachtbaren physikalischen Größen bezog.

Um die von Einstein gegebene Definition zu verstehen – wir werden sie weiter unten ausführen –, scheint es angezeigt, ein Beispiel zu betrachten, das dem im 4. Kapitel ähnlich ist. Denken wir uns also einen Test, von einer Art, die ich A nennen will. Ich nehme an, daß festgestellt wurde, daß alle Personen, die den Test beim ersten Mal bestehen (nicht bestehen), ihn auch bei einer Wiederholung bestehen (nicht bestehen), wenigsten in dem Fall, in dem sie in der Zwischenzeit an keinem anderen Test teilnehmen. Ich frage mich nach dem Grad der Wirklichkeit, den ich in jedem Moment dem Begriff der *Fähigkeit* eines bestimmten Individuums, das an einem solchen Test teilnimmt, zuschreiben kann.

Die Antwort scheint sich in diesem Fall aufzudrängen. Es ist klar, daß dann, wenn dieser Mensch den Test ein erstes Mal erfolgreich ablegt, seine „Fähigkeit, einen Test vom Typ A zu bestehen", nachher eine sehr wirkliche Sache ist. Dagegen kann ich nichts zum Thema der Wirklichkeit dieser Fähigkeit bei diesem Menschen sagen, *bevor* er sich dem ersten Test unterzogen hat. Der Test könnte sogar von der Art sein, daß die Mehrzahl der Menschen ihre Antwort auf gut Glück gibt, diese sich aber ihrem Gedächtnis einprägt und sie dazu führt, ihre anfängliche Leistung – ob gut oder schlecht – in allen späteren Tests einer ununterbrochenen Folge zu wiederholen. In einem solchen Fall hat es offenbar keinen Sinn, von der Fähigkeit eines Menschen, den Test zu bestehen, zu sprechen, wenn er ihn noch nicht gemacht hat. Dies entspräche überhaupt nicht der Wirklichkeit.

Wenn man jetzt über diese Antwort selbst nachdenkt, wenn man den Grund untersucht, warum sie sich in der Tat aufzudrängen scheint, kann man folgendes vorbringen. In dem Fall, in dem ein Mensch erfolgreich einen ersten Test bestanden hat, kann ich mit Hilfe der Induktion mit Sicherheit vorhersagen, daß er die folgenden bestehen wird, während ich vor dem ersten Test gar keine sichere Vorhersage machen kann.

So ist also das Kriterium, das ich spontan benutzt habe, um in einem einfachen Fall zu bestimmen, was „wirklich" genannt werden soll, jetzt in einer allgemeineren Art ausgedrückt worden. Es ist darum natürlich, es zu einer Definition zu machen und zu sagen: Wenn ich mit Sicherheit vorhersagen kann, was das Ergebnis einer Messung einer physikalischen Größe sein wird, dann entspricht diese physikalische Größe einem Element der Wirklichkeit. Genau das macht Einstein. Zusätzlich ergreift er eine Vorsichtsmaßnahme. Dies ist durch eine gewisse Mehrdeutigkeit begründet, die in dem Ausdruck „wenn man mit Sicherheit sagen kann" liegt. In dem obigen Beispiel darf offenbar kein boshafter Mensch auf den Gedanken kommen, zu behaupten, „diese Möglichkeit existiere in jedem Augenblick und *selbst vor dem ersten Test*, da ja die fragliche Fähigkeit in jedem Augenblick gemessen werden kann" (wenn nötig, mit Hilfe eines Vortests). Um diese Zweideutigkeit zu beheben – die in anderen Beispielen weniger deutlich wird und deshalb schwerwiegender sein kann, als sie hier erscheint –, schlugen Einstein und seine Schüler, Podolski und Rosen, schließlich diese berühmt gewordene Definition vor:

Elemente der Wirklichkeit (Einstein, Podolski und Rosen):

„Wenn wir, ohne auf irgendeine Weise ein System zu stören, den Wert einer physikalischen Größe mit Sicherheit vorhersagen können, dann gibt es ein Element der Realität, das dieser Größe entspricht."

Hier hebt der Einschub „ohne auf irgendeine Weise ein System zu stören" die angezeigte Zweideutigkeit auf, da ja in dem gewählten Beispiel die Möglichkeit einer vorangehenden Messung begleitet wird von der einer Störung, die diese Messung beim Individuum bewirkt. (Eine solche Störung könnte eine vorher nicht existierende Fähigkeit hervorrufen.)

Versehen mit einer operationalen Definition des Wirklichen aus Einsteins eigener Feder ist es für mich natürlich, auf das oben ausgeführte Argument dieses Autors zurückzukommen, das makroskopische Körper betrifft. Ist es möglich, daß vor jeder Messung der Schwerpunkt eines makroskopischen Körpers nicht besser lokalisiert ist als im Wirkungsbereich der Wellenfunktion (das heißt ja manchmal nur sehr schlecht)? Anders gefragt: Ist es möglich, daß die Lage dieses Schwerpunktes unter den vorstehenden Bedingungen nicht „ein Element der Wirklichkeit" ist?

Hier erwartet den Realisten eine große Überraschung. Denn die Antwort ist: „Ja, das ist möglich"; zumindest, wenn man sich nur auf die Definition von Einstein, Podolski und Rosen bezieht. In der Tat ist vor jeder Messung der Lage eines Teilchens ganz klar, daß wir nicht sicher vorhersagen können, was das Resultat der Beobachtung sein wird. Dies sollte mich, falls das nötig ist, in der Vorstellung bestärken, daß eine operationale Definition des Begriffs der Wirklichkeit nicht leicht zu haben ist; selbst Einstein konnte, als er bedrängt wurde, nur eine Definition geben, die nicht hinreicht, seine anfänglichen Gedanken zu rechtfertigen.

Das heißt aber noch nicht, daß die Definition von Einstein, Podolski und Rosen nicht benutzt worden ist. Diese Autoren selbst haben sie einfach auf einen anderen Fall angewandt; sie glaubten, den Satz widerlegen zu können, daß die Quantentheorie eine vollständige Beschreibung der Wirklichkeit geben kann. Es geht um den Fall der Fernwirkungen, den wir im 4. Kapitel behandelt haben.

Um zu verstehen, wie diese Anwendung aussieht, genügt es, auf das Wesentliche einiger der Entwicklungen dieses Kapitels zurückzukommen. Man kann sich etwa vorstellen, daß in einer hinreichend großen Stichprobe aus einer Population von Paaren jeder Ehemann sich dem Test A an einem bestimmten Ort unterzieht und jede Ehefrau denselben Test an einem anderen Ort machen muß. Wir nehmen darüber hinaus an, daß der Test nicht immer gleich ausfällt; aber alle vorangegangenen Beobachtungen, die an anderen Paaren derselben Population gemacht wurden, haben ergeben, daß dann, wenn der Ausgang für den Mann günstig war, er es auch für die Frau war und umgekehrt. Wenn ich das alles weiß und erfahren habe, daß der Ausgang eines Tests A günstig war für einen bestimmten Mann, dann kann ich mit Sicherheit vorhersagen, daß die zugehörige Frau ihren Test erfolgreich bestehen wird. Und darüber hinaus habe ich diese Sicherheit gewonnen, ohne die

Frau zu stören, da sie ja weit von dem Ort, an dem ich meine Information bekommen habe, entfernt ist. Hier also kann die Definition von Einstein, Podolski und Rosen angewendet werden: ich kann bestätigen, daß noch bevor die Frau sich einem Test unterzieht, sie eine wohlbestimmte Fähigkeit hat, die positiv oder negativ (Unfähigkeit) sein kann, erfolgreich zu bestehen. Ich kann sagen, diese Fähigkeit sei ein Element der Wirklichkeit. Ich kann gleichermaßen bestätigen, daß diese Fähigkeit nicht bei allen Frauen der Menge gleich ist, da ja der Ausgang des Tests bei den Männern von einem zum anderen verschieden ist. In bezug auf diese Fähigkeit schließlich bin ich sicher, daß die Frau sie unmittelbar vor dem Test an „ihrem" Mann hatte. Um das zu bestätigen, genügt es wieder einmal zu wissen, daß die Frau in dem betreffenden Augenblick weit entfernt ist von dem Ort, an dem der Test durchgeführt wird. Wenn alle *Paare* der Menge — vor jeglichem Test — durch ein und dieselbe Wellenfunktion dargestellt werden können (das ist für Lebewesen nicht möglich, wohl aber in gewissen Fällen für Teilchenpaare), dann muß ich folglich erkennen, daß einige der Paare, die durch ein und dieselbe Wellenfunktion beschrieben werden, nicht dieselben Elemente der Wirklichkeit haben: anders gesagt, ich muß zugeben, daß die Beschreibung der physikalischen Wirklichkeit, die mir die Wellenfunktion gibt, *unvollständig* ist.

In dem Verständnis von Einstein, Podolski und Rosen zeigt ein solches Argument[5] also die physikalische Existenz von zusätzlichen Parametern (die verborgen genannt werden), die die Wellenfunktion nicht beschreibt. Und aufgrund dieser Existenz werden gleichzeitig — das ist fast offensichtlich — die unterschiedlichen Schwierigkeiten (man denke an die Fragen Einsteins nach dem Stern und der Fliege), denen wir bei dem Versuch einer realistischen Deutung der üblichen Quantentheorie begegnet sind, behoben.

Der Urteilsspruch der Experimente

Welchen Wert soll man heutzutage unter Berücksichtigung der neuesten Ergebnisse der Physik dem Argument, das Einstein, Podolski und Rosen vorgeschlagen haben, zumessen? Auch wenn die Antwort auf diese Frage etwas beunruhigend ist, so ist sie doch offensichtlich und eindeutig. Dies Argument ist *ungültig*, weil eine der Voraussetzungen, auf denen es beruht, nicht zutrifft. Diese Voraussetzung ist — im obigen Beispiel — das, was wir mit den Worten „... ohne die Frau zu stören, da sie ja weit entfernt ist" wiedergeben und die der Satz „es genügt mir zu wissen, daß die Frau in dem betreffenden Augenblick weit entfernt ist von dem Ort, an dem der Test durchgeführt wird" wiederholt. Ein solcher Gebrauch der Worte „da ja" — oder des Ausdrucks „es genügt, zu berücksichtigen" — ist nur legitim, wenn ein Prinzip der

---

[5] Ihr Argument ist dem obigen ähnlich, aber nicht mit ihm *identisch*.

Lokalisierbarkeit zugegeben wird, nach dem eine Handlung, die an einem bestimmten Ort vorgenommen wird, ein System nicht stören kann, das sich in diesem Moment an einem anderen entfernten Ort befindet. Das hat Einstein selbst ausdrücklich festgestellt, als er über die Kritik nachdachte, die Bohr wegen dieses Arguments[6] an ihm übte (obwohl ein solches Prinzip in seinen Augen vollkommen offensichtlich war). Wenn im Beispiel die Frau in einem gegebenen Augenblick angemessen weit vom Ereignis „Test am Mann" entfernt ist, dann, so hat Einstein gesagt, „ist die Behauptung, *daß der reale Zustand von II* (hier der Frau) *nicht unmittelbar beeinflußt werden könne durch eine an I* (hier der Mann) *vorgenommene Messung* ... daher im Rahmen der Quantentheorie unbegründet und ... unannehmbar."[7]

Wieder einmal ist Einsteins Argument nur dann schlüssig, wenn ein solches Prinzip richtig ist. Aber von diesem Prinzip, das man *Trennungsprinzip* genannt hat, weiß man heute, daß seine falsche Offensichtlichkeit verdächtig ist. Wie im 4. Kapitel ausgeführt wurde, erlauben jüngst angestellte Versuche es nicht mehr, die Hypothese, es sei gültig, für wahr zu halten. Im Gegenteil ist es die Untrennbarkeit, die sich aufzudrängen scheint.

So ist Einstein also in seinem Versuch einer Interpretation der Quantentheorie, die verträglich ist mit der Ansicht des Realisten oder, wenn man das vorzieht, mit der Forderung nach starker Objektivität gescheitert. Der unmittelbare Grund seiner Niederlage ist klar. Ganz natürlich hat er in dieses Problem ein Prinzip der *endlichen* Fortpflanzungsgeschwindigkeit aller physikalischen Einflüsse einführen wollen, das das von ihm entdeckte analoge Prinzip, das die Signale betrifft, verallgemeinern sollte. Anders gesagt hat er starke Objektivität und Lokalisierbarkeit miteinander verbunden. Wir wissen jetzt (dank – so muß man sagen – der Untersuchungen, die zu einem großen Teil durch seine Fragen ausgelöst wurden und deren Ergebnisse er nicht vorher wissen konnte), wir wissen – sagte ich –, daß gerade ein solches verallgemeinertes Prinzip etwas Irriges an sich hat und daß in dem Maß, in dem der Begriff der unabhängigen Wirklichkeit einen Sinn hat, diese Wirklichkeit nichtlokal sein muß (oder nach unserer Definition „untrennbar").

Aber offenbar besagt ein solches Scheitern nicht, daß die Anhänger des Realismus den Kopf hängen lassen müssen. Es beweist schließlich nichts gegen die Hypothese einer unabhängigen Wirklichkeit, die nicht-lokal ist (oder,

---

6 Sicher, so gab Bohr zu, kommt in diesem Fall eine *mechanische* Störung der Frau durch den Test, den der Mann nicht macht, nicht in Frage. Aber, so betont er, das schließt (jedenfalls im Fall der Quantenmechanik) nicht die Existenz eines Einflusses dieses Tests „auf die eigentlichen Bedingungen, die die möglichen Arten von Vorhersagen über das zukünftige Verhalten" der Frau bestimmen, aus. Und diese „Bedingungen stellen ein intrinsisches Element der Beschreibung jedes Phänomens, das *physikalische Wirklichkeit* genannt werden kann, dar. Indirekt scheint Bohr damit zuzugeben, daß gewisse Teile der Beschreibung der physikalischen Wirklichkeit, die wir – Beobachter von außen – hier übereinkommen, „die Frau" zu nennen, aus der Entfernung durch den Test, den der Mann macht, *beeinflußt* sein könnten. (N. Bohr, Phys. Rev. *48*, 696 (1935))

7 A. Einstein in *Albert Einstein als Philosoph und Naturforscher*, P. A. Schlipp, W. Kohlhammer, Stuttgart.

wenn man will, untrennbar). Im übrigen vermindert es nicht die Kraft der allgemeinen Argumente, die wir am Anfang dieses Kapitels gaben und die gegen die Annahme der Philosophie der Erfahrung sprechen; denn gerade diese Argumente bestreiten immer wieder die Zulässigkeit a priori einer nur auf das Operatorische gegründeten Philosophie[8].

---

[8] In diesem Sinn ist es angebracht, die folgenden Punkte zu erwähnen. Sicherlich ist die Philosophie der Erfahrung heute nicht nur ein bequemer Bezugspunkt für den *Physiker*, der auf der Suche nach guten Argumenten ist, um gewisse brennende Schwierigkeiten zu lösen (oder jedenfalls beiseitezuschieben). Unter dem Namen „analytische Philosophie" oder „angelsächsische Philosophie" wird diese Philosophie auch um ihrer selbst willen, unabhängig von der Physik, von Philosophen studiert, die ihr ihre Forschung widmen. Diese sind sehr interessant. Indessen lenkt ihre eigene Dynamik sie auf Begriffe hin, die ähnlich denen des ganz entgegengesetzten banalen Scientismus gewisse Züge ausweisen, denen gegenüber die moderne Physik Vorbehalte äußern muß. Ich denke im besonderen an den *Pluralismus*, der, wenn man den Problemen auf den Grund geht, sehr charakteristisch ist für die Begriffe, um die es hier geht. Diese Tatsache zeigt sich zum Beispiel in einer der Definitionen des Begriffs „Ding", die das höchste Ansehen dieser Philosphen hat. „Die Dinge" – so sagen sie gern – sind nichts anderes als *eine Reihe von Gesichtspunkten*, die den physikalischen Regeln gehorchen. So ist dann zum Beispiel ein Tisch nur eine Gesamtheit von verschiedenen Gedanken, die man gleichzeitig oder nacheinander über ihn haben kann und die bestimmten Regeln genügt. Selbst wenn man vom Primat des Bewußtseins der Beobachter absieht, daß eine solche Definition unvermeidlich zu implizieren scheint – und das zu Recht zumindest eine Diskussion zu fordern scheint! –, kann man nicht umhin, zu bemerken, daß gemäß der fraglichen Definition jedes Objekt eine Vielheit ist: nämlich die all seiner *Aspekte*. Und je einfacher das Objekt ist, desto größer und komplexer ist die Vielheit, denn die möglichen „Aspekte" eines Elektrons erfordern, um vorstellbar zu werden, die Idee von unendlich vielen Meßinstrumenten, die ihrerseits alle aus Elektronen bestehen. Diese unkontrollierbare Vermehrung der grundlegenden Elemente der Theorie kann die Physiker nur sehr verwirren, die ja, im Gegenteil, stets – und lange Zeit mit Erfolg – sich bemüht haben, die tiefe Einfachheit des Wirklichen hinter der Vielfalt der Erscheinungen zu entdecken. Ich weiß A. Shimony Dank dafür, daß er meine Aufmerksamkeit auf die Stichhaltigkeit dieser Einwände gelenkt hat.

8. Andere Möglichkeiten: Anregungen zur Skepsis

Wie wir gesehen haben, stellen weder der Realismus, wie Einstein ihn verstand, noch seine Antithese, die Philosophie der Erfahrung, schließlich befriedigende Wege dar. Bei einer Prüfung zeigt sich, daß keiner der beiden sich zugleich den Einschränkungen anpassen kann, die von den Tatsachen herrühren, und denen, die aus unseren rechtmäßigen Erwartungen an eine Erklärung stammt, die über eine einfache Beschreibung hinausgeht. Aber, so wird man sagen, dies sind doch nicht die einzigen möglichen Gesichtspunkte; selbst dann, wenn man von vorherein, wie es sicherlich richtig ist, die zahlreichen Versuche verwirft, die nichts als Ziererei enthalten und „Sand in die Augen" streuen, legt die Naturwissenschaft doch wahrscheinlich eine Vielzahl anderer Möglichkeiten nahe und die Philosophie schlägt sie sogar unleugbar vor. Gibt es unter all diesen vielleicht wenigstens eine, die gleichzeitig alle Einschränkungen, von denen wir gesprochen haben, berücksichtigt? Vielleicht gibt es sogar nur eine einzige, die sich dann jedem unparteiischen Geist aufzwingen würde?

Allem Anschein nach wäre es dünkelhaft zu glauben, daß eine negative Antwort auf eine so umfassende Frage in aller Strenge gerechtfertigt sein könnte. Wir werden hier ein sehr viel bescheideneres Ziel anstreben, nämlich nur einige Gründe für eine Skepsis in dieser Hinsicht aufzeigen. Es geht einfach darum, verständlich zu machen, warum heute das wesentliche Wissen – ob man nun jenseits der Naturwissenschaft auch diese oder jene der bekanntesten großen Philosophien dazuzählt oder nicht – warum dieses wesentliche Wissen nicht eine zusammenhängende Ganzheit zu sein scheint, die geeignet ist, uns wahrhaftig auf den Weg zu einfachen Lösungen der in diesem Buch behandelten Probleme zu bringen.

Der erste Punkt, den man für offensichtlich halten wird, ist dieser: *Wenn* der Begriff des *Seins* (hier gleichbedeutend mit dem der „unabhängigen" oder „intrinsischen" Wirklichkeit), wenn also dieser Begriff einen Sinn hat, dann muß die Entwicklung allen Wissens, das wirklich als fundamental bezeichnet werden kann, die Erkenntnis des Seins und nichts anderes anstreben. Eine Vorfrage von äußerster Wichtigkeit heißt dann gerade: „Hat der Begriff des Seins einen Sinn?"

Unglücklicherweise ist das eine Fangfrage, eine Frage, die, wie jeder weiß, mehr als zweitausend Jahre lang die Kontroversen der Philosophen genährt hat. Die Positivisten zum Beispiel und unter ihnen vielleicht vor allen anderen die Operationalisten neigen hier zu einer negativen Antwort, indem sie erklären, daß eine operationale Definition des Seins offenbar unmöglich sei. Aber selbst den Operationalisten kann man hierauf antworten. Es wäre in der Tat möglich, zu behaupten, daß auch sie sich implizit auf den Begriff des Seins beziehen; aber daß für sie das letztendliche Sein nichts anderes ist als der Mensch. Darin unterscheiden sie sich vielleicht weniger als sie denken von einem Philosophen wie Heidegger, denn sein „Dasein" bezieht sich in letzter Analyse auf den Begriff der Spezies Mensch. Genaugenommen kann selbst der Skeptiker das Sein nicht vermeiden: das Sein ist er selbst.

Man sieht, worauf ich hinauswill. Ich meine, daß selbst die Philosophen, die geglaubt haben, den Begriff des Seins abgeschafft oder überwunden zu haben, das nicht erreichten, sondern vielmehr das Ergebnis ihrer Anstrengungen nur war, dem Sein diese Eigenschaft zuzuschreiben oder jene abzusprechen. War es nicht bei Heraklit wie bei Nietzsche so? Wenn, wie Heraklit behauptet, ich nie im selben Fluß bade, folgt dann daraus eine nicht-existierende Hydrodynamik (oder auch nur einfach eine sich ändernde)? Was Nietzsche betrifft, so hat er ein leichtes Spiel, die Wichtigkeit, die Heraklit dem Werden gab, zu unterstreichen. Und wenn er uns daran erinnert, daß Heraklit in der dauernden Veränderung der Welt nur das *Spiel* des Zeus sah, so preist auch Nietzsche, so scheint es, wenigstens die Veränderung, das Spiel auf Kosten des Seins. Aber muß er sich nicht dazu auf Zeus berufen? Zwingt ihn nicht die Notwendigkeit, eine vernünftige Aussage zu machen, sich auf eine Größe zu beziehen, die nichts anderes ist als das Sein selbst? Und zeigt der Verfasser nicht letztlich gerade das Gegenteil von dem, was er uns beweisen will? Ist es nicht das höchste Wesen, Zeus, dem bei dieser Erörterung das Primat zukommt?

Sicherlich können so kurze Bemerkungen die große philosophische Debatte nicht ersetzen und sie noch weniger abschließen. Jedoch genügen sie dem augenblicklichen Zweck; sie erklären, warum es so scheint, daß trotz aller Einwände der Begriff des Seins, das heißt einer Wirklichkeit, die unabhängig ist vom Menschen, einen Sinn hat. Aber da dieser Sinn nicht durch eine operationale Definition erfaßt werden kann, ist die Möglichkeit sicherlich nicht auszuschließen, daß er uns geheimnisvoll bleiben wird. Anders gesagt ist es klug, a priori nur das Wort „Sein" zu setzen, ohne über die Eigenschaften des Seins Mutmaßungen anzustellen. Tatsächlich scheint es a priori denkbar zu sein, daß diese Eigenschaften ihr genaues Abbild in unserem Geist haben (der Atomismus Demokrits: die Wirklichkeit ist eine Ansammlung kleiner Körper; Platon: sie ist eine Ansammlung von Wesenheiten, von denen wir zumindest einige kennen), oder auch, daß es sich ganz anders verhält und daß, ganz im Gegenteil, die Begriffe, die diese Eigenschaften beschreiben, mehr oder weniger mühselig konstruiert werden müßten.

Wenn man das Problem in dieser Weise mit bewußt offenen Sinnen angeht, dann ist es klar, daß man eine gewisse Zahl von Thesen betrachten muß, die sich sehr voneinander unterscheiden. Um allzu viele Abschweifungen zu vermeiden, werden wir uns auf einige rasche Bemerkungen zu einem oder zwei Beispielen dazu beschränken. Die erste betrifft den Gebrauch der Dialektik.

Dieses Beispiel ist sehr charakteristisch für die Methoden, mit denen die Philosophie versucht hat, das Sein zu ergründen, wobei sie vermied, es in vorgeformte Kategorien des Denkens zu pressen.

Der Grundgedanke, der den Gebrauch der Dialektik rechtfertigen soll, ist der eines Widerspruchs in sich. Die Zusammenfassung dieser These – die vor allem im 19. Jahrhundert entwickelt wurde – ist, daß in einer bestimmten Weise Ordnung und Harmonie lediglich Erscheinungen sind (die der Welt der Phänomene angehören, das heißt vor allem aus Projektionen von uns selbst zusammengesetzt sind), während im Gegenteil die intrinsische Wirklichkeit – das Sein – vom Widerspruch regiert wird.

Hier ist nicht der Ort, die übrigens mehr oder weniger offensichtlichen Ursachen für die starke soziologische Wirkung, die diese These gehabt hat und immer noch hat, ins Gedächtnis zu rufen. Es ist dagegen nicht unnütz, die mutmaßlichen Gründe auszuführen, die so viele Menschen dazu gebracht haben, sie anzunehmen, und dank derer sie für eine Weile der Eckstein der Weltanschauung von so vielen Intellektuellen und Literaten war. Diese Motive erscheinen wenig geheimnisvoll, wenn man an ihre geschichtliche Entwicklung denkt. Für Hegel ist das Sein der Geist. Und es ist klar genug, daß der ursprüngliche menschliche Geist von Widersprüchen regiert wird (die übrigens einen emotionalen Wert haben können, wie man in der Tragödie sieht). Daß bei dieser Weltanschauung die ursprüngliche Wirklichkeit, das Sein, irgendwie mit dem ursprünglichen menschlichen Geist gleichgesetzt wird, ist ganz natürlich, und die Existenz der Widersprüche in den Dingen steht dann fest. Bei den anderen Denkern, wie etwa bei Nietzsche, der die These in Mode gebracht hat, scheint das anfängliche Gefühl sehr ähnlich gewesen zu sein.

Aber ein Beweis ist soviel wert wie seine Voraussetzungen. Was ist also dieses Gefühl wert? Stimmt es, daß die erste Wirklichkeit irgendwie mit dem menschlichen Leben oder dem Bewußtsein gleichgesetzt werden kann? Zur Unterstützung einer solchen Auffassung zitiert Nietzsche Schopenhauer, und das zu Recht. Es ist wahr, daß für den, der die Weltanschauung vertritt, die durch den Titel des berühmten Werkes dieses Verfassers, *Die Welt als Wille und Vorstellung*, ausgedrückt wird, dieses Gefühl eine tiefe Wahrheit ist. Eine wirkliche Schwierigkeit tritt dann auf, wenn man feststellt, daß die Philosophen, die auf die Verbreitung der hier diskutierten These (von der Existenz von Widersprüchen in den Dingen selbst) am meisten Einfluß gehabt haben, gerade jene sind, die mit der größten Vehemenz die „spiritualistischen" Begriffe Schopenhauers zurückwiesen. Es wird somit äußerst schwierig, zu verstehen, auf welches schlüssige Argument diese Philosophen sich berufen, um die Annahme dieser These vor sich selbst zu rechtfertigen. Man kann die Hypothese nicht ganz verwerfen, nach der sie sie unverändert von ihren Vorgängern übernahmen, ohne die näheren Umstände genauer zu untersuchen.

Es ist nicht abwegig zu denken, daß die Eingliederung dieser selben These in das System der Dogmen und Tabus der westlichen Nachkriegs-Intelligenzia zumindest zu einem Teil eine ähnliche Erscheinung ist. Die Vorstellung ist gefühlsmäßig verführerisch. Sie ist fruchtbar bei „konkreten" Anwendungen aller Art. Man kann ihr vom Idealismus ausgehend eine gewisse vernünftige Rechtfertigung zusprechen, wie wir gesehen haben; und eine solche Rechtfertigung hat in der Tat den Segen von berühmten Denkern der Vergangenheit gehabt, die alle mehr oder weniger die Voraussetzungen des Idealismus akzeptierten. Für die unter uns, die den Idealismus ablehnen, kann die Versuchung groß sein, sich an nur zwei Tatsachen zu erinnern. Die erste besagt, die hier diskutierte These sei verführerisch und die zweite, sie hätte eine gewisse Rechtfertigung intellektueller Art von Verfassern bekommen, die für schwierig und tiefgehend gehalten werden; und dann ganz einfach zu vergessen, auf welche Voraussetzungen diese Rechtfertigung gegründet war.

Es ist natürlich unmöglich, in einer solchen Geisteshaltung zu verharren, sobald man sich ihre Inkohärenz klarmacht. Man kann jedoch auf jede Bezugnahme auf den Idealismus verzichten und versuchen, die fragliche These durch Argumente zu rechtfertigen, die zeitgemäßer sind. Man findet so in der Literatur sehr viele Texte, die die Widersprüche dieser oder jener Gesellschaftsform beschreiben und die von da aus – in kühner Verallgemeinerung – zu der Vorstellung übergehen, daß es in den Grundgesetzen des Universums Widersprüche (oder *Negationen*, wie man manchmal sagt) geben muß. Wer sieht indessen nicht, daß das Argument – wenn es eins ist! – von derselben Art ist wie das, was oben betrachtet wurde, und man denselben Einwand dagegen erheben kann? Schließlich nimmt unter Hegels Einfluß die Beweisführung oft eine eher theoretische und abstrakte Form an. Das Sein, sagt man, ist auch Nichtsein, sonst wäre es statisch. Und der Widerspruch wird überwunden durch einen Übergang zur Synthese, das heißt zum Werden. Um den Zusammenhang mit dem Konkreten zu wahren, halten es die Mehrzahl der Vertreter einer solchen Entwicklung in diesem Stadium für notwendig, einige Beispiele zu beschreiben. Sie wählen dazu Systeme in nicht stationärem Zustand, am häufigsten Lebewesen. Alles Leben – alles „Sein" – muß eines Tages sterben. Das bedeutet die Rückkehr zum Nichtsein. Aber das Vergehen des Samenkorns ist das Werden der Pflanze und so weiter. Anders gesagt leisten alle diese Denker – hoffentlich unbeabsichtigt! – beim Leser einer Verwirrung Vorschub, die entstehen kann zwischen den Veränderungen eines nichtstationären Systems einerseits (Veränderungen, die, wie wir wissen, auch in der klassischen Physik, also auf einem Gebiet vorkommen, auf dem logische Widersprüche sicherlich keine Platz haben) und echten logischen Widersprüchen andererseits, die von der Art „A ist A aber A ist auch Nicht-A" sind. In den meisten Fällen werden die Beispiele wegen ihrer gefühlmäßigen Resonanz gewählt (Geburt, Tod, Zeugung usw.), um den „Beweis" möglichst überzeugend zu machen.

Es ist recht und billig zu betonen, daß diese intellektuelle Ungezwungenheit auch in der Zeit, als sie am meisten in Mode war, den Mitgliedern der wissenschaftlichen Welt kaum etwas vormachen konnte. Diese nahmen im allgemeinen schnell wahr, daß eben dann diese Gedanken, diese Thesen sich als inkonsistent herausstellten, sobald sie versuchten, jenseits der schlechten Beispiele eine gültige These ausfindig zu machen, sobald sie probierten, die Ungeschicklichkeit in der Ausmalung zu vergessen, um die tiefen Gedanken der Urheber zu ergründen. So hat die Mehrzahl der Naturwissenschaftler, die trotz allem in den Vorstellungen verharrten, die sich mehr oder weniger aus der Hegelschen Dialektik ergaben, einen Mittelweg gewählt. Unter dem Druck ihrer Gegner geben sie schließlich zu, daß es keine Widersprüche in den Dingen gibt, und behaupten nur, daß sie in unserer heutigen Art der Beschreibung liegen; das ist sicher unbestreitbar – die Modelle treffen immer nur zu einem Teil zu –, aber es lehrt uns nichts über das Sein. Letztlich gibt es also eine Verwandtschaft zwischen dem Wissenschaftler, der sich auf den dialektischen Materialismus bezieht, und dem positivistischen Wissenschaftler: eine Verwandtschaft, die der zwischen der Hegelschen Dialektik und dem Positivismus entspricht. In den Augen eines unparteiischen Schiedsrichters betrifft die erste dieser Doktrinen entweder nicht das Sein oder sie ist nicht stimmig, wie wir gesehen haben, außer man sieht sie in der Sichtweise des Idealismus. Gleichermaßen beruht die zweite ganz auf der Beobachtung, also auf dem menschlichen Geist. Aber der wissenschaftliche Anhänger des dialektischen Materialismus akzeptiert solche Grundlagen nicht und der „positivistische" Naturwissenschaftler im allgemeinen auch nicht. Daher kommt es vor, daß der eine wie der andere in den meisten Fällen eine gewisse „Unbestimmtheit" ihrer Lehre der Unbequemlichkeit vorziehen, die für sie entstehen würde, wenn sie dieser auf den Grund gingen.

Die Gedanken Husserls, die bei den Philosophen so viele Anhänger fanden, haben in der wissenschaftlichen Welt niemals ein beachtenswertes Echo geweckt. Davon abgesehen könnte man zu diesem Thema Bemerkungen machen, die den vorangegangenen sehr ähneln. Zum Beispiel hat Husserl – und wer folgt ihm dabei nicht? – unsere Aufmerksamkeit auf den durch nichts zu ersetzenden Geschmack des Erlebten gelenkt. Er schlägt uns vor, in den Dingen, wie wir sie wahrnehmen, im unmittelbar Gegebenen, in den nicht analysierbaren Phänomenen die tiefste Wirklichkeit zu sehen. Da – so sagen uns seine Nacheiferer – sie selbst zugeben, daß sie bei der Einführung der unabhängigen Wirklichkeit so viele Schwierigkeiten haben, warum entfernen sie sie nicht aus dem System? Nur wenn sie den Apfelbaum dort im Garten als gegeben denken, wenn sie sich in bezug auf ihn von dem intellektuellen Sezieren des Gelehrten freimachen, wird es ihnen gelingen, die ganze subtile Komplexität des Seins zu erfassen.

In dem Maß, in dem sie uns zur Poesie anregen (also dazu, die gewichtigen philosophischen Traktate – und vor allem die von Husserl selbst! – wieder zu schließen), haben solche Vorschriften eine positive Seite. Wo die Kritik am grundlegenden Charakter der rationalen wissenschaftlichen Forschung betroffen ist, so befürchte ich doch, daß sie zwei Tatsachen verkennen. Eine davon ist die Möglichkeit, die die moderne Physik hat, in einer sehr deutlichen und sehr genauen Weise über unsere Erfahrung Rechenschaft abzulegen, ohne den Begriff der unabhängigen Wirklichkeit zu gebrauchen. Sie verwendet eine *nicht ontologische* Mathematik, die, wie in dem schon zitierten Ausspruch Heisenbergs gesagt wird, danach sucht, unsere Beziehung zur Natur, aber nicht mehr die Natur an sich zu beschreiben. Die Existenz einer solchen Möglichkeit scheint mir die Grundlage der Kritik einigermaßen zu unterhöhlen, die einige der mehr oder weniger orthodoxen Schüler Husserls an der Naturwissenschaft üben. Die andere von diesen Schülern verkannte Tatsache ist, daß einfach aussehende Differentialgleichungen sehr komplexe Lösungen haben können, ebenso wie sehr knapp formulierbare Transformationsgruppen außerordentlich komplizierte Darstellungen zulassen. Dies hat zur Folge, daß kurgefaßte Formeln; wie die Gleichungen von Maxwell oder Schrödinger, sehr wohl einer schillernden Vielfalt – einer fast unendlichen Vielfalt – von Erscheinungen zugrunde liegen können. Für den, der das weiß, hat Husserls Vorschlag der Rückführung auf das Erlebte etwas Naives an sich; ebenso wie ein Physiker naiv und sogar albern erscheinen würde, der vorschlüge, die Gleichungen von Maxwell und Schrödinger mit dem Argument aufzugeben, daß das erlauben würde, die Phänomene in ihren qualitativen Unterschieden besser zu begreifen. Zusammengefaßt heißt das, daß selbst die unter uns, die sich entschieden haben, Husserl zu folgen oder ihn durch eine Ent-dinglichung zu interpretieren, keineswegs gezwungen sind, das Quantitative aufzugeben, wie Husserl und seine Anhänger es uns nahelegen. Ganz im Gegenteil, denn ein solcher Verzicht ist in gewisser Weise ein glatter Verlust: wo ist das zusätzliche Licht, das er bringen sollte? Aber andererseits erinnert doch dann, wenn dieser Verzicht nicht geleistet wird, die so modifizierte Philosophie Husserls und seiner Schüler sehr – freilich als etwas noch Unbestimmteres – an die Philosophie der Erfahrung, über dessen Verdiensten und auch Schwierigkeiten wir weiter oben gesprochen haben.

Wieder einmal ist hier nicht der Platz, um in Einzelheiten die Versuche der eigentlichen Philosophie, sich dem Sein zu nähern, zu untersuchen. Diese kurzen Bemerkungen sollten, glaube ich, genügen, um in bezug auf sie eine Einstellung zu rechtfertigen, die sicherlich Neugierde und Interesse enthält, sich aber nicht voll zufriedengibt. Die Suche muß fortgesetzt werden und andere Annäherungsweisen müssen untersucht werden. Dabei denke ich verständlicherweise an solche, die den Wissenschaftlern eigentümlich sind.

Hier nun kommen wir in eine andere Welt. Im Gegensatz zu den Philosophen haben die Menschen der Renaissance, die die moderne Naturwissenschaft geschaffen haben, sich für das Einzelne, das Konkrete, das Kleine interessiert. Absichtlich kehrten sie sich von den großen, zu allgemeinen Fragen ab. Der Zeitgeist, der Geschmack an irdischen Sachen, veranlaßte sie, sich selbstvergessen auf Einzelprobleme zu stürzen. Mit Verblüffung stellten sie fest, daß diese in manchen Fällen lösbar waren und daß die Lösungen, die auf Experiment und Nachdenken beruhten, erstaunlich endgültig waren. Aus dieser Zeit stammt ein gewisses Mißtrauen, das der Wissenschaftler genau so wie der Bauer an der Donau[1] all denen gegenüber hegt, die nicht ein kleines wohlbestimmtes Stück Land bestellen; es ist dies, wenn man so will, das Mißtrauen der wissenschaftlichen Ameise angesichts der philosophischen Grille[1].

---

1 Anspielungen auf Fabeln Lafontaines (11. Buch, N°7, 1. Buch, N°1) (Anm. d. Übers.).

Die Zeit des „Fragmentarischen" ist objektiv überholt, mag sie auch im psychologischen Bereich aktuell bleiben. Sehr schnell hat sich erwiesen, daß die wissenschaftlichen Lösungen der Einzelprobleme sich eins ins andere zusammenfügen ließen, um dauerhafte Lösungen für allgemeine Probleme zu ergeben. Ohne das irgendwie angestrebt zu haben, fanden sich die Wissenschaftler also in der Lage, neue plausible und fruchtbare Antworten auf die schwierigen Fragen geben zu können, bei denen ihre philosophischen Vorgänger aneinander geraten waren, ohne wirkliche Fortschritte machen zu können.

Wir wissen heute, was es mit der Harmonie der Sphären auf sich hat. Wir wissen, wie die Sterne entstehen und vergehen. Vor allem können wir sagen, was *sein wird*. Auf allen Gebieten haben wir in der Tat die Fähigkeit ungeheuer ausgeweitet, die schon Victor Hugo verblüffte: nämlich die Rückkehr der Kometen vorherzusagen. Wir kennen die „großen Geheimnisse" der Materie. Seit einem halben Jahrhundert berechnen wir dank der Entdeckung der Quantenmechanik beachtlich genau die Lebensdauer, die Strahlung von Molekülen und Atomen. Wir können vorher mit Präzision angeben, was mit einer Menge von ihnen unter bestimmten Umständen geschehen wird und unsere Berechnungen dazu werden durch die Erfahrung jederzeit und überall bestätigt. Wir haben den Stein der Weisen, denn wir können Elemente ineinander verwandeln.

Die Struktur der Atomkerne ist uns wirklich vertraut. Es sei mir erlaubt, in Hinblick auf die folgende Diskussion mit einigen Worten ins Gedächtnis zu rufen, daß sie aus Kernteilchen (Protonen und Neutronen) bestehen, wobei Felder, die „Mesonen" genannt werden, die Rolle eines Zements spielen und die Stabilität des Gebildes sichern. Seit dem letzten Krieg hat das Wissen von diesen Feldern einen sehr beträchtlichen Fortschritt gemacht; wie auch allgemeiner das von den Bestandteilen der Atomkerne überhaupt. Man nennt diesen Zweig der Kernphysik die „Elementarteilchenphysik". Eine ihrer letzten Entdeckungen ist die, daß die Kernteilchen selbst zusammengesetzt sind; jetzt stellt man sie sich ihrerseits als Systeme von Teilchen vor, die *Quarks* genannt werden, die wiederum durch Felder, sogenannten *Gluonen,* zusammengehalten werden. Eine solche Beschreibung ist im wesentlichen theoretisch (niemand hat je einen Quark isoliert und es kann sein, daß die Nukleonen im Gegenteil zum Kern wirklich unteilbar sind). Weit davon entfernt, willkürlich zu sein, ist sie dennoch auf das Zusammenkommen sehr vieler genauer Experimente gegründet, bei denen heute die formale (d. h. mathematische) Theorie nur durch die hier erörterte Beschreibung zu einer Synthese kommen kann.

Selbstverständlich ist auf der Ebene der Erkenntnistheorie das Bemerkenswerte gerade, daß die mathematische Synthese möglich bleibt und sich als eindeutig erweist. Aber Vorsicht! Dieser Triumph – denn es ist einer – muß noch in seinem wahren Wesen erkannt werden. Bedeutet er, daß wir durch das Studium der neuesten Theorien über die Elementarteilchen (Quarks, Eichfelder, Gluonen usw.) zu dem gelangen werden, was die Naturwissenschaft als Grundlegendstes über die Wirklichkeit zu sagen hat? A priori scheint die Antwort ganz offensichtlich „ja" zu sein. Indessen ist das keineswegs so. Es ist das Studium der allgemeinen Grundlagen der Quantentheorie und nicht das der Theorien, die jetzt gerade über die Elementarteilchen entwickelt werden, das uns den tiefsten Problemen der intrinsischen Wirklichkeit näherbringt.

Eine solche Aussage erscheint vielleicht merkwürdig und muß deshalb gerechtfertigt werden. Dazu muß man sich an mehrere Punkte erinnern. Der erste ist, daß – wie oben schon bemerkt – die Beschreibungen der Teilchen, die die heutige Physik liefert, im wesentlichen theoretisch sind. Selbst wenn sie anschaulich sind (wie z. B. die eines Nukleons, das „aus Quarks besteht"), muß man sich an die Tatsache erinnern, daß das, was ihnen ihren Wert und man könnte sogar sagen, ihre Substanz verleiht, nicht die räumliche Vorstellung ist, die sie hervorrufen (diese letztere ist immer etwas trügerisch), sondern es ist die Mathematik, die diesen Beschreibungen zugrunde liegt. Oder, genauer, es ist die physikalisch-mathematische Theorie, die von ihnen nur übersetzt wird. Unter mathematischer Physik muß man nicht nur eine Ansammlung mathematischer Größen verstehen, Funktionen, Funktionale, Operatoren und so weiter – sondern auch und vor allem eine Menge von Regeln, die diese Größen mit der beobachteten physikalischen Welt in Beziehung setzen.

Der zweite Punkt ist der folgende. Es stimmt, daß die jetzige mathematisch-physikalische Theorie der Elementarteilchen eine gewisse Zahl mathematischer Größen ins Spiel bringt – die S-Matrix, renormalisierte Lagrangefelder usw., ihre Aufzählung wäre mühsam und unnötig technisch –, die ihr eigen sind und die sie zum größten Teil selbst für den eigenen Gebrauch geschaffen hat. Dagegen sind die allgemeinen Regeln, die diese Größen der beobachteten physikalischen Welt zuordnen, die allgemeinen Regeln, anders gesagt, die sicherstellen, daß der mathematische Formalismus der Erfahrung entspricht, diese Regeln sind so, wie sie sind, der Atomtheorie entliehen: sie sind nichts anderes als die Grundprinzipien der Quantentheorie unserer Väter. Trotz aller Anstrengungen haben die Theoretiker von heute in dieser Hinsicht nichts Besseres entdecken können.

Der dritte Punkt, vielleicht der wesentlichste, ist, daß für den Realisten die Interpretation dieser Grundprinzipien äußerst weit davon entfernt ist, offensichtlich zu sein, wie wir gesehen haben. So wird letztlich der Realist, der versucht, die physikalische Wirklichkeit mit Hilfe der modernen Physik zu verstehen, sehr schnell feststellen, daß es ein relativ kleiner Unterschied ist, ob er in Begriffen eines seit langem bekannten Teilchens, wie etwa des Elektrons, oder in denen der erst kürzlich entdeckten oder hypothetisch postulierten Teilchen wie denen der Quarks denkt. Unweigerlich werden ihn seine Überlegungen im einen wie im anderen Fall zu den entscheidenden Problemen zurückbringen, bei denen es nicht um Fragen der Art geht, in welche Art von Familien die Teilchen einzuordnen sind, sondern um dies: Was bedeutet die Sprache, die wir benutzen? Welchen Sinn dürfen wir rechtmäßig der Übertragung des Formalismus auf die Erfahrung und der Erfahrung auf den Formalismus geben, kurz inwieweit kann man die vielen allgemeinen Regeln, die diese Entsprechung sichern, bestätigen? Das heißt also, daß er die Grundlagen der Quantentheorie studieren muß, und das rechtfertigt meine Behauptung.

Wenn er das nicht macht, dann riskiert er, die Beschreibung der Materie, die die Elementarteilchenphysik gibt, in Begriffen des naiven Atomismus Demokrits zu deuten, der zwar in erster Näherung ein recht annehmbares Modell für den Physiker darstellt, der aber dennoch für jedes Denken, das sich mit dem Sein beschäftigt, Unwahres enthält (wie ich im 6. Kapitel hoffe gezeigt zu haben).

Eine solche Bemerkung wiegt schwer und stört sehr, wenn man sie recht bedenkt. Sie macht den ungeheuren Vorrat an Daten, den die Elementarteilchenphysik darstellt, für die Forschung, um die es hier geht (die einer angemessenen Beschreibung der unabhängigen Wirklichkeit, des Seins), fast unbrauchbar. Genauer gesagt, hat sie zur Folge, daß die einzige in dieser Hinsicht nützliche Information, die diese Physik liefern kann, die ist, nach der, wie oben bemerkt, selbst im subnuklearen Bereich die Grundprinzipien der Quantentheorie anzuwenden sind. Die Information ist wichtig, das stimmt. Sie allein würde schon die ungeheure Anstrengung, die seit fünfunddreißig Jahren in die Teilchenphysik gesteckt wird, rechtfertigen. Aber wenn ich einmal diese Tatsache anerkenne, dann kann ich nicht erwarten, einer tiefen Kenntnis der unabhängigen Wirklichkeit näherzukommen, wenn ich mich im wesentlichen auf mein detailliertes mathematisch-physikalisches Wissen über die Elementarteilchentheorie stütze. Diese wird mit dann in Hinsicht auf mein Anliegen, wenn ich sie überhaupt noch nutzen kann, bestenfalls zweitrangig.

Kann ich mir wenigstens den berühmten Ausruf „Alles ist Geometrie" zu eigen machen? Allgemeiner gesagt, kann ich mich der Anschauung Einsteins anschließen, die im 2. Kapitel unter dem Namen Pythagorismus (der sicherlich zweideutig ist; aber ich habe dort ausgeführt, was er bedeutet) beschrieben wird? Die Frage ist delikat, weil jeder Pythagorismus nach Definition einen ontologischen Anspruch erhebt; er möchte beschreiben, „was ist". Wenn ich diese Frage deute als „Darf ich von der Quantenfeldtheorie und allen anderen Komponenten der heutigen Theorie der Elementarteilchen annehmen, daß sie Elemente einer Ontologie darstellen?" (mit dem gleichen Anspruch, mit dem die allgemeine Relativitätstheorie im Verständnis ihrer Urheber den Status eines Ontologieelements innehat), dann ist die Antwort „nein". Die Grundprinzipien der Quantentheorie, in denen − noch einmal sei es gesagt − alle diese aktuellen theoretisch-experimentellen Entwicklungen verankert sind, diese Grundlagen sind keineswegs − in ihrem heutigen Zustand − einer Deutung als „Beschreibung von dem, was ist" zugänglich. Wie wir im 3. Kapitel gesehen haben, können sie nur anstreben, das zu beschreiben, was in den beobachtbaren Vorhersagen, die wir uns gegenseitig machen können, stabil und eindeutig ist. Auch hier wieder kann die Frage nur positiv beantwortet werden, wenn man sie auf eine zukünftige Theorie bezieht, die auf anderen Prinzipien beruht, und eine realistische Deutung der Grundelemente der Quantentheorie erlauben würde. Aber die Suche nach solchen neuen Prinzipien stößt auf beträchtliche Vieldeutigkeiten, die bisher eine internationale Gemeinde von Forschern praktisch entmutigt haben; diese Forscher sind übrigens extrem positivistisch ausgerichtet. Daher bestreiten sie – überdies! –, daß eine solche Forschung begründet sei.

Durch die vorangegangene Betrachtung hoffe ich, die Gültigkeit der anfangs formulierten Behauptung gezeigt zu haben: daß nämlich das Wesentliche des heutigen menschlichen Wissens, wie immer man es auch ansieht, nicht eine zusammenhängende Ganzheit darstellt und daß keines seiner Teile ausreicht, um uns einen Königsweg zur Kenntnis des Grundlegenden zu erschließen: zu dem, was ist.

9. Verschleierte Wirklichkeit

Am Abend, im Bett, möchten es die Kinder ganz genau wissen. Wie alt war Rotkäppchen? Welche Farben haben die Stiefel des Katers? Genau so quälen unsere Vernunft und unsere Wünsche unser positives Begriffsvermögen. Ach, diese ganze Physik! Bringt sie denn nichts als Regeln und Rezepte zustande?

An genauen Einzelheiten fehlt es sicher nicht. Sie könnten Bibliotheken füllen. Die wahren Schwierigkeiten – Schwierigkeiten, die, wie man zugeben muß, von Lehrbüchern ebenso wie von populären Darstellungen verdeckt werden – beginnen wohlbemerkt, wenn es darum geht, unter ihnen auszusortieren; wenn es darum geht, das, was nur die Beschreibung eines Modells ist, beiseite zu legen und zu sehen, ob etwas übrigbleibt, zumal ja auf diesem Gebiet die Suche nach einer vollkommenen Strenge paradoxerweise einigen als etwas zu einfach erscheint. Sie dennoch anzustreben, bedeutet, jenen Kritikern – Physikern und Philosophen – die Flanke zu bieten, die als Prinzip erklären, daß „richtig verstanden, alles im Grenzfall ein Modell ist". Und die darauf bestehen, daß es subtil und schön sein, eine Hierarchie von Modellen zu erarbeiten, die von den großen allgemeinen Theorien wie der Quantentheorie – die anscheinend alle exakten empirischen Wissenschaften umfaßt – ausgehen, bis sie zur Vielzahl der kleinen Modelle kommen, die nur sehr beschränkten Wert haben, wie die von der Himmelssphäre und der Ekliptik oder jenen, die in der Theorie der Elementarteilchen wie Pilze aus dem Boden sprießen.

Der Begriff des Modells wird weiter untersucht werden; in großen Zügen jedoch ist er bekannt und wir können uns schon jetzt darauf beziehen.

Sicherlich ist die Auffassung der *wissenschaftlichen Forschung* sehr vernünftig und sehr fruchtbar, die sie als eine Hierarchie oder in mancher Hinsicht als eine Verschachtelung von Modellen sieht. Für den Menschen, der selbst an der Entwicklung der Naturwissenschaft teilnimmt, ist es vielleicht die beste Auffassung, die er von seinem Fach haben kann. Man könnte sogar zugeben, daß in gewisser Weise eine solche Geisteshaltung für die Existenz jeder auch nur einigermaßen gebildeten Person unentbehrlich ist! So existiert zum Beispiel nach den klassischen Prinzipien der allgemeinen Relativitätstheorie – die in ihren Folgerungen so gut bestätigt ist – genaugenommen die Newtonsche Gravitationskraft nicht. Sie ist nur ein unseren Sinnen zugänglicher Widerschein der Wirklichkeit, eben der Krümmung des Universums (im Gegensatz zu anderen Kräften, die einer geometrischen Interpretation nicht zugänglich scheinen). Die Gravitationskraft kann darum nur als ein Teil eines Modells gesehen werden. Aber wenn es um das tägliche Leben oder die irdische Technik geht, denkt keiner daran, die intrinsische Wirklichkeit der Schwere zu verneinen, und die Beschreibungen von Maschinen oder Kunstwerken wären völlig unverständlich, wenn sie auf das Modell verzichten müßten und nur von Raumkrümmung sprechen dürften. Strenge würde man ja nur dann gewinnen, wenn nicht zu befürchten wäre, daß dieser Begriff der Krümmung seinerseits auf den Rang eines einfachen Teils eines Modells heruntergesetzt werden könnte, vor allem, wenn dieses nur aus positivistischen Rezepten bestehen sollte. Aber genau das wird der Fall sein, wenn sich die Sichtweise der Anhänger einer – noch ausstehenden – Quantisierung der allgemeinen Relativitätstheorie bewahrheitet.

Man muß also zugeben: um wissenschaftliche Kenntnisse zu gewinnen, ist es eine vernünftige Methode, nicht das fast Unmögliche zu fordern, sondern sich mit verschachtelten oder hierarchisch geordneten Modellen aus der realistischen Bilderfabrik, die sie uns liefert, zufriedenzugeben. Unter dieser Bedingung kann die Naturwissenschaft uns unendlich viele genaue Informationen über das Universum geben, über seine Entstehung, Zusammensetzung, Galaxien, Sterne, die makroskopischen Körper überhaupt, das Leben, die Atome, die Teilchen, was noch alles? Wenn ich in Kenntnis der Relativitätstheorie und in der Meinung, daß sie quantisiert werden muß, *nichtsdestoweniger* bereit bin, für wahr zu halten, daß der Bleistift, der mir aus der Hand fällt, von seiten der Erde einer *echten* Anziehungskraft unterliegt, dann kann ich vernünftigerweise in Erwägung ziehen – mit einer ähnlichen gedanklichen Rutschpartie –, daß in einem mich zufriedenstellenden Sinn alle Informationen, von denen ich gerade sprach, auch wahr sind. Tausende von Büchern, populäre oder rein wissenschaftliche, stehen mir dann zur Verfügung, um mich über all die Einzelheiten zu informieren.

Jenseits des Zollpostens

Das ist, wieder einmal, die „vernünftige" Einstellung. Wir machen sie uns hier jedoch nicht zu eigen. Denn wer sieht nicht – nachdem er von dem Inhalt der vorangegangenen Kapitel Kenntnis genommen hat –, daß sie eine Leere, die richtig gesehen ganz unerträglich ist, hinterläßt? Wer sieht nicht, daß die Fragen, die eine solche Einstellung nicht beantwortet, gerade die wichtigen sind: die, die nicht „eitel" sind. So muß ich versuchen, mich über die zum Beispiel von Heisenberg (vgl. S. 25) gesteckten Grenzen hinaus zu wagen, und ich muß versuchen, der Physik die Frage danach zu stellen, welches die ihr gemäßen Beschreibungen der „Natur an sich" sind, die zulässig bleiben. Sicherlich zeigen die Schwierigkeiten, auf die Einstein stieß, wie vermessen dieser Versuch ist. Es stimmt darum nicht weniger, daß er unternommen werden muß. Wie kann ich mir je eine vernünftige Vorstellung von der Weite der Welt formen, wenn ich mich immer weigere, die sicheren Grenzen meines Landes zu überschreiten?

Am Beginn eines solchen Versuchs muß man einen Überblick über die gesamte heutige Physik haben. Von den Fachleuten wird allgemein zugegeben, daß diese Physik im wesentlichen eine Quantenfeldtheorie ist. Die Objekte, die uns als Teilchen erscheinen, interpretiert die Theorie als Manifestation solcher „Quantenfelder". Ein Elektron in einem bestimmten Bewegungszustand ist dann nichts anderes als die Manifestation eines gewissen besonderen „Anregungszustands des gesamten Elektronenfeldes" und so weiter. (Die Entstehung und Vernichtung von Teilchen werden so von der Theorie auf einfache Zustandsveränderungen in bezug auf das Gesamtfeld zurückgeführt.)

Aber die Quantenfelder sind keine Wesen. Sie unterscheiden sich darin von dem, was die Felder der klassischen Physik sein können. Vereinfacht gesagt ist ihr Status vielmehr vom allgemeineren Typ beobachtbarer physikalischer Größen (in dem Maß, in dem man sich mit einem so groben Bild zufriedengeben kann, gleichen sie weniger dem Eiffelturm als der Höhe – oder der Größe der Silhouette – des Eiffelturms). Oder, wenn man einen etwas raffinierteren und gelehrteren Vergleich vorzieht, weniger einem Elektron der klassischen Quantenmechanik als den beobachtbaren Größen „Lage" oder „Geschwindigkeit" dieses Elektrons. (So verknüpft der Formalismus der Theorie sie mit mathematischen Größen, den „Operatoren", die von derselben Art sind wie jene Größen, die mit beobachtbaren Eigenschaften wie Lage oder Impuls von Teilchen in der elementaren Quantenmechanik verknüpft sind; aber diese Nebenbemerkung richtet sich nur an Leser, bei denen die Erinnerung an das, was sie in der Schule über diese Mechanik lernten, noch hinreichend frisch ist!)

Für den gesunden Menschenverstand ist das, was gerade gesagt wurde, eine erste Überraschung. Alle Größen, die wir kennen, sind nichts als Eigenschaften? Aber Eigenschaften von was? Nach Definition ist eine Eigenschaft eine Eigenschaft von etwas, auch wenn dieses Etwas sehr verborgen ist. Dies ist die Gewißheit, die zum Beispiel Einstein und noch klarer einige seiner Nachfolger, wie etwa Wheeler, erlangt zu haben scheinen, als der eine die allgemeine Relativitätstheorie aufbaute, die anderen sie verfeinerten und – sicher im Anschluß an Descartes – die Idee „alles ist Geometrie" vertraten. Wenn wir diese These bis an ihre Grenzen treiben, sind Teilchen sicherlich, wie in der Quantentheorie, auf den Status von Eigenschaften reduziert. Aber sie sind Eigenschaften von etwas. Dieses Etwas ist nichts anderes als der Raum oder die Raum-Zeit, die wegen ihrer lokalen Struktur (die Krümmung ist variabel) tatsächlich genug „Flexibilität" haben, um eine unendliche Menge von „Eigenschaften" oder bestimmten lokalen Erscheinungsformen erlauben zu können. In diesem Sinn bleibt die klassische allgemeine Relativitätstheorie selbst an ihren Grenzen dem Postulat der physikalischen Wirklichkeit treu.

Nur nach langer Forschung sind die Naturwissenschaftler heute fast einmütig davon überzeugt, daß die *klassische* allgemeine Relativitätstheorie nicht die endgültige Grundlage der Physik sein kann. Die Welt der Elementarteilchen erweist sich als zu reichhaltig und zu subtil, um sich in eine solche Form pressen zu lassen. Die Quantenfeldtheorie ist wesentlich. Die oben formulierte Frage ist auch: „Wovon sind die Felder Eigenschaften?"

Die Theorie eröffnet eine Möglichkeit, diese Frage zu beantworten. Sie führt mathematische Größen[1] analog zu den Wellenfunktionen der elementaren Quantenmechanik ein, die wie diese Funktionen die Rolle von Zustandsbeschreibungen einer zugrundeliegenden Wirklichkeit haben. Der besondere Wert, den ein solches Feld in einem bestimmten Punkt annimmt, oder auch die Zahl (sie kann positiv oder Null sein) der Teilchen einer bestimmten Art, die sich in einem bestimmten Bewegungszustand befinden, alle diese Größen erscheinen dann in der Theorie als einfache Eigenschaften der zugrundeliegenden Wirklichkeit, um die es hier geht, die ich von jetzt an kurz „die Wirklichkeit" nennen werde.

Es scheint also, daß in der Quantenfeldtheorie die Wirklichkeit tiefer liegt als dort, wo der gesunde Menschenverstand oder die elementare Quantenmechanik sie wahrnehmen. Ein Teilchen ist nicht an sich „eine Wirklichkeit". Es ist nur eine mehr oder weniger flüchtige Eigenschaft der Wirklichkeit, ein Anregungszustand (wie der Physiker sagt) nicht, um genau zu sein, eines Feldes (meine Sprache war im Vorhergehenden etwas schematisch), sondern der Wirklichkeit, die dem jeweiligen Feld entsprechend angeregt wird. Davon abgesehen ist die Beschreibung der Quantenfeldtheorie im wesentlichen gar nicht verschieden von der der elementaren Quantentheorie. Einerseits beruhen beide Theorien auf demselben allgemeinen mathematischen Formalismus, andererseits haben sie beide die Untersuchung der beobachtbaren Eigenschaften einer zugrundeliegenden Wirklichkeit zum Gegenstand, die nur im ersten Fall allgemeiner und „ferner" ist als im zweiten Fall. Aber eine schon in den vorhergehenden Kapiteln geäußerte Vermutung findet sich dadurch bestätigt: die Grundprinzipien der Quantentheorie sind der Schlüssel für die Beschreibung des Wirklichen, den die zeitgenössische Physik liefert. Nun verbieten uns eben diese Prinzipien − ich bestehe wieder darauf! − im allgemeinen, von Eigenschaften der Wirklichkeit so zu sprechen, als ob sie welche *besäße*. Daher rührt wohl der praktische Erfolg der positivistischen Interpretation! Daher rührt wohl auch, im Gegensatz dazu, das Scheitern aller auf den physikalischen Realismus gegründeten Deutungsversuche! Unvermeidlich, daß auch hier − wie ich mit Grund zu befürchten hatte − das Grundproblem, dem wir auf diesen Seiten schon so oft begegnet sind und das so typisch ist für die Quantentheorie, uns mit voller Wucht trifft: Wie stellen wir die starke Objektivität wieder her? Wie gelingt es uns, den Begriff der unabhängigen Wirklichkeit zu denken, der indessen auch wieder unmöglich nicht gedacht werden

---

1 Sie werden Zustandsvektoren genannt. Es ist zu bemerken, daß das, was weiter unten (in diesem und dem folgenden Abschnitt) über den Begriff des Zustandsvektors in der Quantenfeldtheorie gesagt wird, sich auf einen sehr ausgearbeiteten und heiklen − um nicht zu sagen: sehr subtilen − Aspekt der theoretischen Physik bezieht: einen Aspekt, den man auf den allerersten Blick fast lieber ignorieren möchte. Das hindert nicht das Verständnis der Grundzüge dieses Themas (eher im Gegenteil), welche schon das Studium des einfacheren Begriffs der „Wellenfunktion" (Seite 90f.) offenbart.

kann? Im Vergleich mit der elementaren Quantenmechanik, die die Vorstellung bewahrte, daß in Ermangelung von Eigenschaften einem Teilchen wenigstens eine Existenz zugeschrieben werden könne, es wenigstens eine Wirklichkeit an sich sein könnte, haben die Quantenfeldtheorie und damit die ganze zeitgenössische Physik nur den Angriffspunkt des Grundproblems hinausgeschoben. Sie haben es nicht verändert. Um seine möglichen Lösungen zu betrachten – alle mit Risiko behaftet, wie wir gesagt haben –, ist es dann legitim, die großartige, aber schwierige Version der Quantenfeldtheorie einmal auszuklammern, und es ist erlaubt, sich *vorzustellen*, daß die Teilchen selbst und an sich Wirklichkeiten sind. Wenn man so vorgeht, muß man es sich vorübergehend versagen, die Vorgänge der Vernichtung oder Erzeugung von Teilchen in eleganter Weise darzustellen; aber es könnte nützlich sein, die Probleme der Reihe nach anzugehen, um sie besser anschaulich machen zu können. Die folgenden Überlegungen beruhen zwar nicht auf diesem Vorgehen, aber es erleichtert ihre bildhafte Darstellung. Das läuft auf einen Zurückgriff auf die elementare Quantenmechanik hinaus, deren oben eingeführten Begriff der „Wellenfunktion" ich anstelle entsprechender Begriffe der Quantenfeldtheorie – die subtiler, aber in bezug auf die gegenwärtige Absicht äquivalent sind – benutzen werde.

Die wesentliche Rolle der Wellenfunktion – der „Orbitalen" in der Sprache der heutigen Chemie – ist bekannt. Auf der Suche nach einer wirklichkeitsnahen Deutung der Grundlagenphysik ist der erste Gedanke, der einem in den Sinn kommt, dann offenbar, die Wellenfunktion – oder ihr Analogon in der Quantenfeldtheorie – so anzusehen, als ob sie selbst die Wirklichkeit *ist*. Daraus folgt selbstverständlich, daß eine genaue Kenntnis dieser Wellenfunktion gleichzeitig eine vollständige Kenntnis der entsprechenden Wirklichkeit darstellt. Aber zur Zeit einer Beobachtung oder einer Messung ändert sich die Wellenfunktion im allgemeinen plötzlich. Darin liegt begreiflicherweise eine ernsthafte Schwierigkeit. Manche Physiker lösen sie, indem sie in der realistischen Darstellung nur die Wellenfunktion der ganzen Welt, die den Beobachter und sein „Bewußtsein" einschließt, in Betracht ziehen. Sie begegnen dabei einer Schwierigkeit: In manchen Fällen ergibt sich aus der Mathematik der Theorie, daß der Beobachter sich gleichsam auf verschiedene, sich makroskopisch unterscheidende Zustände aufteilen muß. In Grenzfällen muß er in manchen Fällen gleichzeitig leben und tot sein! Sollen wir sagen, daß in einem solchen Fall das ganze Universum sich in einen „Zweig", in dem der Beobachter lebt, und einen anderen, in dem er tot ist, aufspaltet? Manche Physiker nehmen gerade das an[2]. Um ihre These zu stützen, haben sie gezeigt, daß, wenn es so wäre, aus der Mathematik dieser Theorie aber auch folgen würde, daß wir diese Aufspaltung nicht wahrnehmen könnten. (Etwa so, wie es aus den Grundlagen der Mechanik folgt, daß wir nicht „fühlen", wie die Erde sich

---

[2] Siehe zum Beispiel *The Many Worlds Interpretation of Quantum Mechanics*, B. De Witt und N. Graham Hrsg. Princeton Series in Physics 1973.

bewegt: das macht den einfältigen Einwand, den der „gesunde Menschenverstand" seiner Zeit gegen Kopernikus haben konnte, zunichte.)

Das ist sicher eine verblüffende Vorstellung. Noch verblüffender ist womöglich die Tatsache, daß ich, sobald ich bereit bin, nicht über sie zu lächeln, Schwierigkeiten bekomme, sie mit einem einfachen offensichtlichen Argument zu widerlegen! Es scheint indessen, daß ihre Anhänger selbst Mühe haben, genau zu sagen, wie sie die Phänomene der Verdopplung der Zweige des Universums und vor allem ihre anscheinend engen Beziehungen zu den Messungen verstehen. Vermehren sich diese Universen, in denen es keine bewußte Wesen gibt? Und wenn ja, nach welchen Regeln? Auf Fragen dieser Art haben die Anhänger dieser Theorie bis heute keine eindeutige Antwort bereit. Außerdem bin ich mir dessen bewußt, daß ich lebe, und es scheint daher, daß der Zweig des Universums, in dem ich lebe, sich zumindest darin von denen, in denen ich tot bin, unterscheidet. Diese Unterscheidung ist jedoch aus der Wellenfunktion des Universums nicht abzulesen. Es gibt also zusätzliche Parameter, die für eine vollständige und genaue Beschreibung der Wirklichkeit nötig sind. Infolgedessen erscheint diese Theorie als ein Sonderfall einer Theorie mit zusätzlichen Variablen, von der weiter unten die Rede sein wird (und die Frage, ob eine solche Theorie den Grundsätzen der physikalischen Wirklichkeit entspricht oder nicht, muß auf die Frage zurückgeführt werden, ob diese Variablen ihr entsprechen).

Eine andere Auffassung[3] nimmt die raschen Veränderungen der Wellenfunktion ernst, die jede Theorie, die nicht das Bewußtsein des Beobachters in das System, das diese Funktion beschreibt, einbezieht, bei einer Messung vorhersagt. Eine solche Auffassung ist dualistisch: sie betrachtet zwei Arten von Wirklichkeiten: die eine wird durch die Wellenfunktion vollständig beschrieben, die andere besteht daraus sowie aus dem Bewußtsein des Beobachters: Materie und Geist. Von einem Weltbild, das durch seinen revolutionären Charakter auch die weniger konformistischen unter uns verblüffte, sind wir unvermittelt zu einer Auffassung gekommen, die im Gegenteil durch ihre etwas traditionalistischere Erscheinung überrascht. Dies ging merkwürdigerweise von den Gegebenheiten ein und derselben Wissenschaft aus und kam nur durch eine „kleine" Veränderung der Auslegung, die praktisch ohne Konsequenz ist, zustande. Die „technische" Möglichkeit einer zugleich so umfassenden und einfachen Abänderung bringt uns im ersten Augenblick etwas aus der Fassung. Indessen zeigt sie nur mit aller Deutlichkeit den rein subjektiven und „oberflächlichen" Charakter der Bezeichnungen „neu" und „veraltet", mit denen wir so oft und gern eine Beurteilung des Inhalts der Gedanken verbinden. Im Gegensatz zur Kopenhagener Deutung hat die eben beschriebene zumindest den Vorteil, ausdrücklich wirklichkeitsbezogen zu sein. Sie verdient darum eine wenn auch nur knappe Überprüfung ihrer Vor- und Nachteile.

Im Hinblick auf eine solche Untersuchung ist es das Einfachste, sich zuerst auf das zu beziehen, was im 7. Kapitel bezüglich der Stellungnahme Einsteins

---

3 Siehe zum Beispiel E. P. Wigner, *Symmetries and Reflections*, Indiana.

bemerkt wurde. Einstein formuliert, wie man sich erinnern wird, in Hinblick auf die These, die wir jetzt betrachten, nach der die Wellenfunktion eine vollständige Beschreibung der Stofflichkeit der Gegenstände gibt, diesen Einwand: Wenn eine solche These wahr wäre, würde der Schwerpunkt eines makroskopischen Körpers nicht immer eine bestimmte, auch nicht eine fast bestimmte, Lage haben. Beim Abwägen dieser Bemerkung kann man sich zunächst fragen, ob die vorliegende Deutung nicht an demselben Fehler leidet, der mit Recht den idealistischen Philosophen vorgeworfen wird: dem Fehler, der in der Unmöglichkeit liegt, der Lage oder den Eigenschaften der Gegenstände, die nur mittelbar wahrgenommen werden, irgendeine Beständigkeit zuzuschreiben. Ich verlasse, so sagte Hume, ein Zimmer, in dem im Kamin ein Feuer brennt. Ich betrete es etwas später wieder und bemerke von neuem das Feuer im Kamin. Ist nicht die einfachste Erklärung, anzunehmen, daß auch während ich das Feuer überhaupt nicht wahrnahm, es doch in der Zwischenzeit weiter existierte? Genauso beobachte ich an einem bestimmten Ort die Existenz eines makroskopischen Gegenstandes, der in Ruhe ist. Ich überlasse ihn sich selbst. Notwendigerweise, so fordert es die Theorie, ändert sich seine Wellenfunktion und breitet sich aus. Wenn eine solche Funktion eine vollständige Beschreibung des Gegenstandes darstellt, wäre die Wahrscheinlichkeit, den Gegenstand nicht mehr am ersten Ort vorzufinden, beachtlich. Aber immer wieder finde ich ihn dort. Ist nicht hier wieder die einfachste Erklärung, mit Einstein anzunehmen, daß der Schwerpunkt des Gegenstandes unabhängig von der Wellenfunktion immer eine bestimmte Lage hat?

So formuliert kann der Einwand durch einfache „technische" Argumente entkräftet werden. Wie jede Messung ist die erste Ortsbestimmung notwendig unvollkommen. Und so klein die Ungenauigkeit auch sein mag, so erweist sich doch die nachfolgende Ausbreitung der Wellenfunktion des Schwerpunkts eines makroskopischen Körpers als äußerst langsam. Eine bemerkenswerte Veränderung ist nur in Zeiträumen astronomischer Größenordnung zu erwarten[4]. Die relative Stabilität der unterbrochenen Wahrnehmung erhält so eine Erklärung, die zufriedenstellend erscheint. Der Realist, der sich diese Deutung zu eigen machen will, kann sich jedoch weiter über den Einwand Einsteins Sorgen machen, wenn er ihn auf die allererste Messung anwendet. Aus den im 7. Kapitel ausgeführten Gründen scheint es wenig wahrscheinlich, daß vor einer solchen Messung die Wellenfunktionen aller Schwerpunkte lokal konzentriert waren. Dann legt also, wenn wir Jupiter als Beispiel nehmen, die erste Messung den Jupiter fest? Es scheint, daß hier der realistische Anspruch sich nicht mit einfach menschlichem Bewußtsein zufriedengeben kann und es einen Demiurg brauchte; einen Beobachter Demiurg, der nur dadurch, daß er sie betrachtet, die Sterne auf ihren Lauf festlegte.

---

[4] Das wäre wohl nur dann anders, wenn die Geschwindigkeit der Gegenstände sehr ungenau definiert ist – aber dann ist der Einwand selbst nicht gültig.

Was Einsteins zweiten Einwand betrifft (siehe Kapitel 7), so läuft er auf eine Untrennbarkeit hinaus, deren Wirklichkeit heute nicht mehr bestritten werden kann. In der hier gegebenen Deutung rührt die Untrennbarkeit daher, daß die Wellenfunktion im ganzen Raum existiert und daß also eine Messung, die in einem Bereich ausgeführt wird, sofort und manchmal beträchtlich das beeinflußt, was sich in anderen beliebig weit entfernten Bereichen befindet. Mit anderen Worten, das Bewußtsein des Beobachters hat also merkwürdige, fremdartige Fernwirkungen. Hierbei ist jedoch eine Warnung sehr nötig. Wie wir im 4. Kapitel gesehen haben, erlaubt die Untrennbarkeit niemals die augenblickliche Übermittlung von Signalen oder Entscheidungen. Man kann also nicht mit ihr als einer einfachen Erklärung parapsychologischer Erscheinungen rechnen. Zudem ist es in der Deutung, um die es hier geht, nicht so sehr das Bewußtsein, das nicht-lokal ist, sondern die Wellenfunktion, das heißt, der physikalische Teil der ganzen Wirklichkeit.

Die Deutung, deren Hauptzüge wir hier aufzeigten, ist eine realistische Deutung. Aber sie genügt nicht der Forderung des physikalischen Realismus, denn das Bewußtsein, das sie ins Spiel bringt, wird nicht durch die Physik beschrieben. Ob man das glauben muß, ist eine Frage, die jeder nach seinem Geschmack beantworten wird, wobei er zweierlei bedenken sollte. Das erste ist, daß die Deutung flexibel sein muß, denn man kann den Bereich des Bewußtseins sowohl „nach oben" (Demiurg wurde schon erwähnt) als auch nach unten („Also ist alles vernünftig", so der Pythagoras des Gerard de Nerval). Das zweite ist, daß sie nicht die einzig mögliche ist.

Eine letzte annehmbare realistische Deutung beruht auf dem Begriff der „verborgenen" oder „zusätzlichen" Parameter[5]. Sie nimmt an, daß die Wellenfunktion nicht das Ganze der Wirklichkeit ist, sondern nur einer ihrer Aspekte. Der Zustand eines beliebigen physikalischen Objektes ist dann nicht nur durch eine Wellenfunktion gekennzeichnet, sondern auch durch andere Parameter oder Variablen, die man oft „verborgene Parameter" nennt, weil die Messung der üblichen Größen wie zum Beispiel der Bindungsenergie eines Atoms nicht in irgendeiner brauchbaren Weise ihren Wert beschreiben kann. So war zumindest die erste und einfachste Vorstellung, die die Physiker sich von diesen Variablen machten. So war zum Beispiel, wie wir gesehen haben, das Bild, das Einstein (jedenfalls zu einer bestimmten Zeit seines Lebens) hatte.

Wie wir auch (im 4. Kapitel) an dem Lehrstück der Zwillingsbrüder sahen, hat die Entdeckung der Untrennbarkeit die Falschheit dieser primitiven Vorstellung aufgedeckt. Jede Deutung mit verborgenen Parametern, in der unter allen Umständen die Ergebnisse der Messungen, die man an einem lokalisierten Objekt machen will, nur vom Zustand dieses Objekts (und dem der benutzten Instrumente) abhängen, gleichgültig um welches Objekt es sich handelt, ist eine irrige Deutung. Denn sie zieht, wenn man sie auf gewisse Paare von Teilchen anwendet, notwendigerweise (unabhängig von der Einzelheiten

---

[5] Vergleich zum Beispiel L. de Broglie, *J. Phys.* 5 (1927) 225; D. Bohm, *Phys. Rev. 85* (1952) 166.

der Theorie) die Bellschen Ungleichungen nach sich, die, wie wir gesehen haben, durch die Erfahrung widerlegt werden.

Demzufolge sind die einzigen Deutungen mit verborgenen Parametern, die übrigbleiben, die nicht-lokalen Deutungen. In diesen letzteren hängen wie in den anderen die Ergebnisse zukünftiger Messungen an einem lokalisierten Objekt nicht allein von der Wellenfunktion des Gegenstandes, sondern auch von zusätzlichen Parametern ab. Daran ist neu, daß diese Parameter nicht ausschließlich dem fraglichen Gegenstand zugehörig sind. Ihre Gesamtheit umfaßt auch Größen, die zu anderen Objekten gehören, mit denen sie in der Vergangenheit in Wechselwirkung waren, die aber entfernt sein können. Mit anderen Worten, das, was solchen Objekten geschieht, beeinflußt notwendigerweise in gewissen Fällen das Verhalten des beobachteten Objekts und zwar sofort.

Auch die damit skizzierten Deutungen genügen den Forderungen des Realismus. Ist das ein „physikalischer Realismus"? Man könnte das annehmen, wenn eine und nur eine dieser Deutungen durch eine ihrerseits eindeutig festgelegte Theorie unterstützt würde, die hinreichend fest in dem Rest der physikalischen Theorie verankert ist, um sich mit wirklicher Überzeugungskraft aufzudrängen. Aber das ist keineswegs der Fall. Tatsächlich sind Deutungen dieser Art nur interessant, weil sie durch ihre Existenz die Möglichkeit von nicht-paradoxen Lösungen des Problems des Realismus aufzeigten. Andererseits können sie nur durch einfallsreiche Modelle konkretisiert werden, die weit davon entfernt sind, sich uns aufzudrängen.

Die Einschränkung, die wir gerade machten, ist wesentlich. Doch raubt sie einigen dieser Modelle, zum Beispiel dem von Louis de Broglie und David Bohm, auf die schon hingewiesen wurde, gar nicht alles Interesse. Diesem Modell gelingt es in der Tat, die beweisbaren Vorhersagen der Quantentheorie exakt zu reproduzieren, ohne dazu gleich am Anfang eine deutliche Unterscheidung – einen scheinbaren „Dualismus" des Wesens – zwischen den physikalischen Objekten einerseits und den Instrumenten oder Beobachtern andererseits einzuführen. Dieses Kennzeichen unterscheidet sie nicht nur von allen anderen Modellen mit verborgenen Parametern[6], sondern gleichermaßen, so scheint es, von allen anderen tatsächlich bekannten Deutungen der Quantentheorie. Aus diesen Gründen ist es nicht uninteressant, in qualitativer Weise die wesentlichsten Aspekte zusammenzufassen.

In diesem Modell sind die Teilchen sehr wirklich. Sie sind punktförmig und jedes besitzt in jedem Augenblick eine Lage und eine bestimmte Geschwindigkeit. Die zusätzlichen Variablen sind diese Lagen der Teilchen. Darüber hinaus wirken außer den Kräften der gewöhnlichen Theorie andere, ungewöhnliche Kräfte auf die Teilchen. Sie sind von der Wellenfunktion ausgehend mit Hilfe einer sehr allgemeinen Formel zu berechnen und haben die folgenden Wirkungen: Wenn in einem Anfangsmoment ein Schwarm von Teilchen entsprechend der in diesem Moment durch die Wellenfunktion gegebenen Wahrscheinlichkeit statistisch verteilt ist, bleibt er zu jeder Zeit entspre-

---

6 Siehe Fußnote 2 auf Seite 90. Die „verborgenen" Parameter entsprechen dem „Bewußtsein".

chend der Wahrscheinlichkeitsverteilung der Wellenfunktion statistisch verteilt. Dank dieser Eigenschaft werden die beobachtbaren Vorhersagen der Quantentheorie durch das Modell richtig wiedergegeben. Es ist wichtig zu bemerken, daß dabei die Wellenfunktion einerseits eine wirkliche Größe ist, die die Rolle eines Systems von Feldkräften spielt, und daß andererseits die zusätzlichen Variablen, auch sehr wirklich, eine doppelte Rolle spielen. Einerseits legen sie den Ort der Teilchen fest und sie sind es, die der Beobachter zur Zeit einer Messung direkt „sieht" (aus diesem Grund wird vorgeschlagen, sie nicht weiter „verborgen" zu nennen). Andererseits können wegen der Untrennbarkeit die an einen Gegenstand gebundenen Variablen einen unmittelbaren Einfluß nicht nur auf die zusätzlichen Parameter (Lage) von nahen Objekten, sondern sogar auf die beliebig weit entfernter ausüben.

Verglichen mit den anderen weiter oben beschriebenen realistischen Modellen – die alle erfordern, daß man das Bewußtsein in Betracht zieht, und sei es das der Demiurgen – mag dieses sehr „mechanistisch" erscheinen (es scheint die Wirklichkeit auf ein großes System von Teilchen und Kräften zu reduzieren). Es gibt selbst die Illusion der „Vielfachheit" (siehe Kap. 6). Spricht seine Existenz zugunsten einer nicht nur realistischen, sondern sogar mechanistischen, ja multitudinistischen Weltanschauung? Das tut sie aus folgenden Gründen nicht: Zunächst handelt es sich, darauf muß man hinweisen, nur um ein Modell. In den Augen eines Quantenfeldtheoretikers ist seine Beschreibung der Wirklichkeit mit Hilfe einer bestimmten Zahl von Teilchen einfach zu naiv. Er muß daher bezweifeln, daß die wirklichen zusätzlichen Variablen, wenn sie existieren, den ontologischen Status von Positionen von Teilchen haben. Und wenn sie ihn nicht haben, beseitigt das auf einen Schlag sehr viele mechanische Aspekte des Modells. Was seinen Aspekt der Vielfachheit betrifft, so ist das nur ein Anschein, der sowohl zurückzuführen ist auf das Bild, das wir gerade als zu einfältig zurückgewiesen haben, als auch darauf, daß wir in solch einem Rahmen eine natürliche Tendenz haben, die Untrennbarkeit zu vergessen oder sie doch zumindest herunterzuspielen. Tatsächlich, sobald zwei Objekte wechselwirken, können die verborgenen Parameter des einen das Verhalten des anderen beeinflussen, ob sie nun nah oder entfernt sind. Die einfachste, am wenigsten vom Modell abhängige Art, das auszudrücken, ist zweifellos, wieder zu sagen (so wie es auch in der üblichen Theorie der nicht-lokale Charakter der Wellenfunktion des Paares vermuten läßt), daß nach ihrer Wechselwirkung die zwei Objekte nur eins bilden, auch wenn sie anscheinend voneinander entfernt sind. Man kommt so zu Überlegungen zurück, die den Begriff des Globalen betonen (durch das Argument, daß eines Tages jedes Objekt schließlich einmal mit jedem anderen in Wechselwirkung ist oder war) und die zu dem Gedanken führen, daß der Raum am Ende nur eine Art unserer Empfindung sei.

Endlich läßt dieses Modell die Frage außer Betracht, durch welchen Vorgang die zusätzlichen Parameter unmittelbar mit der Wahrnehmung verbunden sind und sie kausal bestimmen, während doch – immer zufolge des Modells – diese Parameter völlig von den klassischen und quantenmechanischen

Kraftfeldern abhängen, die sie ihrerseits nicht beeinflussen. In den Youngschen Interferenzversuchen (vergleiche S. 20), die durch die Anordnung von Teilchenzählern vor den beiden Schlitzen abgeändert wurden, sind *beide* Zähler unter dem Einfluß von vergleichbaren Quantenfeldern, die zu dem Teilchen, das die Anordnung durchquert, gehören. Die Quantenfelder, die mit Teilchen verknüpft sind, die die Zähler darstellen, erfahren ihrerseits dann zwei vergleichbare (und untrennbar miteinander verknüpfte) Veränderungen. Indessen sehen wir als Beobachter, weil das Teilchen nur einen der Schlitze passiert, nur einen Zähler ansprechen. Zu sagen, daß „wirklich" nur dieser eine ausgelöst wurde, heißt also den zusätzlichen Variablen einen mysteriösen „ontologischen" Status zuzuschreiben, der denen der Felder überlegen ist, während ihre vollständige Abhängigkeit von den Feldern vielmehr das Gegenteil vermuten läßt. Einzig eine explizite Berufung auf das Postulat, demgemäß wir die verborgenen Parameter wahrnehmen und nicht die Felder, erlaubt endlich einen solchen Unterschied im Status zu rechtfertigen. Aber der Begriff des Bewußtseins, den man in diesem Modell endgültig zur Tür hinausgeworfen zu haben glaubt, schaut gar nicht schüchtern durchs Fenster wieder hinein. Man kann ihn durch Veränderungen des Modells zugegebenermaßen noch einmal beschwören. Aber die veränderten Modelle sind ziemlich willkürlich und neigen dazu, in bezug auf bestimmte Phänomene Vorhersagen zu machen, die von denen der gewöhnlichen Quantenmechanik verschieden sind. Bis jetzt konnten diese Vorhersagen nicht experimentell bestätigt werden [7].

Die verschleierte Wirklichkeit

Angesichts einer solchen Vielfalt und Unsicherheit sind mehrere Einstellungen denkbar.

Die erste könnte „die Haltung Wittgensteins" genannt werden. Man kennt die Maxime dieses Philosophen: „Wovon man nicht sprechen kann, darüber muß man schweigen." Die offensichtliche Weisheit dieses Aphorimus hat die fast ungeteilte Zustimmung der Physiker unserer Zeit gefunden. Sie stellen die allgemeine Unfähigkeit des Menschen – und ihre eigene im besonderen – fest, etwas Sicheres über die Wirklichkeit sagen zu können, und beschränken sich auf eine Diskussion der Meßergebnisse und der Verfahren und Regeln (die natürlich mathematisiert sind und beliebig abstrakt), die auf die richtige Vorhersage von Beobachtungsergebnissen abzielen. So haben sie eine extrem leistungsfähige und allgemeine physikalische Theorie aufgebaut, die aber – auch wenn sie Worte gebraucht, die realistische Vorstellungen erwecken – immer in die Sprache der Vorbereitung des Versuchs und der Messung der beobachteten Größen übersetzt werden muß, damit sie genau verstanden wird.

---

[7] Es handelt sich dabei hauptsächlich um Modelle von Wiener und Siegel und von Bohm und Bub und um Experimente von Papaliolios. Siehe z. B. F. J. Belinfante, *A Survey of Hidden Variables Theories*. Pergamon, Oxford 1973, wo sich auch vollständigere Literaturhinweise finden.

Obwohl sie – oder genauer der ganze Positivismus, der sie verallgemeinert –, so vernünftig ist, ist die Haltung Wittgensteins doch weniger unantastbar, als man denkt. Auf der praktischen Seite sichert der Positivimus den Fortschritt der Wissenschaft, aber nur in der Horizontalen: wenn ein Gedanke wirklich neu ist, sieht man im allgemeinen nur sehr undeutlich, mit welchen Mitteln man eine Verifizierung durch das Experiment erreichen könnte. Die Widerlegung der Atomtheorie durch Berthelot im 19. Jahrhundert beruhte auf positivistischen Argumenten; sie ist ein berühmtes Beispiel (es gibt andere) für die praktischen Gefahren des Positivismus. Von seiten der Theorie weiß man jetzt, daß die operationalistische Methodik in der Physik nur insoweit fruchtbar sein konnte, als man bereit war, die Grundlagen dieser Methode zu verwässern. In seiner absoluten Reinheit betrachtet wurde das berühmte Prinzip der Verifizierbarkeit immer mehr als beinahe völlig unfruchtbar erkannt und das von denselben Philosophen, die es zu Beginn als unfehlbares Allheilmittel angepriesen hatten. Schließlich und vor allem – aber dieses Urteil ist eher subjektiv – verwirft der radikale Positivismus, der es zwar erlaubt, auf praktische Fragen zu antworten, grundsätzlich all die Fragen, die man mit Recht als wesentlich betrachten kann, indem er sie als sinnlos abwertet. Noch schlimmer ist, daß Wittgensteins Maxime in subtiler Weise eine andere Maxime suggeriert, die sicherlich verderblich ist: „Wovon man nicht sprechen kann, das existiert nicht." Es ist nicht klar, ob niemals ein Positivist oder ein Schüler Wittgensteins der Versuchung erlegen ist, von einer Maxime zur anderen überzugehen.

Die zweite Haltung ist die der einfachen klaren Ablehnung. Wenn man die Naturwissenschaft als eine Sammlung von Vorschriften von rein praktischem Interesse sieht, wendet man sich anderen Quellen zu, wenn man etwas über das Sein erfahren will und läßt jede Information wissenschaftlicher Herkunft völlig außer acht. Die Kritik einer solchen Einstellung wurde im vorigen Kapitel bereits skizziert. Sie läßt sich so zusammenfassen: es scheint nicht so, daß die anderen Quellen ihrerseits je ein sicheres Wissen vermittelt hätten; es ist im Gegenteil klar, daß sie mehrere angesehene Denker zu ziemlich groben Mythologien, denen jeder kritische Geist fehlt, verführt haben. Das kommt daher, daß der menschlichen Vernunft außer im Bereich alltäglicher Handlungen leicht große Irrtümer unterlaufen; dazu kommt, daß die Personen, die die exakten Wissenschaften nicht studieren, sich nur schwer dieser Gefährdung der Vernunft, die, das ist zuzugeben, kein unüberbrückbares Hindernis ist, aber doch ernst genommen werden sollte, bewußt werden können.

Schließlich gibt es eine dritte Einstellung, die man einnehmen könnte und die im wesentlichen in der Absicht besteht, nichts zu vernachlässigen. Jene, die eine solche Haltung wählen, stellen fest, daß eine empirisch-deduktive Sicherheit auf diesem Gebiet unmöglich zu erreichen ist, und suchen ein Gleichgewicht, das ihnen wahrscheinlich vorkommt. Anders gesagt: sie kehren gewissermaßen – in Ermangelung einer besseren – zur schönen Vernunft des klassischen Zeitalters zurück, die nicht demonstrativ war. Sie suchen die „vernünftige Wahl".

Um einer solchen Forschung eine Richtung zu geben, ist das gesündeste Prinzip, auf Genauigkeit und Einzelheiten zu verzichten. So wie die Situation ist, wäre die Wahl einer sehr genauen Weltsicht völlig willkürlich. Es ist wohl besser, sich zu fragen, ob trotz all ihrer Unterschiede – und selbst ihrer Gegensätze – die oben beschriebenen realistischen Auffassungen nicht gemeinsame Elemente haben.

Um eine erste Antwort auf die so gestellte Frage zu bekommen, genügt es, an die Natur der Beschreibungen von der Welt zu erinnern, bei denen man zu Recht hoffen konnte, daß sie sich a priori aus der Physik ableiten lassen würden. Als der Mensch sich entschloß, diese Wissenschaft auszubauen, war es vernünftig, anzunehmen, daß sie auf kürzere oder längere Sicht eine Darstellung der Gesamtheit der Erscheinungen liefern würde und zwar mittels eines Systems von Begriffen, die gleichzeitig operational definiert sind (oder als Verbindung von operational definierten Begriffen dienen) und in einer kohärenten Weise als den Elementen einer unabhängigen Wirklichkeit zugeordnet aufgefaßt werden können. Er konnte gleichfalls hoffen, daß eine solche Darstellung eindeutig wäre. Kurz, er könnte erwarten, eine Beschreibung der unabhängigen Wirklichkeit sich allmählich entwickeln zu sehen, die der Forderung des physikalischen Realismus, wie sie im 6. Kapitel ausgeprochen wurde, entspräche und die einschließt, daß die unabhängige Wirklichkeit unzweideutig mit den Mitteln der Physik beschreibbar sein muß.

Ob eine solche Hoffnung trügt, kann sicher nicht gezeigt werden, weil wir die Physik der Zukunft nicht kennen können. Indessen ist es wichtig zu erkennen, daß die gegenwärtige Entwicklung dieser Wissenschaft den Gedanken sehr nahelegt, daß diese Hoffnung illusorisch ist. Die von der heutigen Physik operational definierten Grundbegriffe können im allgemeinen nicht in einfacher kohärenter Weise als den Elementen der unabhängigen Wirklichkeit entsprechend betrachtet werden. Jene, die aus Sorge um den „Realismus" von den oben vorgestellten Modellen eingeführt werden, sind nicht operational definiert und stellen auch nicht die eindeutig definierbaren Verbindungsglieder zwischen operational definierten Begriffen dar; das geht aus der Tatsache hervor, daß es *mehrere* solcher Modelle gibt, die untereinander nicht gleichwertig sind und zwischen denen eine Wahl aus rein vernunftsmäßigen Gründen unmöglich ist.

Ein Element stellt sich als allen diesen Modellen gemeinsam heraus. Es besteht darin, daß man, teils auf Grund der intrinsischen Mängel, teils wegen des Vorhandenseins der beiden anderen, von keinem dieser drei Modelle sagen kann, es genüge dem Prinzip des physikalischen Realismus. Wenn ich in meiner realistischen Einstellung verharren will, sehe ich mich also gezwungen, einen nicht-physikalischen Realismus zu wählen, den man die *Theorie der verschleierten Wirklichkeit* nennen kann; diese Wahl bleibt hier noch sehr offen, ist aber doch entscheidend. Unter nicht-physikalischer Wirklichkeit oder der Theorie der verschleierten Wirklichkeit verstehe ich jeden Realismus, der nicht die oben genauer beschriebene Hoffnung befriedigt, die die Forderung des physikalischen Realismus enthält.

Da es nötig ist, zu wählen, glaube ich das Wagnis meiner Wette auf ein Minimum zu reduzieren, wenn ich die Theorie der verschleierten Wirklichkeit wähle, um in sie die Weltanschauung einzufügen, nach der ich suche.

Kann ich, nachdem ich die vernünftige Wahl eines nicht physikalischen Realismus getroffen habe, nun daraus nach den Launen meiner Phantasie eine Ontologie konstruieren? Wenn ich Wissenschaftler bin, geht das nicht. Sicher werde ich da nicht auf festen Bahnen geführt. Es bleiben verschiedene Möglichkeiten. Aber meine Kenntnisse werden dennoch nicht plötzlich nutzlos, denn sie erlauben es mir weiterhin, gewisse Ideen auszusondern, die sie unhaltbar machen. So scheint es – um bei einer Anwendung der vorigen Methode zu bleiben – angemessen, eine Unterscheidung zwischen einem „nahen Realismus" und einem „fernen Realismus" einzuführen. Ich werde jede Sicht der Welt, die annimmt, daß alle Elemente der Wirklichkeit durch Begriffe, die uns nah und vertraut sind, angemessen beschrieben werden können, „nahen Realismus" nennen. Ich nenne jede Auffassung, die dieser Bedingung nicht genügt, fernen Realismus.

Die Weltanschauung des Mannes auf der Straße ist ein Beispiel für einen sehr nahen Realismus. Dasselbe gilt von Demokrit (Was ist leichter zu begreifen als ein „kleiner Körper"?) und – wenn man nach ihren Schriften urteilt – von den meisten Molekularbiologen. Es gilt gleichermaßen von der Weltanschauung der Mehrzahl der primitiven Religionen. Und selbst, so könnte man meinen, von der Platons, für den die Stoffe im allgemeinen – wie wir oben bemerkten – mit den vertrautesten Vorstellungen übereinstimmten. Im Gegensatz dazu sind die Weltsichten von Buddha, von Tao, der Gnostik, der allgemeinen Relativitätstheorie, um nur Beispiele zu nennen, die eines mehr oder weniger fernen Realismus.

Wenn eine solche Unterscheidung einmal gemacht ist, ist es ganz klar, daß die Sichtweise des nahen Realismus durch unsere physikalischen Kenntnisse sehr unwahrscheinlich gemacht wird. Wenn wir uns an die realistischen Auffassungen erinnern, so bringen alle oben beschriebenen auf wesentliche Weise die Wellenfunktion, die Untrennbarkeit und so weiter ins Spiel, also Begriffe, die *nicht* aus unserer Erfahrung als Kinder oder der unserer Vorfahren stammen und die – auf den ersten Blick – ihr nicht einmal angenähert werden können. Wieder ist es also eine ziemlich sichere Wette, wenn ich den fernen Realismus dem nahen Realismus vorziehe.

Hier sei eine Zwischenbemerkung erlaubt. Wenn ich den nahen Realismus ausschließe, so ist das sicher eine verstandesmäßige Haltung, die wenig überrascht und wenig originell ist. Sie verdient es dennoch, daß man sich für einige Augenblicke mit ihr beschäftigt, denn die Tatsache, daß sie hier sehr ernsthaft motiviert ist, könnte jenseits von allem Akademismus von gewisser „praktischer" Nützlichkeit sein. Man stellt in der Tat fest, daß dann, wenn eine gewisse Allgemeinbildung sich tatsächlich ausbreitet – dank der weiterführenden Schulen, der Massenmedien und so weiter –, sie doch eher oberflächlich als tiefgehend ist. Es fällt ihr daher schwer, den positiven Charakter, den sie – übrigens mit vollem Recht – dem Verfahren der *Infragestellung alles*

Überkommenen verleiht, durch eine parallele Aufforderung nach *Strenge* auszugleichen. Anders gesagt begünstigt sie die öffentliche Verbreitung von glänzenden und neuen Gedanken, aber auch die einfacher intellektueller Moden und sogar sehr groben Aberglaubens. Lange – und noch bis heute – hat allein die Existenz der Naturwissenschaft – im Hintergrund – in Hinsicht auf diese Erscheinung eine Sperre oder, wenn man es lieber so sieht, eine Art Mahnung zur Nüchternheit dargestellt. Im völligen Unwissen über alle Einzelheiten der Forschung hat die Öffentlichkeit immer sehr lebhaft die Vorstellung gehegt, daß Gruppen von Wissenschaftlern, die fern vom oben beschriebenen leeren Betrieb arbeiten, genaue und schwierige Methoden anwenden, um nicht nur das technische Können des Menschen – seine Kenntnis guter Rezepte – zu entwickeln, sondern auch sein Wissen von der Welt, so wie sie wahrhaftig, ohne jeden Aberglauben, ist. Wenn jetzt das Gerücht sich verbreitete, daß nach Ansicht eben dieser Wissenschaftler die Naturwissenschaft die Wirklichkeit verfehle oder sich darum nicht sorge, dann würde, darüber sollten wir uns keine Illusionen machen, das, was an einer solchen Aussage wahr sein könnte, von tausend Kommentatoren verzerrt, sogar entstellt werden, die wenig an Nüchternheit und an feine Unterschiede gewöhnt sind und vielleicht glücklich wären, dadurch diesen oder jenen Aberglauben oder diese oder jene momentane Mode rechtfertigen zu können. Um den Gesängen dieser Sirenen widerstehen zu können, wird man sich daran erinnern müssen, daß die Naturwissenschaft, was die Frage nach dem Wirklichen betrifft, nicht stumm ist, da sie ja den nahen Realismus, wie oben bemerkt wurde, ausschließt. Wenn aller Aberglaube, alle Magie aus allen Zeiten (die unsere eingeschlossen) – per definitionem, könnte man sagen – Thesen des nahen Realismus sind, wird die Erinnerung an die einfache Tatsache, die wir gerade erwähnten, genügen, um sie zu widerlegen.

Der Ausschluß des nahen Realismus und des physikalischen Realismus lassen offensichtlich unzählige Möglichkeiten offen und damit wird die Wahl jetzt ungewiß. Soll man sich zum Beispiel eine dualistische Weltanschauung zu eigen machen oder eine monistische? Die Physik allein genügt nicht, um mir darüber Klarheit zu verschaffen. Tatsächlich sind von den drei großen realistischen Auffassungen – oder Modellen – die wir oben beschrieben haben, zwei deutlich dualistisch, während die dritte sich mehr dem Bild der monistischen Denkweise nähert, wenigstens aufgrund der Tatsache, daß der Begriff des Bewußtseins nicht erforderlich ist, um ihre *Grundlagen* festzulegen. Dagegen bleibt die Tatsache unserer direkten Wahrnehmung von zusätzlichen Variablen unanalysiert, wie wir gesehen haben. Aber allgemeiner ist es wohl ganz unabhängig von allen physikalischen Kenntnissen klar, daß das Bewußtsein existiert. Es erscheint auch klar, daß es nicht auf die Begriffe reduziert werden kann, die die Physik als Technik verwendet, da ich, wie es in dem bekannten Beispiel gesagt wird, unmöglich einen Menschen, der Schmerz gegenüber unempfindlich ist, begreifen machen kann, was ich unter Schmerz verstehe; weder durch ein Experiment noch durch einen theoretischen Beweis wäre das möglich. Aber sicher bedeutet das nicht, daß das Gefühl oder der Bewußtseinsvorgang nicht mit Vorgängen im Gehirn verknüpft sind. Erwiesenermaßen sind sie das. In der alten vielheitlichen Sicht der Welt, die auf den Atomismus Demokrits gründet, stellen die Teilchen des Gehirns nach Voraussetzung die wahre Wirklichkeit dar und man verstand daher hinreichend, daß das Bewußtsein, obwohl sein Wesen nicht auf die üblichen physikalischen Begriffe zurückgeführt werden kann, nur eine Ausstrahlung dieser Teilchen ist. In einer Weltsicht, die von einem fernen Realismus bestimmt ist, ist die Lage ganz anders. Dort weicht die Wirklichkeit den Beschreibungen – selbst durch die Physik – mehr und mehr aus. Wenn das Bewußtsein immer nur eine *Eigenschaft* dieser Wirklichkeit ist, versteht es sich in solchen Theorien, daß für die Gehirnteilchen dasselbe gilt. Und wenn es auch klar bleibt, daß es zwischen diesen beiden Arten von Eigenschaften eine *phänomenologische* Hierarchie gibt, so ist es doch sehr viel weniger klar, daß es nötig ist, sich zwischen ihnen eine entsprechende *ontologische* Hierarchie oder anders gesagt ein relatives Primat vorzustellen. Eine solche Notwendigkeit erscheint noch anfechtbarer, wenn man bemerkt, daß in dem am ehesten monistischen der oben beschriebenen Modelle der Raum weniger als ein Aspekt des Wirklichen erscheint, denn als eine Form unseres Empfindungsvermögens: diese Umstände schwächen die Tragweite der Argumente, die eine ontologische Hierarchie begünstigen und die auf der Tatsache beruhen, daß bewußte Wesen nur in relativ sehr kleinen Raumbereichen existieren.

Aus diesen Gründen, scheint mir, würden wir unsere Weltanschauung sehr willkürlich einschränken, wenn wir behaupten würden, das Bewußtsein sei nur eine Ausstrahlung von Teilchen oder Feldern. Weniger einschränkend und daher verführerischer scheint eine Auffassung zu sein, die all diese Begriffe als gleichwertig behandelt.

Man kann versuchen, noch weiter zu gehen. Eine wichtige Erkenntnis der heutigen Grundlagenphysik ist – noch einmal –, daß die räumliche Trennung der Objekte zum Teil auch eine Form unserer Empfindung ist. Es ist daher ganz legitim, in der Gesamtheit des Bewußtseins einerseits und der Gesamtheit der Objekte andererseits zwei einander *ergänzende* Aspekte der unabhängigen Wirklichkeit zu sehen. Darunter ist zu verstehen, daß weder der eine noch der andere an sich existiert, sondern daß das eine nur durch das andere existiert, etwa so, wie sich die Bilder zweier gegenüberstehender Spiegel wechselseitig bedingen. Die Atome wirken dabei mit, mein Auge zu schaffen, aber mein Auge wirkt dabei mit, die Atome zu schaffen, das heißt die Teilchen vom *Möglichen* zum *Tatsächlichen* werden zu lassen; von einer Wirklichkeit, die ein unteilbares Ganzes ist, zu einer Wirklichkeit, die sich über die Raumzeit erstreckt.

Es sind also verschiedene Auffassungen möglich. Aber trotz ihrer Verschiedenheit – die nicht geleugnet werden kann! – kann man anscheinend eine etwas schematische These aufrechterhalten, die sich ziemlich gut allen anpaßt. Ein solcher „größter gemeinsamer Nenner" ist, daß die unabhängige oder intrinsische oder „starke" Wirklichkeit außerhalb der Rahmen des Raums und der Zeit liegt und nicht mit den uns geläufigen Begriffen beschrieben werden kann. Wieder einmal wäre die empirische Wirklichkeit, die der Teilchen, der Felder und der Dinge, für uns, wie das Bewußtsein, nur ein Spiegelbild der unabhängigen Wirklichkeit. Und diese beiden Spiegelbilder würden sich in dem oben präzisierten Sinn ergänzen. Man kann sagen, daß beide Wirklichkeiten aber nur „schwache" Wirklichkeiten sind, die nicht ganz in den Begriffen der starken Objektivität beschreibbar sind.

Eine solche These versöhnt unser Bedürfnis nach einer wahren Erklärung der Regelmäßigkeiten von Erscheinungen (der Punkt, an dem der radikale Positivismus, der sich damit zufriedengibt, sie zur Kenntnis zu nehmen, sich irrt) mit unseren wissenschaftlichen Erkenntnissen. Die Schwierigkeit liegt darin, sie vielsagend und anschaulich zu machen. Dazu ist eine Verknüpfung mit einer philosophischen oder kulturellen Tradition notwendig. Dabei scheint sich die der Realisten des 17. Jahrhunderts mehr oder weniger aufzudrängen. Der Philosoph M. Merleau-Ponty unterschied gern den *großen* und den *kleinen* Rationalismus: der kleine Rationalismus ist der der Naturwissenschaft des 19. Jahrhunderts, der große der der Philosophie des 17. Jahrhunderts. Da beide ontologische Perspektiven eröffnen, ist es erlaubt, diese Sprache hier zu übernehmen und die entsprechenden Realismen *groß* und *klein* zu nennen. Wir werden also den nahen Realismus oder den physikalischen Realismus, die beide oben widerlegt wurden, „kleinen Realismus" nennen. So bleibt der „große Realismus", der die Gedanken von Philosophen wie Descartes, Malebranche oder Spinoza bestimmt. Aber wohlverstanden, in bezug auf ein solches Thema kann man hier nur einige sehr summarische Vorschläge wagen.

Ein Vorbehalt muß von vornherein ausgesprochen werden. Es kann nicht im entferntesten an eine *einfache Rückkehr* zu den Vorstellungen der Denker des 17. Jahrhunderts gedacht werden. Seit jener Zeit hat ja nicht nur die Naturwissenschaft, sondern gleichermaßen die Epistomologie einen solchen Fortschritt gemacht, daß – ob man es nun bedauert oder nicht! – die Mehrzahl der Aussagen dieser Philosophen für ungültig gehalten werden müssen. Um nur ein einziges Beispiel zu nennen: weiter oben bemerkten wir schon, daß auf dem Gebiet der Philosophie der Mathematik diese Denker uns heute als die Opfer von sehr naiven Einbildungen erscheinen. Dagegen erlaubte ihnen die Anwendung einer Vernunft, die sie als die Versöhnung von Strenge und Weite empfanden – einer Vernunft, die über das einfache Begriffsvermögen und dessen syllogistische Scheuklappen hinausging – , große Ansichten über das Sein zu konzipieren und führte sie dazu, – manchmal gegen den eigenen Willen – die Wirklichkeit des Wunsches eng damit zu verknüpfen. Für jede Weltanschauung ist eine solche *Aura* notwendig; und die Betrachtung dieser Eingebungen kann nützlich sein, um sie einzufangen.

Angesichts einer solchen Absicht wäre es im Grenzfall fast gleichgültig, ob man sich von diesen oder jenen Philosophen anregen läßt. Es scheint jedoch, daß die Weltanschauung Spinozas die ist, die in ihren großen Strukturen von der oben beschriebenen allgemeinen These am wenigsten abweicht. Manche Schlüsse Spinozas sind zwar von den unseren weit entfernt, da ja dieser Philosoph die Erfahrung verwarf, die Sinne für extrem trügerisch hielt und sich das

Wirkliche als ohne jede Zweideutigkeit verständlich vorstellte. Übrigens mißfällt uns heute die pseudo-mathematische Tarnung der *Ethik* wegen der Vorspiegelung von Strenge, die sie anscheinend glauben machen will. Aber aus dem hier gewählten Blickwinkel sind solche Unterschiede unwichtig. Was wirklich zählt, ist die – unvollständige, aber doch sehr deutliche Parallelität – zwischen der oben eingeführten Auffassung einer „fernen" Realität und der Substanz bei Spinoza.

Sicherlich ist die Parallelität nur unvollständig. Bei Spinoza existieren die „Attribute" der Substanz, nämlich das Denken und die Ausdehnung offenbar an sich in einer Art intrinsischer Existenz. In dieser Hinsicht nehmen die Gedanken Spinozas teilweise die Gedanken Einsteins vorweg, da sie realistisch in bezug auf die Raum-Zeit sind. Aber die Tatsachen, die der Begriff der Untrennbarkeit neu ordnet, lassen mir gerade in diesem Punkt eine Revision ihrer gemeinsamen Lehre nötig erscheinen. Deswegen betrachtet die oben beschriebene These Denken und Ausdehnung nicht als Dinge, die eine eigene Existenz haben, sondern vielmehr als Dinge, die sich an der Quelle des Seins gegenseitig erzeugen. Wenn man jedoch einen solchen Unterschied pflichtschuldig zur Kenntnis genommen hat, bleiben wichtige Elemente der Ähnlichkeit nichtsdestoweniger deutlich. Die Substanz von Spinoza ist das, was an sich existiert, das, was, anders gesagt, weder eine Qualität einer Sache noch irgend jemandes Trugbild ist. In der modernen Physik könnte darum die Substanz Spinozas weder eine Gesamtheit von Teilchen noch eine Gesamtheit von beobachtbaren Größen sein. Aber sie ähnelt zweifellos dieser universellen Wirklichkeit, von der weiter oben die Rede war und auf die gewisse Symbole der Theorie der Quantenfelder rechtmäßig bezogen werden können. (Ich denke zum Beispiel an das Symbol $|0\rangle$, für einen Zustandsvektor, der das „Vakuum" der Theoretiker beschreibt, jene Leere, die, wie die Fachleute wissen, voller Dinge ist, die halbwegs zwischen dem Möglichen und dem Bestehenden liegen.)

In dieser Hinsicht ist es sehr aufschlußreich zu bemerken, daß die Unangemessenheit der Begriffe, die aus unserer Erfahrung (oder unserer Handlung) hervorgehen, für die Beschreibung von allem, was als unabhängige Wirklichkeit gedacht werden kann, auch ein entscheidendes Merkmal etwa des Gedankens Spinozas ist, wonach die Substanz unendlich ist, während wir nur auf das Endliche Einfluß haben. Manchmal gibt Spinoza der Substanz (der intrinsischen Wirklichkeit) den Namen *Natura naturans*. Dieser Name steht dem der Natura naturata gegenüber, das heißt in unserer heutigen Sprache vereinfacht gesagt, den Phänomenen. Ein solcher Gegensatz zeigt gut den Unterschied, der, wie wir es in dem Vorhergehenden so ausführlich gesehen haben, deutlich zwischen der intrinsischen Wirklichkeit – oder dem Sein – und dieser empirischen Wirklichkeit gemacht werden muß, die wir mittels unserer üblichen Begriffe beschreiben und in die wir so sehr uns selbst projizieren. Man stellt hier also fest, daß die Sprache Spinozas (und man könnte das ebenso von der anderer Denker seiner Zeit sagen) besser an die Wahrheit angepaßt ist als die der modernen Philosophen, bei denen der Gebrauch des einzigen Wortes *Natur* die Unterscheidung verdeckt, um die es geht. (Derselbe Einwand könnte in Hinsicht auf den Gebrauch des Wortes *Materie* gemacht werden, der zu oft dazu dient, ohne Unterschied entweder das ganze Sein oder einzelne seiner Teile oder die empirische Wirklichkeit der Erscheinungen zu bezeichnen.)

Noch unvergleichlich bemerkenswerter ist zweifellos Spinozas Gebrauch des Wortes *Gott* als gleichbedeutend mit Substanz. Sicher würde ein solcher Gebrauch, wenn man ihn hierher übertragen müßte, auf einen Einwand stoßen, der dem ähnlich ist, der in bezug auf den Gebrauch der Worte Natur oder Materie gemacht wurde: er kann leicht in falscher Weise der „unabhängigen Wirklichkeit" Eigenschaften zuordnen, die nur zu „empirischen Modellen" gehören können, wie Wille, Allmacht usw., alles Qualitäten, deren Zuordnung zum Sein selbst immer nur unlösbare Schwierigkeiten erzeugt. Andererseits muß man in dieser Hinsicht bei Spinoza eine gewisse Weisheit erkennen, die man ruhig nachahmen darf. Wenn die unabhängige Wirklichkeit Gott genannt wird, so zeigt das mit aller Deutlichkeit den Unterschied zwischen dieser und jeder rein phänomenologischen Wirklichkeit, was gut mit der Lehre der heutigen Physik übereinstimmt. Eine solche Benennung hat zugleich den Vorteil, trotz allem die Möglichkeit gewisser Zuordnungen offenzulassen. Sicher, wie wir gesagt haben, wird man diese (wie z. B. die göttliche Liebe) nur als Elemente eines Modells deuten können. Aber es ist erlaubt, hier im ursprünglichen Sinn von William James etwas pragmatisch zu sein und zu erwägen, ob nicht ein solches Modell in dem Maß bedeutungsvoll ist, in dem es fruchtbar ist, das heißt (bei diesem Verfasser), in dem Maß, in dem es zum Glück der Menschen beiträgt (sowohl auf der Gefühlsebene als auch auf der Gewißheit der Erkenntnis). Der ungeheure Vorteil der physikalischen Modelle ist, wie man weiß, daß es legitim ist, sich nicht um die möglicherweise auftretenden Widersprüche zu sorgen, die die Extrapolation des fraglichen Modells auf andere Erscheinungen als die, zu deren Erklärung das Modell geschaffen wurde, mit sich bringen konnte, solange man sich dessen bewußt ist, es mit einem Modell zu tun zu haben (und nicht mit einer Beschreibung des Wirklichen selbst). Es ist nicht absurd, diese Auffassung und ihre Vorteile auf die Metaphysik zu übertragen: also von göttlicher Liebe zu reden, obwohl es Erdbeben und ihre Auswirkungen gibt. Wenn man darüber nachdenkt, wird man dort vielleicht den Ansatzpunkt einer neuen Theodizee sehen. Wäre sie so viel wert wie die von Leibniz? Sie wäre jedenfalls wahrscheinlich besser an den heutigen Zeitgeist angepaßt!

Trotz seiner Gefahren weist Spinozas Gebrauch des Wortes Gott als Namen für das gegebene Sein noch einen Vorteil auf, der zumindest erwähnt werden sollte. Wenn man die uralten Traditionen fast aller Kulturen (vielleicht muß man hier die chinesische ausnehmen) betrachtet, so stellt dies zweifellos das direkteste Verfahren dar, um auszudrücken, daß das Sein nicht eine blinde Mechanik ist oder um doch wenigstens die Hypothese offenzulassen, daß das nicht so sei. Sicherlich, sobald man von *Geist* in bezug auf das Sein spricht, geht man ein Risiko ein, das parallel – oder, wenn man das vorzieht, symmetrisch – ist zu dem, das man eingeht, wenn man dabei von Teilchen oder von Feldern spricht: das Risiko, dem Sein fälschlicherweise selbst Qualitäten zuzuschreiben, die (wie die Analyse der Grundlagen der Quantentheorie zeigt, soweit es die „physikalische" Qualität, Teilchen und Felder, betrifft) sich letztlich nur auf unsere Erfahrung beziehen können. Die Gefahr ist also sehr groß, Modell und Wirklichkeit zu verwechseln oder, anders gesagt, eine Beschreibung des Seins in den Begriffen des nahen Realismus zu versuchen. Der endgültige Mißerfolg der Versuche der Physik, eine solche Beschreibung zu verwirklichen, macht jeden Versuch dieser Art wenig vernünftig. Indessen sind wir so daran gewöhnt, daß es fast genauso abwegig ist, sich nicht auf den Begriff des Geistes in bezug zum Sein zu berufen, wie es zu tun; denn wenn man sich nicht auf ihn beruft, schüttet unser Denken – das kaum je die Abwesenheit von Bildern duldet – spontan die so geschaffene Leere zu und füllt sie entweder mit der Vorstellung eines *Mechanismus* oder doch wenigstens (wenn es erfahren ist, also vorsichtig) durch die mehr oder weniger bewußte Berufung auf das Postulat des physikalischen Realismus, der dann implizit für notwendig gehalten wird. Aber selbst im zweiten Fall – in dem unser Denken glaubt, vorsichtig zu sein – ist es in Wirklichkeit noch zu abenteuerlich, da ja – es muß immer wieder darauf hingewiesen werden – mit diesem Postulat vorsichtig umgegangen werden muß, weil der physikalische Realismus heute schließlich in der Theorie nicht konkretisiert werden kann. Wir kennen mit Sicherheit nur unsere Erfahrung. Müssen wir daraus vorschnell auf Spiritualismus schließen? Sicherlich nicht, denn wie schon Aristoteles bemerkte, muß das, was im Bewußtsein vorrangig ist, keinerwegs auch im Sein Vorrang haben. Aber wenigstens sollte man sich hüten, auf das Gegenteil zu schließen – das wäre noch willkürlicher! Der Gebrauch des Wortes Gott als Namen für die Wirklichkeit hat in dieser Hinsicht den Vorteil, einige Türen offen zu lassen, obwohl es wieder einmal nötig ist, mißtrauisch zu sein wegen all der Modelle des Göttlichen, die fälschlich ins Absolute erhoben wurden.

Ein letztes Argument zugunsten des Gebrauchs des Wortes Gott als Bezeichnung der intrinsischen Wirklichkeit ist das folgende: Nicht jedes Verständnis ist vielleicht notwendigerweise intellektuell. Unsere Intelligenz ist nicht transzendent. Sie wurde durch die Evolution zweifellos genauso gebildet wie unsere Muskeln oder unser Skelett; genauso auch wie manche unserer elementaren Begriffe, das heißt unserer alten Wörter. Und es ist nicht absurd, zu denken, daß wir gleichermaßen andere Formen des Verständnisses entwickelt haben könnten; aber ob es nun intellektuell ist oder nicht, so ist jedes Verständnis unentwirrbar verbunden mit den alten Wörtern, die es wiedergeben, wie es übrigens die Analyse der Quantentheorie durch Bohr in bezug auf das intellektuelle Verständnis der „Materie" ausdrücklich zeigt. Wenn es ein nicht-intellektuelles Verständnis gibt, ist es ganz sicher auch mit *alten Worten* verknüpft. Und insbesondere – zumindest in einem gewissen Maß – mit diesem alten Wort Gott, das langsam über Hunderttausende von Jahren der Kindheit der Spezies Mensch hinweg geprägt wurde, wie der Prähistoriker Leaky bemerkte.

Aber schließlich kann man auch dieses Wort *nicht* mögen. Zur Verteidigung eines solchen Gesichtspunktes liefert die Geschichte der westlichen und islamischen Kulturen – um nur davon zu sprechen – leider eine große Anzahl von schlagenden Argumenten. Hier ist der Ort, an die goldene Regel von Blaise Pascal zu erinnern: „Ich streite nie über einen Namen, außer man hat mir mitgeteilt, welchen Sinn man ihm gibt." Dieser Sinn wurde so gut wie möglich auf den vorhergehenden Seiten präzisiert. Es geht um das Sein und vor allem um diese Einheit des Seins, die den Erkenntnissen der Physik und den wesentlichsten der Intuitionen eines Spinozas gemeinsam ist.

Hier kann indessen wieder einmal dieser alte Philosoph dem modernen Forscher helfen. Wenn er einmal zu dem wesentlichen Begriff der Einheit des „ewigen" (das heißt außerhalb aller Zeit) Seins gekommen ist, kann ein solcher Denker in der Tat den peinlichen Eindruck haben, es nicht weiter gebracht zu haben als zu einer nüchternen und abstrakten Sicht, die rein theoretisch ist und viel zu allgemein, um irgend jemanden in seiner Existenz inspirieren zu können. Jedoch erscheint es bei der Lektüre Spinozas (oder anderer Realisten seiner Zeit), daß ein solches Gefühl der Entmutigung unbegründet ist, außer vielleicht wegen der trügerischen aktivistischen Kriterien, die die Imperative der wissenschaftlich-industriellen Revolution und der Kult der Subjektivität der zeitgenössischen Mentalität auferlegt haben. Tatsächlich haben die tüchtigen Analytiker unter der scheinbaren Kaltblütigkeit eines Spinozas seit langem den Strom eines starken Anstoßes affektiver Art nachgewiesen. Die Existenz und die Natur eines solchen Anstoßes können leicht verstanden werden. Wenn es auch stimmt, daß – wie wir oben bemerkten – die „große Liebe" des ewigen Wesens zu den Menschen in einer Philosophie wie der Spinozas nur als Bestandteil eines fruchtbaren Modells zu verstehen ist, so sind die Verehrung und die Liebe, die die Menschen zu Recht für das ewige Sein haben – ja, haben *müssen* – fast notwendige Bestandteile einer solchen Philosophie. Es ist ganz reizend und nicht wenig suggestiv, wenn in einem Jugendwerk des Philosophen von Amsterdam, dem *Kurzen Traktat* (1. Dialog) von Spinoza es die allegorische Person des Amor ist, der voll Sehnsucht nach etwas, das ihn völlig befriedigen könnte, die *Vernunft* und den *Verstand* bittet, ihm diesen Gegenstand zu zeigen; und noch mehr so, wenn sich aus dem Dialog ergibt, daß die Bestätigung der *Einheit des Seins* dem *Amor* schließlich als die einzige Garantie einer Sicherheit erscheint[8]. Spinoza läßt uns da ein Licht ahnen, das uns helfen könnte, seine Auffassungen – und auch die hier vorgestellten! – mit dem zu vereinbaren, das in verschiedenen äußeren Formen und in rätselhaften Bildern die wichtigsten Gefühle aller Kulturen und aller Zeiten ausmacht[9].

---

8 V. Delbos.
9 Andere Autoren können uns bei einem so wesentlichen affektiven Schritt wirksam Hilfe leisten, so zum Beispiel Teilhard de Chardin. Dieser Philosoph, der so sehr „die Spur und die Nostalgie einer einzigen Stütze und einer absoluten Seele beschwört, einer synthetischen Wirklichkeit, die so stabil und so universell wie die Materie, so einfach wie der Geist ist" (Hymne an das Universum, Seuil p. 105) betont in der Tat ergreifend das Gefühl der Freude des Menschen bei der Entdeckung, daß ein solches Objekt existieren kann. Hier sollte ich vielleicht auch genauer sagen, was mich von den Gedanken Teilhards trennt und wo ich ihm nahe bin. Wie viele unserer Zeitgenossen finde ich es schwierig, so sehr wie er Zukunft und Finalität zu betonen. Es fällt mir schwer, mir vorzustellen, daß „am Ende der Zeiten" die empirische Wirklichkeit sich als intrinsische Wirklichkeit *vollendet*, während andererseits diese intrinsische Wirklichkeit nach

Die empirische Wirklichkeit

Das Vorangehende ist für mich das Wesentliche. Ich sehe darin den zentralen Ausgangspunkt, von dem aus die genauer ausgeführten Auffassungen, die man sich von dem einen oder anderen Punkt machen kann, in der richtigen Perspektive gesehen werden können. Dabei will ich nicht behaupten, daß diese anderen Auffassungen unwichtig wären. Ganz im Gegenteil rechtfertigt der „ferne" und fast unerforschliche Charakter des Seins völlig, wie mir scheint, das Interesse, das man der ganzen Zwischenzone entgegenbringen kann. Und enthält diese Zone, die empirische Wirklichkeit, nicht praktisch alles, was wir wahrnehmen können? Selbst die in unseren Augen so grundlegenden Größen wie die Raum-Zeit, das Universum und seine Geschichte, die Unumkehrbarkeit der Zeit, das Leben?

Die große Frage, die sich seit mehr als einem Jahrhundert in bezug auf diese anscheinend grundlegenden Arten der Wirklichkeit stellt, ist, ob ihr Studium der Philosophie oder der Naturwissenschaft zukommt. Hegel, Husserl, Bergson, Sartre – die Zahl der Philosophen ist groß, die glaubten, daß diese Art der Untersuchungen mehr oder weniger ihr ausschließliches Gebiet sei. Das zugrunde liegende Argument ist bekannt: die Naturwissenschaft ist nur eine Sammlung von Vorschriften. Dieses Argument ist in seiner Aussage berechtigt. Wir haben oben des längeren den eminenten positivistischen Charakter der Grundlagen der heutigen Physik (die selbst ein Angelpunkt für die anderen Erfahrungswissenschaften ist) unterstrichen. Dasselbe Argument ist jedoch insofern wirkungslos, als doch bezüglich der empirischen Wirklichkeit jede Art von Wissen – in der Tat – nur „Rezept" ist. Wenn die Naturwissenschaften ganz allgemein gesehen werden, fallen alle Erscheinungen der empirischen Realität ohne Ausnahme unter dieses Universalgesetz. Der Philosoph, der die Naturwissenschaft wegen ihres positivistischen Aspekts ablehnt, müßte sein Studium, wenn er kohärent bleiben wollte, dann nicht nur auf die reine Metaphysik beschränken, sondern auch davon Abstand nehmen, jemals seine Eingebungen auf diesem Gebiet auf irgendein Phänomen seiner Erfahrung zu gründen.

Die Phänomene – wir sagten das gerade – gehören zum Bereich der Naturwissenschaft. Das Leben sollte da eine Ausnahme machen? Manche Philo-

---

Voraussetzung ewig ist. Der Gedanke erscheint mir zumindest zweideutig. Selbst wenn ich ihn klar verstünde, würde ich zögern, eine Annahme, die so offenbar unseren Wünschen entspricht, zu schnell für gesichert zu halten. Das ist im wesentlichen mein Vorbehalt. Aber andererseits ist dem Maß, in dem die zeitliche empirische Wirklichkeit die Gesamtheit dessen enthält, was wir mit Sicherheit begreifen können, die Wichtigkeit, die ihr beigemessen wird, in meinen Augen – und wie man sehen wird – ganz legitim. In dieser Hinsicht scheinen mir die Entwicklungsphilosophien tiefe Wahrheiten zu enthalten; vor allem solche, die erneut die wesentlichen Fragen aufwerfen und denen es wie bei Teilhard gelingt, die Intelligenz mit dem Wunsch und dem Herzen zu versöhnen.

Um zu sehen, wie im Gegensatz dazu, eine theologische, aber nicht „evolutionistische" Sicht untersucht werden kann, könnte man P. Philippe, *Le Royaume des Cieux* (Fayard) heranziehen.

sophen haben das behauptet, sogar manche, die, wie Bergson, niemals gegenüber der Naturwissenschaft die Haltung einer systematischen Ablehnung einnahmen wie so viele ihrer Kollegen. Bergson gründete seine Auffassung zunächst auf die unleugbare Tatsache, daß das Leben untrennbar mit der Fortdauer, oder anders gesagt, der nicht umkehrbaren Zeit verknüpft ist. Aber, so behauptet er, die Zeit der Physik ist immer nur reversible Zeit oder in anderen Worten, Raum. Das, was eigentlich zeitlich ist in der Zeit, das Verstreichen der Dauer, entgeht ihr völlig. Überdies, bemerkt dieser Philosoph, ist die menschliche Intelligenz – und besonders die wissenschaftliche Intelligenz – vor allem eine Kenntnis von festen Körpern: das ergibt sich aus der Entwicklung der Art, die sich in eigentümlicher Weise mit Waffen und Werkzeugen aus festen Stoffen für den Kampf ums Überleben ausgerüstet hat, ganz anders als das Tier. Folglich bewegt sich die Naturwissenschaft nur auf den Gebieten frei, in denen das – in Gedanken vollzogene – Zerlegen der Wirklichkeit in kleine getrennte Gegenstände eine erfolgversprechende Handlung ist. Sie ist also unfähig, das Wesentliche des Lebens einzufangen, nämlich das Fließende, das Kontinuierliche, das Bewegte.

In mancher Hinsicht bleiben die Überlegungen Bergsons und anderer Philosophen mit ähnlicher Neigung sehr aktuell. Sie führen freilich Gedanken genauer aus, die intuitiv sind und damit, implizit, recht verbreitet. Die meisten Verfechter der Ökologie sind Anhänger Bergsons, ohne es zu wissen! Auf der gedanklichen Ebene muß man jedoch feststellen, daß die Zweifel Bergsons, die zum Teil zu der Zeit, in der sie geäußert wurden, gerechtfertigt waren, das heute sehr viel weniger sind, soweit sie die Fähigkeit der Naturwissenschaft betreffen, das Leben zu verstehen. Das liegt zu einem Teil daran, daß die Physik das Wesentliche – und die Eigenschaften selbst, die nicht auf elementare Kinematik reduzierbar sind – der irreversiblen Phänomene usw. besser erfaßt hat; und daran, daß sie heute unter gewissen Bedingungen die Entwicklung von räumlich homogen verteilten Stoffen zur Inhomogenität, oder, anders gesagt, das Auftreten von Ordnung, die von Schwankungen ausgeht, quantitativ voraussagen kann. Die so entstehenden Strukturen, die *dissipative Strukturen* genannt werden, können sich zu immer größerer Komplexität entwickeln und bleiben nur im ständigen Austausch mit der Umgebung bestehen. Es scheint gerechtfertigt, in ihnen zumindest gewisse der Hauptzüge des Lebens zu erkennen; andere (sie werden vor allem von der Molekularbiologie untersucht) sind mehr oder weniger mit den Vorgängen bei der Mechanik fester Körper von sehr großer Komplexität vergleichbar.

So scheint mit schließlich das, was weiter oben die „Zwischenzone" genannt wurde, vor allem – vielleicht sogar einzig und allein! – der Zuständigkeit der exakten Wissenschaften zu unterliegen. Es geht dabei um ein ungeheures Gebiet, in dem Probleme, die Begriffsebenen der verschiedensten Art betreffen, miteinander verwickelt sind. Manche sind Anwendungen. Andere sind ganz grundlegend. Selbst wenn fortwährend Neuorientierungen nötig sind, so ist nicht zu befürchten, daß es Forschern auf dem Gebiet der reinen Naturwissenschaft in naher Zukunft an legitimen Motivationen fehlen wird.

Und es wäre widersinnig, unsere oben begründete Bevorzugung eines nicht physikalischen Realismus als eine Absage an die positive wissenschaftliche Forschung, soweit sie das reine Wissen betrifft, zu betrachten [10].

---

[10] Bezüglich der in Frage stehenden Wahl ist hier der Ort, auf die eher technischen Einwände zu antworten, zu denen der Begriff des „verschleierten Wirklichen" oder der „nicht physikalische Realismus" selbst im Verständnis mancher Erkenntnistheoretiker leicht Anlaß geben könnte. Es ist ziemlich sicher, daß – zum Beispiel – nach der Mehrzahl der qualifiziertesten Vertreter der heutigen „angelsächsischen Philosophie" – die heute Sachwalter dessen zu sein scheint, was an der positivistischen Botschaft lebendig bleibt – ein solcher Begriff von vornherein mit großer Zurückhaltung betrachtet werden sollte. Verdammt nicht diese Philosophie mit vielen guten Argumenten den metaphysischen Realismus? Und ist nicht der metaphysische Realismus dem hier eingeführten nicht-physikalischen Realismus nah?

Ebenso wie dort, wo es die Physik betrifft, ist es auch hier nicht möglich, in bezug auf dieses Thema auf sehr spezialisierte Entwicklungen einzugehen. Ich möchte nur bemerken, daß diese Vorbehalte hauptsächlich auf einer Mehrdeutigkeit des Ausdrucks „metaphysischer Realismus" beruhen. A priori kann dieser Ausdruck tatsächlich verwendet werden, um eine Auffassung der Wirklichkeit zu bezeichnen, die dem Begriff des „verschleierten Wirklichen" sehr nahe ist, das heißt einer Auffassung, in der der Begriff einer unabhängigen Wirklichkeit als entfernt und als fast unkennbar gesehen wird. (Wenn zwar das Postulat ihrer Existenz nützlich ist, um die Existenz der Regelmäßigkeiten der Phänomene zu erklären, so erlaubt es uns doch nicht, Sicheres darüber abzuleiten, was das Studium dieser Phänomene uns über diese Wirklichkeit etwa lehren könnte.) Aber das ist nicht der Sinn, den die angelsächsische Philosophie dem Ausdruck „metaphysischer Realismus" gibt, wenn sie die Auffassung, die sie so nennt, widerlegen will. Was sie darunter versteht, ist im Gegenteil eine Theorie, die vom Menschen annimmt, daß er in der Lage ist, echte und detaillierte Gewißheiten von einer Wirklichkeit zu gewinnen, die als völlig unabhängig von ihm selbst betrachtet wird. Und es stimmt, daß eine solche Auffassung jedenfalls dem Feuer der Kritik ausgesetzt sein sollte. So kann man zum Beispiel versuchen, die Unmöglichkeit eines Beweises dafür zu zeigen, daß eine Beschreibung eines Elementes dieser Wirklichkeit genauer ist als eine andere. Gewisse Versuche der Verallgemeinerung eines berühmten Satzes der mathematischen Logik – den wir Gödel verdanken – sind manchmal zu diesem Zweck vorgeschlagen worden. Sie führen leicht zu dem Schluß, daß die Definition des Wahren als „Entsprechung von Intellekt und Ding" nicht haltbar ist. Aber – soweit es um begrenzte und genaue Wahrheiten geht – ist ein solcher Schluß, weit davon entfernt, die Auffassung der verschleierten Wirklichkeit zu widerlegen, im Gegenteil mit ihr völlig verträglich. Und allgemeiner sieht man deutlich, daß der metaphysische Realismus, den man auf diese Weise widerlegen möchte, von ganz anderer Art ist als der, den man mit dem hier betrachteten nicht-physikalischen Realismus gleichzusetzen versucht sein könnte.

Ein anderer Einwand kann – zugegeben – noch von diesen Philosophen formuliert werden, der sich diesmal auf den angeblich beliebigen Charakter des Postulats einer unabhängigen Wirklichkeit bezieht, von der wir doch so *außerordentlich* wenig Sicheres wissen können. Im Gegensatz zum Vorhergehenden ist dies ein Einwand, der nicht durch eine Analyse widerlegt werden kann. Was „willkürlich" genannt wird und was nicht, scheint in einem gewissen Maß vom Temperament eines jeden einzelnen abzuhängen. Die Personen, die nur Fragen für bedeutungsvoll halten, die mit dem Wort „wie" beginnen und die darum alle Fragen, die mit „warum" beginnen, für sinnlos halten, haben aus ihrer Sicht Recht, wenn sie dies als einen ernsthaften Einwand betrachten. Jene, die sich fragen, warum es Regelmäßigkeiten in den mit unserer Subjektivität betrachteten Phänomenen gibt (und die diese Frage für sinnvoll halten, obwohl sie auf einem „warum" beruht), diese Personen benötigen den Begriff einer unabhängigen Wirklichkeit. Wenn die Physik ihnen gleichsam verbietet – wie wir sahen –, daraus eine „nahe" und „durch die Physik beschreibbare" Wirklichkeit zu machen, ist dann nicht ein „ferner" und „nicht-physikalischer" Realismus, weit davon entfernt, willkürlich zu sein, für sie die einzige mögliche Lösung?

10. Mythen und Modelle

Thales dachte: „Alles ist Wasser". Am Beginn der mathematischen Physik glaubte Descartes, er könne (er allein!) eine genauen Plan der Wirklichkeit, wie sie an sich ist, herstellen. Am Anfang eines unvoreingenommenen Fragens nach der Welt stellt sich ein neuer Geist, der Verstandesschärfe liebt, ganz selbstverständlich vor, daß es möglich sei, zu *sagen, was ist.* Er hält sich nicht auf mit der Überlegung, daß es, um etwas zu „sagen", Worte braucht, die selbst Begriffe ausdrücken und daß unsere Begriffe im Wesentlichen die Bedingungen widerspiegeln, wie sie den *Handlungs*möglichkeiten der Kinder, die wir waren, oder denen unserer vormenschlichen Vorfahren entsprechen und daher nicht notwendig für die Beschreibung einer Wirklichkeit geeignet sind, die nach Voraussetzung als unabhängig vom Menschen angenommen wird.

Und man muß kein Philosoph oder großer Geometer sein, um der Illusion nicht widerstehen zu können! Auf diesem Gebiet ist sie unser aller Los. Meist wird sie nur durch die wiederholte Erfahrung zerstört – mag diese nun auf Wissenschaft, Philosophie, oder, im Grenzfall, Mystik beruhen –, daß die Versuche, Begriffe des täglichen Lebens ins absolute zu erheben, unfruchtbar bleiben. Gewiß verzichtet jemand, der eine solche Erfahrung gemacht hat, nicht notwendigerweise darauf, das Sein zu erfassen, aber er wird zumindest das Wagnis des Unternehmens in Betracht ziehen.

Der Wechsel der Generationen sorgt indessen dafür, daß dieses Wagnis in jeder Epoche nur von einer Minderheit empfunden wird und die Illusion lebendig bleibt. Ein fähiger Architekt, der uns auf unser Bitten die kompliziertesten Einzelheiten über das Werk, an dem er gerade arbeitet, mitteilen kann, kann auch, wenn nötig, das Wesentliche in einer Sprache beschreiben, die gleichzeitig vollkommen elementar und völlig exakt ist. Ein Satz wie „Das Haus, das ich baue, hat eine Tür und drei Fenster" ist ganz von dieser Art. Warum, so denkt die Allgemeinheit, sollte es bei den – nennen wir sie einmal so – „Gelehrten" anders sein? Können sie nicht auch, wie der Architekt, die technischen Einzelheiten, wenn es sein muß, weglassen und auf unseren Wunsch hin eine zugleich elementare und buchstäblich genaue (wenn auch schematische) Beschreibung von dem, was ist, geben? Allgemein wird so von der Seite der Öffentlichkeit her an die Personen, von denen – warum auch immer – angenommen wird, sie kennten einen Teil der Wahrheit, die dringende Aufforderung gerichtet, „die Dinge so zu beschreiben, wie sie sind", „nicht die Tatsachen hinter den Symbolen zu verstecken", „sich einfach auszudrücken und sich auf das Wesentliche zu beschränken".

Der Hauptgrund dafür, daß es unmöglich ist, diese Forderung ohne jede Mogelei zu befriedigen, wurde oben angegeben. Er liegt ganz und gar in der Relativität der Sprache, die in gewissen Fällen symbolische Modelle nötig macht. Bevor wir eine Analyse dieses Begriffs – und seiner Beziehung zum Begriff des Mythos – versuchen, scheint es jedoch angebracht, noch stärker auf die Macht und die Allgemeinheit der hier beschriebenen Forderung hinzuweisen und auf die große Schwierigkeit, die darin besteht, ihr nicht nachzugeben. Auch die großen Religionen konnten dem nicht widerstehen, oft der Zurückhaltung ihrer Gründer zum Trotz. Hat nicht selbst der Buddhismus sich trotz der ausdrücklichen Lehre seines Meisters unter dem unausweichlichen Druck der Forderungen der Volksmeinung sehr schnell in Ansichten verzettelt, die zum nahen Realismus neigen? Aber was soll man da erst über das Christentum oder den Islam sagen! Aber auf diesem Gebiet steht es dem Wissenschaftler weniger als auf jedem anderen zu, den ersten Stein zu werfen. Zu allen Zeiten hat es Wissenschaftler gegeben, die versuchten, sich für alle klar verständlich auszudrücken, und die verzweifelt, weil sie das nicht konnten, dem Beispiel der Theologen gefolgt sind, und sich damit abgefunden haben, genaue Deutungen, die nur symbolisch gemeint sein konnten, als buchstäbliche Wahrheiten darzustellen. Sicher konnten viele von ihnen sich mit ihren begrifflichen Zweifeln rechtfertigen: „Schließlich, – so dachten sie wohl – ist der Satz ‚Alles geschieht so, als ob‘, den ich auslasse, um meine Ausführungen zu vereinfachen, vielleicht nicht wirklich nötig; es ist vorstellbar, daß sich alles wirklich so abspielt, wie ich es beschreibe." Und sie trugen lange Zeit dafür Sorge, daß sie sich nur dann vereinfacht ausdrückten, wenn ein solcher Zweifel möglich blieb.

Verhalten sich die Wissenschaftler auch heute noch so verantwortungsbewußt? Das ist keine grundlegende Frage. Aber sie ist eine Abschweifung vom Thema wert, denn ihre Betrachtung sollte selbst den Nicht-Wissenschaftlern erlauben, an einem sehr konkreten Beispiel besser die Geheimnisse der unvermeidlichen Dialektik zu durchdringen, die dadurch, daß sie sie trennt, die Begriffe „Modell" und „Wirklichkeit" vereint.

Diese Problem kann wie folgt analysiert werden. Ganz allgemein glauben Wissenschaftler, daß die Wissenschaft besser bekannt sein sollte. Sie sehen darin – und mit Grund – eines der wichtigsten Betätigungsfelder der Intelligenz, das am wenigsten für die Gifte der Mode und der Scharlatanerie anfällig ist. Sie meinen auch – aus diesen und anderen Gründen, die mit ihrer Wirksamkeit zu tun haben –, daß auf allen Gebieten, auf denen das möglich ist, wissenschaftliche Grundlagenforschung fortgesetzt werden sollte. Damit aber die Wissenschaft besser und auch einer möglichst breiten Öffentlichkeit bekannt wird, muß der Zugang zu ihr so sehr wie möglich geebnet und nicht, wie bisher, mit eher störenden epistomologischen oder begrifflichen Schwierigkeiten gespickt werden. Genauso braucht die wissenschaftliche Forschung – die heutzutage auf sehr vielen Gebieten sehr teuer ist –, damit sie fortgeführt werden kann, finanzielle Unterstüzung durch den Staat. Diese Unterstützung kann auf Dauer nur mit Unterstützung der öffentlichen Meinung aufrechterhalten werden, der also, wenn man sie nicht verführen kann, doch geschmeichelt werden muß.

Wieder ist das nur vorstellbar, wenn die größte Einfachheit in der Darstellung der Gedanken angestrebt wird. Im besonderen – denn man darf von den Personen, deren Interesse erregt werden soll, nicht ein Zuviel an Aufmerksamkeit erwarten – bietet sich der ausschließliche Gebrauch von Begriffen an, die der breiten Öffentlichkeit schon vertraut sind. Um sich nicht in ein Elitebewußtsein zu verlieren, das auf die Dauer zerstörerisch wäre, sind die Wissenschaftler und die Leute, die Wissenschaft popularisieren, ihre Herolde, also genötigt, sich etwa so zu verhalten wie die Päpste, die die Aufgabe bekamen, St. Peter zu bauen (ich übertreibe den Vergleich hier absichtlich). Wie jene sind sie gezwungen, „anschaulich und möglichst einfach zu reden". Mit anderen Worten sind sie dazu verurteilt, ausschließlich Worte des nahen Realismus zu gebrauchen, selbst in den Fällen, in denen sie wissen, daß so verstanden, das, was sie sagen wollen, nur falsch verstanden werden kann. Wie würde ihre Botschaft durchkommen, wenn sie Nuancen einführen würden, wenn sie die Punkte, wo sie sich nur in Bildern ausdrücken, ganz genau ausführen würden?

So sehen wir, wie unter der Schirmherrschaft der Wissenschaftler einfache Modelle entwickelt, in der Öffentlichkeit durch alle Medien verbreitet und implizit als Beschreibung einer unabhängigen Wirklichkeit vorgestellt werden. Auf dem Gebiet der Atom- oder Kernphysik zum Beispiel werden Filme und Bücher produziert, die den Atomkern als eine Ansammlung von kleinen Kugeln beschreiben, oder die das einfachste Atom – das des nicht angeregten Wasserstoffs – als ein Sonnensystem in Kleinen darstellen. Der dringenden Aufforderung seitens der Öffentlichkeit, eine einfache Sprache zu gebrauchen, wird auf diese Weise entsprochen.

Soll man diese Praktiken verurteilen oder ihnen die Absolution erteilen? Zugunsten der Lossprechung kann man, wieder einmal, die Staatsräson oder das, was hier ihre Stelle einnimmt, heranziehen. Schließlich wird man sagen, ist es auf diesem Gebiet unmöglich, zu vereinfachen, ohne ein klein wenig zu lügen und unsere Lügen sind nur unbedeutend. Sie erlauben dem „Volk" der Wirtschaft (dazu gehören sowohl der Aufsichtsratvorsitzende als auch der Facharbeiter), des Handels und der Kultur, sie erlauben, so sage ich, diesem Volk, das solchen Problemen gegenüber verhältnismäßig gleichgültig ist, sich von der Natur der Dinge eine Vorstellung zu bilden, die zwar etwas vorschnell und grob, aber doch besser ist als gar keine Vorstellung. Denn diese Vorstellung könnte zu einer tiefergehenden Beschäftigung mit diesem Stoff ermutigen und darüber hinaus die Bereitstellung von Geldmittel für diese Forschungen anregen, ein Ergebnis, das sicher nicht unterschätzt werden darf.

Zugunsten einer Verurteilung könnten wir andererseits den „verschleiernden" Charakter einer jeden noch so geringfügigen Lüge betonen, sobald ihre Aussage durch die Worte, die sie benutzt, mit Notwendigkeit eine irrige Sicht der Wirklichkeit nach sich zieht, eine Sicht zum Beispiel, die auf den nahen Realismus beschränkt ist. So war es früher bei den Beschreibungen der Theologen von Hölle und Paradies. Das ist heute so – in einem anderen Maßstab – bei der „planetarischen" Beschreibung des nicht angeregten Wasserstoffatoms: das ist zunächst einmal so, weil sich eine solche Beschreibung völlig auf ein unmögliches Gleichgewicht zwischen einer sehr wirklichen Anziehungskraft und irgendeiner Zentrifugalkraft gründet, die das Atom in dem betrachteten Zustand überhaupt nicht hat! Und das ist auch aus einem noch tieferen Grund so. Wenn die Beschreibung nicht einmal einer summarischen Analyse standhalten kann, dann deshalb, weil sie in bezug auf ein Problem der Quantentheorie vorgibt, in den Begriffen der starken Objektivität eine Lösung zu beschreiben, die nur im erkenntnistheoretischen Rahmen der schwachen Objektivität[1] wirklich kohärent ist. Den Unterschied zu verschleiern, heißt offensichtlich in einem wesentlichen Punkt die Wahrheit zu verfälschen. Es heißt, der Wissenschaft eine Botschaft zu unterstellen, die ihrer wahren entgegengesetzt ist.

Bei einem so allgemeinen Thema, das zudem teilweise der Pflichtenlehre angehört, können die wenigen vorangehenden Bemerkungen die Kontroverse natürlich nicht erschöpfen. So versäumen es die Verfechter der Popularisierung durch Auslassung (durch Auslassung des oben erwähnten Unterschieds, meine ich) es nicht, darauf hinzuweisen, daß es ihr Ziel ist, die Öffentlichkeit an der Wissenschaft zu interessieren und nicht an der Philosophie; und daß die „erkenntnistheoretischen Abschweifungen" infolgedessen nicht zur Sache gehören. Eine Bemerkung dieser Art ist sinnvoll und sogar ziemlich vernünftig. Man kann sogar behaupten, daß die Illusion eines nahen Realismus sowohl in bezug auf die Naturwissenschaften als auch in bezug auf die Religion eine notwendige Illusion sei. In den Naturwissenschaften jedenfalls stellt die Überzeugung, es mit den Dingen selbst, so wie sie sind, zu tun zu haben und fortschreitend ihre verborgenen wirklichen Mechanismen – auch sie so, wie sie sind – zu entdecken, im allgemeinen ganz unleugbar die treibende Kraft dar, die den Forscher bei seinem Vorhaben ermutigt. Dabei handelt es sich hier keineswegs darum, eine ethische Bewertung zu erarbeiten. Die vorangehenden Feststellungen, die von konkreten Problemen und genauen Beispielen ausgingen, hatten einzig den Zweck, darzulegen, daß eine übliche Meinung falsch ist: im Gegensatz zum spontanen Gefühl (das starke, aber unhaltbare Ansprüche stellt), ist es jetzt unmöglich geworden – angesichts des Standes unseres Wissens –, einfach, aber ohne Mogelei das Wesen der Wirklichkeit in Begriffen zu beschreiben, die der gewöhnlichen Sprache entliehen sind.

Übereinstimmungen – Gegensätzlichkeiten

Hier muß man sich also den Mythen und Modellen zuwenden. Darin liegt eine Wahrheit, die Liebhaber von Ideen zu allen Zeiten geahnt haben. So erscheint

---

[1] Die Interpretation durch verborgene Parameter erlaubt wohl, die starke Objektivität wiederherzustellen, wie oben gezeigt wurde. Aber in diesem Rahmen gilt die planetarische Beschreibung nicht mehr, weil die Rechnung zeigt, daß das Elektron fixiert ist. D. Bohm, Phys. Rev. 85, 180 (1952).

es absurd, wenn wir das heute bedauern. Sagt diese Wahrheit nicht einfach nur, daß die Wirklichkeit sehr „tief" ist? Und ist das nicht schließlich eine freudige Neuigkeit, nach all den Platitüden, die uns ein gewisses „verwissenschaftlichtes" Erbe des 19. Jahrhunderts lange Zeit glauben machen wollte? Wieder sollten wir es nicht bei einer einfachen allgemeinen Idee bewenden lassen. Sind die wissenschaftlichen Modelle die Mythen unserer Zeit? Sind sie, im Gegenteil, Antimythen? Sobald ich versuche, mich einem elementaren Synkretismus zu entziehen, muß ich mir – das ist klar – diese Art von Fragen stellen, genau wie ich das Wort „Modell" selbst überprüfen muß, das heute so oft gebraucht wird und das einen breiten Fächer von Vorstellungen umfaßt.

In der Tat ist die Verwandtschaft zwischen den Mythen und den Modellen ziemlich subtil. Es gibt da zugleich wesentliche Ähnlichkeiten und Unterschiede.

Die Hauptähnlichkeit liegt – wohlverstanden – darin, daß das eine wie das andere Symbole sind. Es ist immer falsch, sie buchstäblich zu verstehen. Der Mythos von Prometheus, der Mythos vom Paradies auf Erden und das planetarische Modell des Atoms sind in dieser Hinsicht ganz gleich. Eine andere Ähnlichkeit liegt darin, daß weder die Mythen noch die Modelle als beliebige Erfindungen aufgefaßt werden dürfen. Beide enthalten Anspielungen auf etwas Wirkliches. Und eine dritte Ähnlichkeit, die wichtigste vielleicht sogar, ist, daß Mythen und Modelle eine positive Rolle spielen. Beide sind unersetzlich, im besten Fall sehr schwer zu ersetzen. Anders gesagt ist es nicht nur der Spaß an der Kompliziertheit – „Geziertheit", könnte man sagen –, wenn der Dichter der Antike sich dafür entschied, gewisse Themen in Form eines Mythos auszudrücken, oder der Gelehrte heute Modelle benutzt. In diesen beiden Fällen ist die Wahrheit durch die Unmöglichkeit bestimmt, die Wahrheit zutreffend und genau durch die Sprache – oder wenigstens durch die Alltagssprache – wiederzugeben. Noch mehr: diese Unmöglichkeit ist in beiden Fällen meist demselben Grund zuzuschreiben: dieser liegt, wie wir gesehen haben, in der Tatsache, daß die Alltagssprache wahrscheinlich vor allem die Handlungsmöglichkeiten des Kindes oder des frühen Menschen widerspiegelt: Möglichkeiten, die – in dieser zweiten Hypothese – fortwährend im Vorgang der Evolution in seine Gene integriert wurden, die sich aber, genau wie die des Kindes, fast ausschließlich auf materielle Gegenstände und sogar dabei nur auf makroskopische Objekte bezogen. Darum also müssen wir uns in dieser Sprache äußern, die nur eine beschränkte und wohl bestimmte Tragweite hat, auch wenn wir über Erscheinungen oder Vorstellungen sprechen, die über ihren eigentlichen Definitionsbereich hinausgehen und die folglich Symbole erfordern.

Diese Ähnlichkeiten rechtfertigen bis zu einem gewissen Grade unser Festhalten an alten Mythen. Wenn selbst der fähigste Physiker, der einer Öffentlichkeit, die keine mathematische Bildung hat, eine so banale Sache wie ein nicht angeregtes Wasserstoffatom nur durch eine bildliche Vorstellung erklären kann, dann überrascht es nicht, daß diejenigen, die über das Sein an sich sprechen wollen, jene, die in der Vergangenheit darüber große philosophische oder religiöse Eingebungen hatten oder zu haben glaubten, sich *a forteriori* in Bildern ausdrückten. Im Zusammenhang damit übrigens sollte man auch bemerken, daß aus denselben Gründen jedes religiöse Dogma, das buchstäblich verstanden werden will, mit großem Mißtrauen betrachtet werden muß. Wie soll man glauben, daß die Alltagssprache anders als nur symbolisch über die Wahrheit des Seins selbst sprechen kann, wenn sie auch über ein Atom nur so reden kann? Sicherlich kann ein Dogma dieser Art gegebenenfalls auch verteidigt werden, aber nur wegen der Fruchtbarkeit der Illusion, die es nahelegt. Diese Illusion ist vergleichbar mit jener der Anhänger des nahen Realismus, die glauben, daß die Atome „an sich" existieren. Man sollte lediglich zugeben, daß hinsichtlich dieser Fruchtbarkeit eine solche Verteidigung intellektuell gültig bleibt, jedenfalls solange man die Verteidigung der Dogmen des naiven Scientismus für vertretbar hält.

Zudem dürfen die Ähnlichkeiten zwischen den Modellen und Mythen die Unterschiede nicht verbergen. Diese zeigen sich vor allem in der zugrundeliegenden Absicht. Vereinfacht könnte man behaupten, daß die Mythen auf das Sein gerichtet sind, und genauer, daß sie versuchen, mich von der sinnlichen Erfahrung zum Wissen über die allgemeinen Beziehungen, die den Menschen und das universelle Sein verbinden, zu bringen. Wenn es nicht mißbraucht wird (wie leider so oft!), zielt das Modell im Gegenteil dazu nicht auf das Sein, sondern auf die Erfahrung ab. Das gute wissenschaftliche Modell ist ein Antimythos in dem Sinn, daß es meine Vorurteile in bezug auf das Sein benutzt, um mir zu mehr Erfahrung zu verhelfen, indem es mich zum Beispiel zu neuen nachprüfbaren Vorhersagen anregt. Nach dieser allgemeinen Bemerkung muß darauf bestanden werden, daß in der Sprache der heutigen Naturwissenschaften das Wort „Modell", so überreichlich benutzt, verschiedene Begriffe enthält, die besser unterschieden werden sollten und deren Beziehungen oder Gegensätze zum Mythos nicht immer ganz klar sind. Ohne auf diesen letzten Punkt besonders einzugehen, soll im Folgenden eine Klassifizierung der verschiedenen Bedeutungen des Wortes *Modell* entworfen werden.

Eine erste Bedeutung von Modell ist eine Vereinfachung, die der Verstand in bezug auf wirkliche Gegebenheiten durchführt, die er als zu verwickelt oder schlecht zu handhaben empfindet. In der Technologie konkretisiert das „reduzierte Modell" in gewissem Maße eine solche Auffassung. In der Physik ist es zum Beispiel trivial, die Nichtexistenz streng isolierter physikalischer Systeme festzustellen. Indessen ist der menschliche Verstand unfähig, alles auf einmal zu behandeln. Er muß also die Probleme ordnen und insbesondere so tun, als ob physikalische Systeme vom Rest der Welt völlig isoliert wären, was genaugenommen nur unvollkommen zutrifft. Er enthält so „vereinfachte Modelle", das sind Modelle der ersten Art. Diese Modelle können berechnet werden, sie führen zu überprüfbaren Vorhersagen, und in vielen Fällen bestätigt dann ein Experiment die Gültigkeit der so gemachten Näherung: das fast-isolierte System kann tatsächlich als isoliert betrachtet werden. Allgemeiner gesagt, zögert der Physiker nicht, wenn er sich einem zu komplexen Problem gegenübersieht, unwichtige Einflüsse gleich Null zu setzen und so, von den Tatsachen ausgehend, eine Idealisierung anzunehmen, die in gewissen Punkten den Tatsachen entspricht und sich davon in anderen, die er in bezug auf das von ihm untersuchte Problem für weniger wichtig hält, unterscheidet. Er baut sich so ein Modell der ersten Art auf und manchmal sogar eine ganze Hierarchie von solchen Modellen. Es ist ganz klar, daß er zu gar keinem Ergebnis kommen würde, wenn er nicht so vorginge. Und der Erfolg der Physik ist hinreichend groß, um a posteriori dieses Verfahren zu rechtfertigen.

Eine zweite Bedeutung des Wortes „Modell" folgt aus der Entwicklung und Veränderung einer Theorie. Im Altertum wurde, wie wir alle wissen, die Theorie, nach der sich die Sonne, die Sterne und die Planeten um die ruhende Erde bewegen, für wahr gehalten. Die Himmelssphäre, die die Sterne trägt und die sich innerhalb von vierundzwanzig Stunden um ihre Achse drehte, wurde im allgemeinen als etwas wirklich Bestehendes betrachtet; die Astronomen hatten die Bahn der Sonne in dieser Sphäre bestimmt. Trotz ihrer Einfachheit ermöglichte die Theorie verschiedene Berechnungen. Mit der Kopernikanischen Revolution brachen all diese Auffassungen zusammen. Es gibt keine Himmelssphäre und die Sonnenbahn in ihr also auch nicht. Die Rechenverfahren aber, die auf dieser Vorstellung beruhten und die − zugegeben mit nur schlechter Genauigkeit − für eine Reihe von Vorhersagen galten, sind heute noch mit dem gleichen Fehlerbereich gültig. In dieser Hinsicht bleibt die alte Theorie, obwohl sie ungültig ist, doch brauchbar. Sie ist nicht völlig verschwunden. Sie ist einfach − so sagt man! − auf den Rang eines Modells zurückgestuft worden. Diese Art Modell − man könnte sie die „zweite" nennen − ist verschieden von der ersten, die ja gewöhnlich als eine der Wahrheit entsprechende vereinfachende Näherung für die „Wirklichkeit der Dinge" aufgefaßt wird. Hier wird überhaupt nicht behauptet, die alte Beschreibung sei „annähernd genau", die Erde sei „fast" ruhend, die Himmelssphäre oder die Sonnenbahn existierten „so ungefähr". Solche Behauptungen sind sinnlos.

Wie man sehr wohl weiß, hat der Übergang von der Newtonschen Physik zur allgemeinen Relativitätstheorie eine sehr ähnliche Entwicklung gehabt. Nur selten − wenn überhaupt! − gibt es heute Physiker, die im euklidischen absoluten Raum, der universellen Zeit und der Schwerkraft etwas anderes sehen als Bestandteile eines „Modells der zweiten Art". Anders gesagt, ist jetzt die ganze Newtonsche Physik auf den Rang eines Modells zurückgestuft worden, das sicher nützlich ist für manche Rechnungen (man denke an die Bahnen der künstlichen Satelliten, die alle auf dieser Grundlage berechnet wurden), aber nicht vorgeben kann, eine Beschreibung der Wirklichkeit zu geben.

Der Übergang von der klassischen Mechanik zur Quantenmechanik war eine in mancher Hinsicht analoge Entwicklung. Sie ist indessen viel subtiler wegen des erkenntnistheoretischen Übergangs von der starken zur schwachen Objektivität, der gemeinsam damit vollzogen werden mußte. (Mindestens kann man sagen, daß die Quantenphysik weiterhin die Grundbegriffe des klassischen Modells für die Formulierung ihrer eigenen Grundbegriffe braucht; so interpretierte bekanntlich der sowjetische Physiker Landau die schwache Objektivität der Kopenhagener Deutung.) Ein solcher Übergang kann also die Modelle, die wir „von der dritten Art" nennen werden, kennzeichnen; für sie ist das planetarische Atommodell bei weitem das bemerkenswerteste Beispiel. Wie wir oben schon an diesem Beispiel gesehen haben, ist es eine Metapher, die darauf abzielt, in der Sprache der starken Objektivität eine Wahrheit auszusprechen, die in Wirklichkeit nur im erkenntnistheoretischen Rahmen der schwachen Objektivität stimmig ist. Die Forderung nach starker Objektivität (der Übergang zu ihr mittels der Einführung der verborgenen Parameter) verwandelt die Metapher in eine Unwahrheit, weil ja das Elektron dann fest ist. Diese Forderung kann also nicht gestellt werden.

In der Physik gibt es noch andere Bedeutungen des Wortes „Modell". Eine der verbreitetsten ist die des „mathematischen Modells". Man versteht darunter eine Rechenvorschrift, die nicht auf einer physikalischen Vorstellung zu beruhen braucht und die bei der Berechnung von Erscheinungen einer bestimmten Art Erfolg hat. Die Ausarbeitung solcher Modelle hat sich bisweilen speziell für die Einordnung der experimentellen Gegebenheiten und ihre Umformung in sinnvolle Systeme als unentbehrlich erwiesen. Sie werden besonders interessant dadurch, daß sie sich manchmal in Theorien umwandeln lassen. Aber die Hindernisse, die dazu überkommen werden müssen, sind beträchtlich und können nur selten überwunden werden. Obwohl sie „formell" („positivistisch!") ist, ist doch die heute existierende Theorie sehr leistungsfähig auf einem Gebiet, das fast die gesamte bekannte Physik umfaßt. Um den Status einer echten Theorie zu erobern, muß ein Modell also im Prinzip sich entweder in den schon bestehenden theoretischen Rahmen einordnen oder sich so weit entwickeln, das es diese Theorie voll ersetzen kann (das war der Fall mit der Quantenmechanik, als sie die klassische Mechanik ersetzte) oder schließlich durch Zufall eine „Lücke" besetzen können, von der sich zeigt, daß sie mit dem Recht der Erscheinungen nichts zu tun hat. Solche Fälle sind nur selten. Man bemerkt, daß unter den vorstehenden Bedingungen keine verlangt, daß das Modell durch verständliche Beschreibung des *Wirklichen* interpretierbar sei. Das liegt wieder einmal an dem positivistischen Charakter der zeitgenössischen Physik.

Schließlich müssen wir noch daran erinnern, daß ein Modell sich auch in bezug auf Theorien nützlich macht, die das Wirkliche selbst beschreiben wollen, deren Gültigkeit in dieser Hinsicht aber, weil sie nicht nachzuprüfen sind, weder bewiesen noch widerlegt werden kann. In dieser Bedeutung wurde das Wort Modell in verschiedenen Abschnitten des vorangegangenen Kapitels benutzt.

Im allgemeinen sind Modelle weniger ehrgeizig als Mythen. Dementsprechend ist auf sie auch mehr Verlaß und ein Vergleich mit schönen einfachen Legenden ist in mancher Hinsicht ein bißchen naiv. Läuft das nicht auf eine Absage an die Vorzüge einer kritischen Analyse hinaus? So wie sie in den letzten drei Jahrhunderten von den reinen Naturwissenschaften durchgeführt wurde, stellt diese Analyse eine ungeheure und fruchtbare Leistung dar, die allem Anschein nach in der ganzen Geschichte der Menschheit nicht ihresgleichen hat. Um sich davon zu überzeugen, genügt es zu bemerken, daß bei dieser Gelegenheit aufeinander folgende Generationen es verstanden haben, ihre Geisteskräfte zu vereinigen, statt es ihren Mitgliedern zu überlassen, sich einzeln zu versuchen; niemals zuvor hat ein solcher Vorgang sich auf einem Gebiet ereignet, auf dem nicht das Gefühlsleben den Vorrang hatte.

Trotz dieser größeren Sicherheit, die Modelle gewährleisten, muß man doch erkennen, daß sie in mancher Hinsicht zweideutig bleiben und daß selbst das Kriterium der Fruchtbarkeit nicht immer und nicht notwendig die Macht hat, die man spontan bereit ist, ihm zuzuschreiben. Es ist wirklich sehr bemerkenswert, daß im Lauf der Entwicklung der Physik falsche Vorstellungen zu seltsam genauen Vorhersagen geführt haben; ja sogar – das muß betont werden – zu *quantitativ* richtigen, erstaunlich genauen Vorhersagen. So war es zum Beispiel bei Bohrs Modell des Wasserstoffatoms. Was die Rolle unserer Vernunft bei der Entdeckung von Dingen angeht, sollten diese Umstände sicher nicht gegenstandslose unberechtigte Vermutungen, wohl aber unsere vorsichtige Klugheit und unser Verlangen nach Überprüfung und Kontrolle verstärken. Hier jedenfalls sollte daran erinnert werden, daß ein Modell, sobald es als solches erkannt wird, anders als eine Theorie nicht durch eine falsche Folgerung, die man aus ihm ableiten könnte, unglaubwürdig wird, sondern daß es im Gegenteil oft in seinem eigenen Bereich noch lange Zeit nach der Entdeckung einer solchen Unvollkommenheit brauchbar bleibt. Entsprechend kann die Kenntnis dieser Tatsache angesichts mancher großer Mythen nachsichtig machen, die wörtlich genommen absurde Konsequenzen hätten. Im Widerspruch zu einigen zu schroffen Urteilen von Nicht-Wissenschaftlern genügt ein Umstand dieser Art nicht als Beweis, daß der so als mangelhaft befundene Mythos jeder Wahrheit entbehrt.

Auf dem Gebiet der Religion ist es klar, daß diese Betrachtungen zu einer Form des Synkretismus führen. Jede große Religion überliefert Mythen, die uns in gewisse Zustände des Seins und seine Beziehungen zum Menschlichen und Beobachteten einweihen wollen. Diesen Mythen kann man mangels eines Kriteriums zu Recht insgesamt ein gewisses günstiges Vorurteil einräumen, wenigstens zunächst einmal. Eine solche Haltung drängt sich, meine ich, jedem klardenkenden Wissenschaftler auf, wenn man eine Tatsache, die sich, so scheint es mir, aus den vorhergehenden Seiten deutlich genug ergibt, berücksichtigt: daß nämlich die Information, die die Naturwissenschaft zu diesen Fragen liefert, die das Sein und seine Beziehungen zum Menschen und zum Beobachteten betreffen, alles in allem sehr vieldeutig ist.

Unglücklicherweise weiß der Mann der Wissenschaften, wenn er sich davon überzeugt hat, daß er schließlich dem Mann des Glaubens dies zugeben muß, keineswegs mit Sicherheit, ob er dann auch ein *satisfecit* von ihm bekommen wird; denn es gibt psychologische Schwierigkeiten. Die wichtigste liegt zweifellos darin, daß der religiöse Geist und noch mehr der „Geist des Glaubens" oft die stärkste Zurückhaltung hinsichtlich einer symbolischen Deutung des Dogmas fühlt. Sicher ist der Einwand ernstzunehmen. Der Geist des Glaubens erfordert die Hingabe der Person. Und wenn schon jede Hingabe an eine andere Person – oder eine Ideologie – außerordentlich schwierig ist, ist die Hingabe an eine schlecht definierte, weil unsagbare, Wesenheit, von der allein Mythen, die als „Gleichnisse" verstanden werden, Merkmale skizzieren, noch unendlich schwieriger. Es ist jenseits allen Zweifels, daß das Herz des Menschen instinktiv eine solche Haltung ablehnt. Begierig auf das Ferne und Unsagbare hat er doch, in einem seltsamen Widerspruch, das Bedürfnis, dieses Ferne und Unsagbare als unendlich nah zu spüren. Eine solche Forderung begründet vielleicht zum Teil seine „Unendlichkeit". Aber da sie unvernünftig ist, erscheint es vergeblich, durch verstandesmäßige Überlegungen die Gegensätze, die aus ihr folgen, zerstreuen zu wollen. Man kann nur darauf aufmerksam machen, daß man sich über den Sinn der Begriffe verständigen sollte. Während es zutrifft, daß ich hier den rein symbolischen Charakter religiöser Beschreibungen annehme, so erkenne ich auch, und das darf nicht vergessen werden, den schließlich rein symbolischen Charakter der üblichen Beschreibungen von Gegenständen in einem dreidimensionalen Raum an, in dem sie als annähernd oder streng getrennt verstanden werden. Es ist nicht verboten, in Gedanken eine „Realisierung" des Inhalts der einen oder anderen dieser Beschreibungen vorzunehmen. Anders gesagt ist es nicht verboten, für den Augenblick zu vergessen, daß sie nur symbolisch sind. Soweit es Gegenstände betrifft, ist gerade dies eine Verstandestätigkeit, die – angesichts ihrer von der Praxis her fast geforderten Notwendigkeit – ständig empfohlen wird, selbst von den größten Autoritäten auf dem Gebiet des Denkens. Der Begriff der empirischen Wirklichkeit ist dazu ausersehen, das zu erleichtern, und, wir wiederholen, zahlreiche Philosophen – und unter ihnen eine große Zahl von Erkenntnistheoretikern – haben den Begriff der *Wirklichkeit* so umdefiniert, daß er mit der empirischen Wirklichkeit zusammenfällt, gerade um diese Operation leicht durchführen zu können und sie zu rechtfertigen. Man sieht daher nur schlecht ein, auf welche Forderungen an intellektuelle Strenge eben diese Autoritäten des Denkens sich berufen, wenn sie a priori die in Gedanken vollzogene Handlung der „Verwirklichung" religiöser Beschreibungen, zu denen in den allermeisten Religionen der Geist des Glaubens führt, verurteilen. Obwohl es sich in der Tat um sehr verschiedene Bereiche handelt, sind die Gedankenprozesse in beiden Fällen auf dasselbe Prinzip ausgerichtet, da darin besteht, etwas Kohärenz und intellektuelle Strenge zu opfern, um eine besonders lebendige Sicht zu gewinnen, im einen Fall für den technischen Instinkt und im anderen für die Liebe zum Sein (dessen grundlegenden Charakter wir weiter oben anerkannt haben).

Sicherlich ist der Wissenschaftler hier zu der Bemerkung berechtigt, daß es, um die Gültigkeit einer Behauptung anzuerkennen, nicht ausreicht, alle Einwände, die man gegen sie machen könnte, zu verwerfen. Die Behauptung sollte zudem nicht ganz unbegründet sein, es sollte, anders gesagt, *positive* Gründe geben, sie anderen, entgegengesetzten, vorzuziehen. Wenn es um die großen religiösen oder weltlichen Mythen geht, kann er nach diesen positiven Gründen fragen. Genauer gesagt wird er, da er es ja gewohnt ist, die Rechtfertigung einer Behauptung in ihrer Fähigkeit zu finden, die Gegebenheiten zu erklären, dazu neigen, danach zu fragen, wie weit die Mythen zur Erklärung von Erscheinungen beitragen können und dann bereit sein, sie anzunehmen, wenn sie diese Fähigkeit haben, genau wie die primitiven Völker es tun, an die sich diese Mythen wenden.

Nun ist es nach diesem Kriterium recht offensichtlich, daß sehr viele dieser Mythen zurückgewiesen werden müssen. Der Mythos von der Erbsünde zum Beispiel gibt zweifellos keine gute Erklärung für die Erfahrung des Schmerzes oder des Todes. Aber solch ein Kriterium ist hinsichtlich der Mythen unannehmbar. Genau hier unterscheiden sie sich von den Modellen. Sie fassen nicht die Erfahrung ins Auge, auch wenn ihre Schöpfer bewußt glauben, das zu tun[2]. In der Tat – und dabei zeigen vielleicht manche Ethnologen und Soziologen mehr Verständnis als die Forscher auf dem Gebiet der exakten Naturwissenschaften – muß man sich ohne Vorbehalt in Hinsicht auf die Mythen ein ganz anderes Kriterium zu eigen machen: ein Kriterium, das entschieden auf der mehr oder weniger großen Intensität eines Gefühls der Teilnahme am Sein beruht, das dieser Mythos gibt. Im Licht eines solchen Kriteriums ist selbst der Mythos von der Wiedergeburt zum Beispiel, wie Whitehead betont hat, einer von denen, die man für vertrauenswürdig halten kann[3].

Es versteht sich von selbst, daß die Prüfung dieser Fragen hier nur sehr oberflächlich bleiben kann. Zudem ist die genauere Analyse in einem solchen Bereich vielleicht eher zwecklos und weniger notwendig als die Übersicht über die wichtigeren Aspekte. Diese verdichten sich letztlich in der Vorstellung, daß der Gläubige ohne Zweifel recht hat mit der „Verwirklichung", zu der er kommt, genau wie der reine Techniker recht hat mit der ganz anderen, zu der er seinerseits gelangt. Aber es bleibt dabei, daß der reflektierende Mensch im wohl etwas billigen Wohlbehagen der Praxisferne nicht unrecht hat, wenn er sich einen Gesichtspunkt aneignet, von dem aus die Sicht noch viel weiter ist als die, die seine Vorfahren genießen konnten. Von diesem Punkt aus sind die objektiven Beschreibungen der verschiedenen Wissenschaften im wesentlichen

---

2 Dies ist ein so weites und so sehr Unbekanntes berührendes Feld, daß man Behauptungen dieser Art unendlich fein nuancieren muß. So erscheint zum Beispiel die quantitative Wissenschaft der Phänomene des Nicht-Gleichgewichts, der dissipativen Strukturen und der Makromoleküle noch ganz in ihren Anfängen zu stecken. Sie erlaubt bisher nur sehr grobe Schätzungen der Wahrscheinlichkeit für das Auftreten von lebenden Organismen im Universum. Bei dem jetzigen Stand unseres Wissens ist es also ein Wagnis, auf eine Weise, die keinen Widerspruch duldet, dem Mythos der alles erschaffenden göttlichen Liebe jeglichen Wert als „Erklärung der Erscheinungen" abzusprechen. Dies ist ein Gebiet, auf dem man lernen muß, drei oder vier manchmal schwer auszusprechende Worte zu sagen, nämlich die, aus denen die Sätze „ich weiß nicht" oder „ich weiß noch nicht" bestehen.

3 Soweit es die christliche Religion betrifft, scheint es legitim, ihre großen Züge auf folgende Art zu beschreiben. Man beginnt mit einer Betrachtung aller Phänomene des Bewußtseins, der Gefühle, Freuden, Schmerzen, Empfindungen, die sich im Menschen am stärksten ausgeprägt finden. Der so definierten Gesamtheit könnte man den Namen „Menschenherz" geben. Die Göttlichkeit Jesu ist dann die Hypothese, nach der das „Menschenherz", mit dem, was daran „gut" ist (ein Begriff, der seinerseits genau bestimmt werden mußte), eine Wesenheit, die über jeden einzelnen Menschen hinausgeht, sie alle, wenn man so sagen kann, „umfaßt" und sie in geheimnisvoller Weise mit dem Sein verbindet. Es ist klar, daß eine Hypothese dieser Art nicht von der Art einer wissenschaftlichen Hypothese ist. Sie strebt nicht nach einer Erklärung der Erscheinungen und noch weniger danach, sie vorherzusagen. Sie ist dennoch von der Art jener, die geeignet sind, dem Menschen einen kleinen Ausblick auf das Sein zu eröffnen, der, wie rätselhaft er auch ist, ihm sicherlich dabei hilft, sich zu diesem in eine Beziehung zu setzen und den man darum als gerechtfertigt ansehen darf.

Modelle und die der Religionen Mythen. Im Wesentlichen sind jedoch beide nach ihren eigenen Normen wahr oder können es zumindest ohne Widersprüche sein.

Wenn man den abstrakten Charakter einer solchen Auffassung kritisiert, könnte man erwidern, daß sie zumindest einen konkreten Vorzug hat: ohne das anzutasten, was der religiösen Sehnsucht zugrunde liegt, erlaubt sie einen sehr strengen Maßstab der Beurteilung der vielen Fanatismen religiöser Art, die, wie die Erfahrung zeigt, leider nur zu natürlich selbst die echteste Glaubenshaltung verzerren.

Animismus

Religionen und Mythen sind fast alle vom Spiritualismus geprägt, also von Hinweisen auf das Bewußtsein. Darum ist es ein ganz natürlicher Ansatz, sie mit einer anderen Lehre, die sich auch in wesentlicher Weise auf das Bewußtsein beruft, zu vergleichen. Ich meine damit die Theorie, die besagt „alles ist beseelt", auf die in den vorangegangenen Kapiteln schon hingewiesen wurde. Diese Theorie ist sehr alt. Zu ihr bekannte sich Leibniz, in neuerer Zeit Whitehead und für sie bürgen manche Dichter. Diejenigen, die sie in die Nähe der Religion rücken, unterscheiden sie manchmal davon, indem sie die Begriffe „höhere geistige Macht" und „niedere geistige Macht" einführen. Während eine Beschreibung, die sich auf die „höhere geistige Macht" beruft, etwa der Theismus Berkeleys, sich bemüht, die Erscheinungen durch das Eingreifen eines einzigen Geistes, der die Dinge sozusagen „von oben" sieht, zu erklären – der Demiurg der zweiten realistischen Auffassung, die im 9. Kapitel analysiert wurde, ähnelt einem solchen Gott ein bißchen –, so behauptet im Gegenteil die These von der Existenz einer niederen geistigen Macht, die These vom Animismus oder des „alles ist beseelt", daß die Gesamtheit der Tatsachen – und das schließt das Bewußtsein des Menschen ein – sich am besten mit der Hypothese von der Existenz einer Vielzahl von „Seelen der Dinge" erklären läßt.

Über diese Zusammenfassung der Religionen und Mythen einerseits und der These vom Animismus andererseits könnte man diskutieren. Sicherlich stimmt es, daß einer der Ansprüche der Religionen oder der Mythen in der Vergangenheit immer die Erklärung der Erscheinungen gewesen ist und daß deshalb diese Lehren in gewisser Weise auf die Erfahrung ausgerichtet waren. Aber, wieder einmal erscheint gerade dies heute bei den Religionen und Mythen so deutlich überholt. Denn verglichen mit der Fähigkeit der Einordnung von Erscheinungen, die die heutige Naturwissenschaft hat, erscheint jene, die eine Religion oder ein Mythos beansprucht, heute recht illusorisch. Wenn diese letzteren für uns so wichtig und so lebendig bleiben, so hat das andere Gründe, die, wir wir sahen, an der symbolischen Darstellung des Seins und unserer Beziehungen zu diesem Sein liegen, die wir in ihnen zu entdecken hoffen. Anders gesagt bleiben die Religionen durch eine Art Sublimierung ihres Inhalts rechtmäßig am Leben. Andererseits, wenn es auch stimmt, daß die These „alles ist beseelt" von manchen Dichtern selbst auch sublimiert worden ist, dann ist es dennoch wahr, daß diese letzteren nicht zahlreich sind und daß diese These bei den Massen insbesondere deswegen ankommt, weil sie einige spezielle Phänomene zu erklären behauptet. Im wesentlichen sind es diese Behauptungen, die untersucht werden sollen.

Die Aufgabe ist sehr umfassend. Sie kann hier deshalb nur ganz schematisch untersucht werden. Aber schon in einer gerafften Analyse können deutlich zwei verschiedene Fassungen dieser Behauptung unterschieden werden.

Die am weitesten verbreitete Fassung ist eine Lehre vom nahen Realismus. Jedes Elektron (und allgemeiner jedes Elementarteilchen) hat eine „Seele" oder ein „Bewußtsein", das manchmal sein „Inneres" genannt wird, um der Lehre einen Anschein von mehr Tiefgang zu geben. Die „Stofflichkeit" des Elektrons, oder wie es uns erscheint (oft unterscheiden die Anhänger dieser Lehre nicht zwischen dem Stoff und seiner Erscheinung), wird dann seine „Kehrseite" genannt (dabei wird im allgemeinen entweder gesagt oder suggeriert, daß das „Innere" eine tiefere Wirklichkeit habe als die „Kehrseite", also einen höheren Wert oder eine höhere Würde). Von diesem Grundgedanken ausgehend ist es leicht, praktisch alles zu deduzieren. Wenn ein Teilchen einer bestimmten Art ein Teilchen einer anderen Art anzieht, spricht man von „Liebe" zwischen ihnen und so weiter. Allgemeiner haben die Autoren, die einen solchen Standpunkt vertreten, es keineswegs schwer, in der Physik, der Biologie oder sonstwo Phänomene zu sammeln, die sie als für die Physik (oder die Biologie oder aus welcher Wissenschaft sie auch kommen) geheimnisvoll deklarieren und für die sie in ihrer elementaren spiritualistischen Sprache eine qualitative Erklärung geben können, die ihnen als durch ihre Klarheit blendend erscheint. In fast allen dieser Fälle stellt sich natürlich heraus, daß diese Phänomene in Wirklichkeit vollkommen durch die Physik oder eine andere Naturwissenschaft, die sich im Prinzip auf die Physik gründet, erklärbar sind. Es stellt sich sogar oft heraus, daß die Physik ihre Entwicklung berechnen, also vorhersagen kann. Aber sie macht das mit Methoden, die sich oft auf die Quantentheorie berufen und das heißt, in der üblichen Vorstellung, auf eine positivistische Erkenntnistheorie. In dieser Hinsicht, aber auch nur in dieser Hinsicht, können diese Phänomene etwas geheimnisvoll scheinen, jedenfalls in den Augen eines Realisten. Gleichwohl nötigt diese Beobachtung dazu, den nahen Realismus abzulehnen, der sich der spontanen Gunst jeder nicht vorgebildeten Öffentlichkeit erfreut. Die vorsichtigeren dieser Autoren vermeiden ihn also im allgemeinen und ersetzen ihn durch lange qualitativen Ausführungen über den Geist, die Liebe, die Anteilnahme und benachbarte Themen. In gewisser Weise stellt sich die Auffassung des Animismus, die wir hier analysieren, als die genaue Antithese der naiv scientistischen Auffassung heraus, die wir im 6. Kapitel charakterisiert haben. In mancher Hinsicht hat sie jedoch doch noch weniger Wert, denn ohne kohärenter zu sein, ist sie auch noch weniger fruchtbar.

Die andere Auffassung des „Animismus" hat im Vergleich mit der ersten den wichtigen Vorteil, sich nicht in leeren Wortgefechten zu erschöpfen und sich nicht mit Scheinproblemen zu beschäftigen. Was sie zu lösen versucht, ist sehr wirklich, denn es ist nichts anderes als das Problem der Veränderung der Wellenfunktion (oder der mathematischen Größe, für die sie steht) bei einer Messung. Man erinnert sich, daß dieses Problem in jeder realistischen Auffassung wichtig ist, die sich gleichzeitig weigert, sowohl nicht-lokale verborgene Parameter als auch das Aufgespaltensein des Beobachters zwischen zwei makroskopisch verschiedenen Zuständen in Betracht zu ziehen; und die dennoch fordert, daß die Quantentheorie auf jedes Atomsystem, ob klein oder groß, angewandt werden kann. Genau genommen sind diese Bedingungen zu strikt, denn man kann zeigen[4], daß sie jede Lösung unmöglich machen. Also muß diese Auffassung ihre Strenge etwas lockern. Aber sie macht das in einer Art, die ihren Anhängern schließlich als die am wenigsten willkürliche erscheint, wenn man die Beobachtungsdaten berücksichtigt. Sie heben einerseits hervor, daß ein menschliches Wesen sich nie einer solchen Aufspaltung, wie wir es beschrieben haben, bewußt ist, und verweisen andererseits darauf, daß die Quantentheorie in aller Strenge trotzdem in jedem Fall zutrifft, in dem es möglich ist, sie einer experimentellen Prüfung zu unterziehen; dieser Fall schließt den gewisser makroskopischer Systeme (die aber nicht bewußt sind) ein. Diese Tatsachen werden als ernsthafter Hinweis zugunsten der Hypothese betrachtet, nach der die bewußten Wesen, und sie allein, in gewissen Fällen die Quantentheorie verletzen können, wenn sie die Wellenfunktion, die sie einschließt, „reduzieren".

Eine solche Hypothese ist noch sehr ungenau. Welches sind denn die bewußten physikalischen Systeme? Wie jeder weiß, ist es unmöglich, auf eine solche Frage eine wissenschaftliche, also auf die Erfahrung gegründete Antwort zu geben. In der Tat kann jede Reaktion auf einen Reiz immer als die Auswirkung eines unbewußten Automatismus gedeutet werden und das gilt auch für sehr verwickelte Reaktionen auf komplexe Reize (man denke an Computer). Genaugenommen weiß ich nur, daß ich selbst ein bewußtes Wesen bin. Es kommt mir äußerst wahrscheinlich vor, daß die anderen Menschen es auch sind, und selbst die Tiere, auch wenn das Descartes zuwider ist. Ein ziemlich vernünftiges Kriterium bietet sich hier dem Verstand an: bewußt sind alle physikalischen Systeme, die ein hinreichend komplexes (das kann man genauer angeben) Nervensystem haben, und nur sie. Wohl bemerkt ist eine so einschränkende These noch weit entfernt vom Animismus. Übrigens muß man zugeben, daß sie sich nur ausgesprochen schlecht mit den vorstehenden Betrachtungen über die Reduktion der Wellenfunktion verbinden läßt. In einer realistischen Sicht, die alle verborgenen Parameter ablehnt, muß die Wellenfunktion als eine universelle Wirklichkeit aufgefaßt werden. Wie soll man zugeben, daß sie nur durch die Nervensysteme gewisser Tierarten reduziert

---

[4] Man vergleiche zum Beispiel vom selben Verfasser „Conceptual Foundations of Quantum Mechanics" 2nd ed., Addison-Wesley Benjamin, Reading, USA.

wird, die es nur auf sehr wenigen Himmelskörpern, wie unserer Erde gibt? Wenn man sich einmal auf einen solchen Gesichtspunkt einläßt, führt das Nachdenken darüber fast unweigerlich dazu, die Hypothese eines Bewußtseins der Dinge zu verallgemeinern. Aber dann ergeben sich Schwierigkeiten im mikroskopischen Bereich. Die Wellenfunktion eines Elektrons, das nicht beobachtet wird, ändert sich nicht. Riskiere ich nicht dann, wenn ich dem Elektron ein Bewußtsein zuspreche, einen Widerspruch zu dieser einfachen Tatsache (die durch Experimente gut bestätigt ist)? Könnte das Elektron, das in einem Youngschen Interferenzversuch weiß, welchen Spalt es passiert, bei der Bildung der Interferenzstreifen, die wir auf dem Schirm beobachten, mitwirken? Die Antworten auf solche Fragen sind unvermeidlicherweise etwas willkürlich, insofern als die Fragen selbst mehrdeutig sind: was verstehen wir genau unter dem Bewußtsein des Elektrons? Es ist nicht *unvorstellbar*, daß eine Theorie entwickelt wird, in der der Begriff des Bewußtseins genau definiert ist und die – in kohärenter Weise – den physikalischen Systemen ein Bewußtsein zuschreibt, das um so unbestimmter ist, je schwächer sie sind. Es ist nicht *unmöglich*, daß eine solche Theorie, wenn sie einmal voll entwickelt ist, einen wahrhaft großen Fortschritt in einer systematischen Erklärung mikrophysikalischer Erscheinungen darstellt. Alles was zur Stunde gesagt werden kann, ist, daß es sich hier um äußerst bedenkliche Zukunftspläne handelt. Eine solche Theorie gibt es nicht, und zwar nicht deshalb, weil keiner je daran gedacht hat, sondern aus verschiedenen technischen Gründen (auf deren Einzelheiten einzugehen hier sehr mühsam sein würde), die ihre Aufstellung ungeheuerlich schwierig (und vielleicht sogar unmöglich) machen würde, wenn sie nicht willkürlich ist.

Unter diesen Bedingungen muß man sich auf allgemeine Betrachtungen beschränken. Man muß sich also mit der großen Mehrdeutigkeit abfinden, die solche Betrachtungen mit sich bringen. Im gegenwärtigen Fall gibt es ein qualitatives Gleichgewicht zwischen den Argumenten zugunsten der Vorstellung, daß die Mikrosysteme als beseelt angesehen werden können, und denen, die für die entgegengesetzte Meinung sprechen. Auf seiten der ersten findet man, wohlbemerkt, vor allem das schon oben erwähnte Argument: Es gibt keine aufzeigbare Trennung zwischen nicht-lebenden und lebenden Wesen einerseits, und, bei den letzteren, zwischen nicht-bewußten und bewußten Wesen andererseits; es betont die daraus folgende Willkür jeder Hypothese, die eine Eigenschaft – das Bewußtsein – auf eine spezielle Kategorie physikalischer Systeme beschränkt, von der man weiß, daß sie nicht auf die Erscheinungen, die die Physik untersucht, zurückgeführt werden kann. Wenn im Prinzip ein solches Argument nicht von den Einzelheiten der Struktur der physikalischen Theorie abhängt, die man betrachtet, so ist doch im 9. Kapitel betont worden, daß der Mißerfolg der multitudinistischen Sicht, die die klassische Physik kennzeichnet, seine Tragweite noch vergrößert hat. Tatsächlich verpflichtet ein solcher Mißerfolg entweder dazu, die Wissenschaft auf eine Objektivität zu gründen, die nur *schwach* ist (und dabei in der wissenschaftlichen Beschreibung den *Tatsachen des Bewußtseins* eine Hauptrolle zuschreibt, wie der Vorbereitung des Zustands und der Beobachtung der physikalischen Größen), oder wenigstens dazu, auf die Ansicht zu verzichten, daß die Teilchen und Felder multiple, lokalisierbare, einfache, in sich fortdauernde Wirklichkeiten sind und also so beschaffen sind, daß die Tatsachen des Bewußtseins auf recht natürliche Weise als vorübergehende Ausstrahlung ihrer zeitweiligen Strukturierungen in Aggregaten gesehen werden können. Die Untrennbarkeit bringt an den Tag, was an einer solchen Beschreibung zu einfältig ist. Und die Tatsache des Bewußtseins ist von da an nicht mehr offensichtlich zweitrangig in bezug auf Teilchen, die selbst nur einfache Eigenschaften (scheinbar lokalisiert) einer Wirklichkeit sind, die nicht im Raum stattfindet.

Wenn ich andererseits den Mikrosystemen oder doch wenigstens einer großen Vielfalt von kleinen physikalischen lokalisierten Systemen ein individuelles Bewußtsein zuschreibe (Makromolekülen, Mikrokristallen usw.) und wenn ich die Hypothese aufstelle, daß auf irgendeine Weise diese kleinen einzelnen Bewußtheiten die Wellenfunktionen verändern, welch letztere selbst als objektiv (im starken Sinn) betrachtet werden, dann werde ich sicher auf einfache Art gewissen Eigenschaften der heutigen Mikrophysik gerecht, aber ich habe deswegen noch nicht alle Aspekte aufgeklärt. Die Untrennbarkeit jedenfalls bleibt bei einer solchen Betrachtung rätselhaft, denn das wenigste, das man sagen kann, ist, daß sie sich nicht aus einer solchen Sicht ergibt und auch nicht a priori durch sie nahegelegt wird. In der Tat, für den, der an der Vorstellung von der hervorragenden Rolle, die das Bewußtsein für die physikalischen Phänomene spielt, festhalten möchte, begünstigt die Untrennbarkeit vielmehr die Auffassung eines kosmischen Bewußtseins, von dem jedes individuelle Bewußtsein nur die Ausstrahlung ist.

Ein anderes qualitatives Argument zugunsten der Theorie des Animismus kann hier vorgestellt werden. Es gibt kein bewußtes Wesen, das nicht eine eigene Aktivität entwickelt. Die eigene Aktivität − so schwierig die Definition eines solchen Begriffs auch sein mag − kann also gewissermaßen als Kennzeichen für die Anwesenheit eines Bewußtseins gelten. Nun ist doch, wenn es „wirklich" existiert, das Mikrosystem auch auf gewisse Weise aktiv. Ohne den Gedanken der Kopenhagener Schule untreu zu sein, kann man sagen, daß ein Quantensystem − etwa ein Elektron − nur dann wirklich existiert, wenn es in einer *Wechselwirkung* mit einem Meßapparat ist [5]. Im Fall des Mikrosystems wie in dem des beseelten Systems ist die Existenz also in fundamentaler Weise mit einer Wechselwirkung mit der Umgebung gekoppelt.

Ferner stellen sich diese beiden Typen von Systemen als geordnete „Ganze" dar. Zunächst einmal ist die Analogie verblüffend. So unterscheiden sich verschiedene Anregungszustände desselben Atoms durch die Form ihrer Orbitalen, ohne daß Zwischenformen existieren können: das erinnert an die qualitativen Unterschiede zwischen verschiedenen Arten Lebewesen. Aber das erinnert auch an die Unterschiede zwischen Kristallen, zwischen Obertönen zum selben Grundton und so weiter. Man erkennt hier deutlich die Gefahr von

---

5 C. N. Villars, An organic view of Nature, unveröffentlicht.

Analogien. Allgemeiner ist die Tatsache, daß das Mikrosystem und das beseelte Wesen sich beide wie unteilbare Größen verhalten, nicht allein schon eine Analogie, die als ein ernst zu nehmendes Argument zugunsten der These „alles ist beseelt" einen Wert hätte. Man muß das gleiche zu dem oben beschriebenen Argument sagen, das die Aktivität der Mikrosysteme betrifft. Die Analogie existiert, aber ist es mehr als eine Analogie?

In Anbetracht der vorhergehenden Diskussion erscheint der Gedanke des „alles ist beseelt" als einer, der weder kategorisch abgewiesen noch vorbehaltlos bejaht werden kann. Sicher ist, daß er nicht − oder noch nicht − als eine wissenschaftliche Theorie angesehen werden kann, die eine feste Grundlage hat. Man muß sich daher hüten, sich unbedacht auf ihn zu beziehen, wenn man Erfahrungstatsachen erklären möchte. Der öffentliche Widerhall parapsychologischer Erscheinungen kann sicher eine Versuchung dieser Art darstellen; um so mehr sogar, als die wirkliche Existenz dieser Phänomene von einer gewissen Zahl von Menschen mit ernsthaftem Urteilsvermögen für unanzweifelbar gehalten wird. Aber man muß sich die Tatsache vor Augen halten, daß, mit Ausnahme dieser wenigen Personen, die Masse der Überzeugten und der Anhänger auf diesem Gebiet wenig kritisches Urteilsvermögen beweist. Jeder theoretische Versuch, solche − möglichen − Phänomene zu erklären, bleibt heute unvermeidlich auf dem Gebiet der Spekulation und muß daher mit besonderer Vorsicht betrachtet werden. Man kann sicher sein, daß in dieser Sache jeder Entwurf einer Theorie oder eines Modells unvermeidlich durch Zerrspiegel entstellt würde, wie sie die Unternehmen darstellen, die sich machtvoll und aggressiv, sensationslüstern und leider gar nicht immer selbstlos für die „weite Verbreitung" einsetzen. Unter diesen Bedingungen ist es gestattet, der Meinung zu sein, daß die für einen Theoretiker am wenigsten riskante Weise, einen positiven Beitrag zur Gesamtheit des Wissens leisten zu können, noch die ist, sich anderen Themen als diesen zuzuwenden. Oder er könnte, wenn er sich doch damit beschäftigt, meinen, daß er zumindest bis zu dem Augenblick im Hintergrund bleiben sollte, in dem er schließlich, nachdem alle wirklich sehr beträchtlichen Schwierigkeiten überwunden sind, eine Theorie der Erscheinungen ausgearbeitet hat, die genau und durch eine Menge bekannter Tatsachen gut bestätigt ist und die sich in zufriedenstellender Weise in die schon anerkannte Wissenschaft einfügt.

Dagegen ist es nicht unangebracht, die Lehre des „alles ist beseelt" als Bestandteil eines großen und schönen Mythos zu sehen, der reich ist an verborgenen Bedeutungen. Wenn ein Weiser nach langem Nachdenken zu animistischen Überzeugungen gekommen ist, sollte er wissen, daß selbst ein Wissenschaftler ihn verstehen und damit seine persönlichen Ansichten über die Welt bereichern kann. Für diese beiden geht es dann nicht um technische Verfahren zum Verstehen des Tischrückens oder des Verdrehens von Eisenstangen oder anderer Sachen dieser Art. Es geht dann um ganz andere Bestrebungen, nämlich um Versuche, Einsichten in andere als nur handlungsgerichtete Beziehungen zu bekommen, die es zwischen dem menschlichen Geist und der tiefen Wirklichkeit auch geben könnte.

11. Naturwissenschaft und Philosophie

Die großen Linien dessen, was ich in Ermangelung eines besseren Wortes wohl meine „Philosophie" (oder – noch schlimmer! – meine „Weltanschauung") nennen muß, sind im 9. Kapitel dargelegt worden. Die Worte „Philosophie der verschleierten Wirklichkeit" fassen sie richtig zusammen. Wenn sie sich auch nicht ausschließlich auf die Betrachtung der zeitgenössischen Physik gründet, so nimmt sie doch die Zwänge ernst, die deren Grundlagen ihr auferlegen; der Inhalt der vorangegangenen Kapitel über die Untrennbarkeit, die Philosophie der Erfahrung und die vergeblichen Versuche Einsteins, einen rein physikalischen Realismus, der sich auf die Lokalisierbarkeit gründet, wiederherzustellen, beweist das. Wir haben gesehen, wie solche Zwänge in natürlicher Weise zur Erkenntnis führen, daß – wenn nicht noch ein subtiles Gegenargument vorgebracht wird – ein nicht-physikalischer Realismus schließlich die einzige Auffassung ist, die mit allen Tatsachen vereinbar zu sein scheint.

Eine solche Meinung könnte, wie die Analyse, die zu ihr führt, dennoch a priori sehr berechtigte Vorbehalte wecken, die von verschiedenen Seiten kommen. So werden manche Philosophen Einwände gegen die Methode vorbringen: sie werden den Gedanken vertreten, daß es nicht nötig sei, die Erfahrungstatsachen und die großen Theorien der heutigen Physik in Betracht zu ziehen, um zu Ergebnissen zu kommen, die man ihrer Meinung nach auf den ersten Anhieb durch ein einfaches Nachdenken allgemeiner Art über den mangelnden inneren Zusammenhalt jedes „wissenschaftlichen Realismus" bekommen könnte. Andererseits werden viele Naturwissenschaftler den vereinfachenden und qualitativen Charakter der Untersuchungen betonen, die ich oben entwickelt habe und die zu einer Widerlegung des gesamten physikalischen Realismus führten. Im täglichen Leben, so betonen sie, genügen Untersuchungen dieser Art im allgemeinen, um den Verstand zu richtigen Schlüssen zu führen, weil die Begriffe, die diese Analysen implizit benutzen, ihnen schon vorher angepaßt wurden. (Sie wurden ja gerade in Hinsicht auf das alltägliche Leben durch das Kind, das wir waren, oder durch die ungeheure Reihe unserer Vorfahren oder durch beide ausgebildet, wie schon ausgeführt wurde.) Aber wenn es um die Untersuchung der inneren Struktur der Materie geht (dieser Bereich ist dem Kind und unseren Vorfahren aus Mangel an Motivierung und an geeigneten Instrumenten versagt), dann ist alles neu, sogar die Begriffe. Und unter diesen Bedingungen besteht große Gefahr, daß die qualitativen Methoden des natürlichen Nachdenkens sich als ungenügend erweisen. Diese Kritiker machen geltend, daß man unter diesen Bedingungen zu einer viel strengeren und quantitativen Analyse kommen muß, als sie in einem Buch mit allgemeinen Gedanken möglich ist, und daß man dabei insbesondere das ganze Arsenal der heutigen physikalischen Theorien ausbeuten muß. Nur so – sagen sie – wird man sich letztlich von der Abwesenheit eines jeden noch so subtilen Arguments der oben erwähnten Art überzeugen, welches den Schlüssen, zu denen ein einfaches qualitatives Nachdenken „ganz natürlich" führt, Schach bieten könnte.

Es ist normal, ich sage sogar, es ist unentbehrlich, daß solche Vorbehalte ausgesprochen werden. Dieses Kapitel, das etwas technischer sein wird als die vorangehenden, will sie untersuchen und zumindest allgemeine Hinweise darauf geben, aus welchen Gründen sie meiner Meinung nach weder die allgemeinen Schlüsse noch die Untersuchungsmethoden, die dahin führten, ungültig machen.

Der makroskopische Versöhnungsversuch

Zweifellos ist es wünschenswert, zunächst solche Einwände zu betrachten, wie sie oben den Wissenschaftlern zugeschrieben wurden. Sehr viele Naturwissenschaftler möchten gerne den physikalischen Realismus mit den Tatsachen in Übereinstimmung bringen. Und aus diesem Grunde hegen sie die Hoffnung, ein nicht-elementares Argument finden zu können (selbst ein subtiles, wenn man es so nennen will!), das den Weg zu einer Versöhnung zwischen dem physikalischen Realismus und der Quantentheorie, die ja Tatsachen von beträchtlicher Wichtigkeit beschreibt, öffnet. Gegenwärtig gibt es eine Idee, die in bezug auf dieses Thema unter den Fachleuten fast einmütig Zustimmung findet, nämlich: Falls diese Hoffnung sich je erfüllen sollte, so lautet dieser Gedanke, dann nur, indem der makroskopische Charakter der Meßinstrumente der physikalischen Größen gebührend in Betracht gezogen würde. Der Gebrauch des Konjunktivs bietet sich hier an, denn die Spezialisten auf diesem Gebiet sind noch nicht dazu gekommen, ihre Ansichten zu der Frage, ob eine solche Bedingung genüge, völlig in Einklang zu bringen[1].

Wenn man versucht, eine solche Vorstellung zu konkretisieren, liegt die Hauptschwierigkeit zugleich in der allgemeinen Auffassung, die man sich von den Objekten macht und in der Definition der Ausdrücke. Die makroskopi-

---

[1] Man kann es nicht oft genug sagen: Bei Problemen rein mathematischer Natur ist die Übereinstimmung der Fachleute – per Definition! – leicht zu erreichen. Die Nichtexistenz restloser Übereinstimmung in bezug auf die hier gestellte Frage ist daher eine interessante Tatsache. Sie zeigt, daß es sich um ein intrinsisch schwieriges Problem handelt, das das einfache Niveau des Umgehens mit mathematischen Zeichen weit übersteigt, obwohl dieses Umgehen mit Formeln bei dem Studium dieser Fragen eine unersetzliche Rolle spielt. Die im folgenden angeschnittenen Themen sind zwar wesentliche Elemente einer vertieften Diskussion; sie haben aber doch nur relativ wenig Bedeutung für die allgemeinen Vorstellungen. Der Versuch einer Gesamtschau dieser letzteren im Licht der heutigen Physik wird im 13. Kapitel wieder aufgenommen.

schen Objekte sind ausgedehnt. Das bedeutet, daß es in Gedanken möglich ist, sie in Teile zu zerlegen, von denen jeder einen wohlbestimmten Bereich im Raum einnimmt; die Vereinigung dieser Bereiche ergibt dann genau den Gesamtraum, der von dem Objekt eingenommen wird. Diese Teile selbst können in Gedanken ganz ähnlich weiter zerlegt werden. So ist es recht schwierig, sich ein makroskopisches Objekt nicht als aus „mikroskopischen" Bestandteilen zusammengesetzt zu denken. Das ist sogar aus unserer Sicht der Physik unmöglich, weil sie ja – mittels klassischer experimentell-deduktiver Verfahren – zeigt, daß die makroskopischen Körper – die „Objekte" – uns tatsächlich als so zusammengesetzt erscheinen, und weil sie uns sogar die Natur dieser mikroskopischen Bestandteile beschreibt, nämlich Moleküle, Atome, Elektronen, Nukleonen.

Aber wenn ich mich andererseits für einen solchen Weg einsetze, was nenne ich dann ein *makroskopisches* Objekt (oder „Körper")? Sicherlich nicht ein physikalisches System, das aus zwei oder drei Teilchen oder Atomen besteht. Experimente haben zuverlässig gezeigt, daß solche kleinen Systeme noch den Gesetzen der Quantentheorie gehorchen (sie geben zum Beispiel, ganz wie ihre Bestandteile, zu Beugungserscheinungen Anlaß). Sie haben auch gezeigt, daß man an solchen Systemen Messungen vornehmen kann, die nach der Quantentheorie unvereinbar sind mit der Hypothese, nach der diese Systeme unter allen Umständen und in jedem Augenblick einen – wenigstens makroskopisch – wohlbestimmten Ort haben. Indessen ist es für die gesuchte Versöhnung wesentlich, daß diese Hypothese für die verschiedenen Teile (Zeiger, Skala usw.) der Meßinstrumente gilt. Aber welches ist dann, gemessen an der Zahl der Mikrosysteme, aus denen es besteht, die Komplexität, ab der man bei einem vorgegebenen Objekt diese Hypothese aufstellen kann? Ist diese Zahl siebenunddreißig, fünfundsiebzig, vierzig Millionen? Es ist klar, daß jede solche Antwort keine ernsthaften Aussichten hat, richtig zu sein, denn diese Wahl ist willkürlich. So sind sich die Theoretiker, die auf diesem Weg eine Versöhnung anstreben, heute über ihre Antwort einig (die sich wieder einmal auf ausgedehnte Rechnungen stützt): diese Zahl kann nur unendlich sein. Das ist so zu verstehen: Wenn man sich ohne mögliche Widersprüche (durch irgendeine denkbare Erfahrung) ein physikalisches System vorstellen will, das – unter allen Umständen und in jedem Augenblick – mit inneren Eigenschaften (wie der ungefähren Lage des Schwerpunktes, der ungefähren Geschwindigkeit usw.) ausgestattet ist, dann muß (als notwendige Bedingung) die Zahl seiner „elementaren" Bestandteile unendlich sein. Darüber hinaus muß dieses System einen in alle Richtungen des Raumes unendlich ausgedehnten Bereich einnehmen. Nach Ansicht einiger Forscher muß man außerdem fordern, daß, abgesehen von einigen einfachen makroskopischen Größen, die Größen, die im Prinzip an einem System beobachtbar sind (und deren zugehörigen mathematischen Ausdrücken ein physikalischer Sinn gegeben werden muß), nur eine endliche Zahl von elementaren Bestandteilen eines Systems ins Spiel bringen können oder – höchstens – eine Zahl, deren Verhältnis zur Gesamtzahl der Bestandteile wesentlich kleiner ist als eins und die geeigneten

Einschränkungen unterliegt. Andere Bedingungen müssen zudem erfüllt sein, die hier nicht aufgezählt zu werden brauchen.

Daß es sich hier um eine Idealisierung handelt, erkennt natürlich jeder und vor allem auch die Urheber solcher Untersuchungen. Aber, so sagen sie, die Idealisierung ist gerechtfertigt. Wenn makroskopische Systeme nicht unendlich sind, so sind sie doch sehr groß im Vergleich mit den charakteristischen Ausmaßen der Atome und Moleküle. Wenn man sie als unendlich behandelt, dann ist dagegen genausowenig einzuwenden, wie wenn man ein System, das nur in einer guten Näherung isoliert ist, als streng isoliert behandelt. Dieses Verfahren ist eins, das laufend angewandt wird, und niemand hat daran etwas auszusetzen. Zudem hat diese Idealisierung sich gut bewährt. Tatsächlich kommt man durch einen sehr ähnlichen Vorgang zum Beispiel zur Aufstellung der Theorie der Phasenänderungen. Und schließlich besteht eine Verbindung zwischen der hier angestrebten Versöhnung (zwischen der Quantentheorie und dem physikalischen Realismus) einerseits und der Versöhnung (die in anderen, älteren Untersuchungen durchgeführt wurde) zwischen der Umkehrbarkeit der mikrophysikalischen Gleichungen und der Unumkehrbarkeit der makrophysikalischen Welt andererseits. Auf Grund solcher Argumente behaupten diese Wissenschaftler, daß Quantentheorie und physikalischer Realismus schließlich doch miteinander verträglich sind.

Diese Argumente sind gewichtig, aber doch, wie wir sahen, subtil. Selbst wenn man sie sich in allen Einzelheiten (um den Preis eines ernsthaften Studiums der technischen Details) angeeignet hat, ist es eben doch schwierig zu sagen, ob sie Überzeugungskraft haben. In der Tat hängt die Meinung, die man sich dazu bildet, in entscheidender Weise von dem mehr oder weniger großen Anspruch ab, den man – oft implizit – in bezug auf die Wissenschaft und ihr Vermögen, Naturerscheinungen zu beschreiben, hegt. Ich stelle hier die Angemessenheit der obigen Argumente in Abrede, im wesentlichen, weil der erwähnte Anspruch, wie mir scheint, davon abhängen müßte, ob das betrachtete Problem ausschließlich wissenschaftlichen Charakter hat oder im Gegenteil mehr auf den Erwerb von Kenntnissen über das, „was ist" gerichtet ist.

Eine solche Behauptung erfordert eine Erklärung; hier ist sie. Das Studium der Phasenveränderungen der Materie, auf das weiter oben angespielt wurde, ist, meine ich, ein Beispiel für ein Problem der ersten Art. Es betrifft nur die Phänomene. Wenn es mir gelingt, für das idealisierte Modell eines unendlichen physikalischen Systems eine kohärente Theorie der Phänomene zu entwickeln, die qualitativ die Beobachtungstatsachen reproduziert, kann ich zufrieden sein. Tatsächlich kann ich ganz selbstverständlich der Ansicht sein, daß es keinen wesentlichen Grund gibt, weshalb sich der Fall endlicher, aber großer Systeme sehr von dem idealisierten Modell unterscheiden sollte, obwohl er in der Praxis schwieriger zu behandeln sein wird. Und es ist mir erlaubt, zu denken, daß die kleinen Unterschiede, die es sicher zwischen den beiden Fällen geben wird, so winzig sind, daß sie nicht beobachtbar sind. Die Sicherheit, daß solche Unterschiede zumindest prinzipiell existieren, stört mich also nicht. Und das bleibt offenbar wahr, selbst wenn ich mir überlege, daß ein besonders fähiger Experimentator die Auswirkungen der Verschiedenheiten verstärken könnte, wenn er dazu Lust hätte, und sie so beobachtbar machen könnte. Nichts hindert mich schließlich daran, mir einen Dämon mit unendlich feinfühligen[2] Sinnen auszudenken, der sofort die Unterschiede zwischen den Beobachtungsdaten und den Vorhersagen des idealisierten Modells wahrnehmen kann. Für diesen Dämon wäre das Modell zweifellos minderwertig. Aber für uns ist es gut, denn wir sind für die objektiven Unterschiede, die sich zur (empirischen) Wirklichkeit ergeben, nicht empfindlich. Und ein wissenschaftliches Modell, das, wie dieses, unsere Beobachtungen gut wiedergibt, das uns außerdem erlauben wird, letztlich vorherzusagen, was wir beobachten werden, wenn wir ein neues Objekt untersuchen, ist damit ganz zweifellos in unseren Augen ein gutes Modell[3].

Wir haben jetzt Probleme der ersten Art betrachtet, also solche, die der Wissenschaft angehören. Was das Problem der Versöhnung von Quantentheorie und physikalischem Realismus betrifft (wir werden es von jetzt an kurz „das Problem der Versöhnung" nennen), so ist die Lage zugleich ähnlich und verschieden. Inwiefern, zunächst, ist sie ähnlich? Darin, daß – auch hier – nur eine Theorie der Meßinstrumente existiert, die auf dem idealisierten Modell der als unendlich angenommenen makroskopischen Objekte beruht. Die Ähnlichkeit liegt auch darin, daß die Unterschiede zwischen den Vorhersagen eines solchen Modells und den wirklichen Gegebenheiten eines echten makroskopischen Systems (Instrumente oder Teile von Instrumenten) sehr schwer nachzuweisen sind (in der Praxis liegen sie sogar völlig außerhalb der Reichweite unserer Experimente). Und schließlich liegt sie darin, daß diese Unterschiede nichtsdestoweniger wirklich sind. Außer wenn eine Hypothese *ad hoc* gemacht wird (deren Erörterung hebe ich mir für später auf), fiele es dem vorher betrachteten Dämon überhaupt nicht schwer, Tatsachen von der allgemeinen Art der Interferenzphänomene aufzuzeigen, wenn er sich zwei wirklichen makroskopischen Objekten gegenübersähe, die in der Vergangenheit in Wechselwirkung miteinander standen, Tatsachen also, die, wenn die Quantentheorie zutrifft, *unverträglich* wären mit der Vorstellung, daß die Schwerpunkte dieser Objekte in jedem Augenblick makroskopisch lokalisierbar sind[4].

---

2 Das bedeutet, daß er so viele verschiedene physikalische Größen messen könnte, wie es in der Theorie Kombinationen von mathematischen Symbolen von der Art gibt, die diese Theorie im allgemeinen zu physikalischen Größen in Beziehung setzt. (Hermitesche Operatoren).
3 Man könnte die gleichen Bemerkungen in bezug auf die Irreversibilität machen. Ohne auf die Einzelheiten dieses sehr verwickelten Problems einzugehen, kann man doch bemerken, daß für diesen Dämon die Irreversibilität ein in vieler Hinsicht weit weniger deutliches Phänomen ist als für uns. Auch hier geht es nicht darum, die Wirklichkeit von komplexen Wechselbeziehungen zu verneinen, die – im Gegensatz zu uns – der Dämon wahrnehmen könnte und die die Irreversibilität der – zum Beispiel – Vermischung von zwei Flüssigkeiten in seinen Augen weniger bedeutsam sein läßt als in unseren.
4 Die Quantentheorie der Messungen liefert dafür klare Beispiele. Der interessierte Leser, der über eine gewisse Kenntnis der modernen Physik verfügt, findet eine quantitative Erörterung dieses Themas und anderer Themen dieses Abschnitts in dem schon auf Seite 123 zitierten Buch des Verfassers. Dort finden sich auch Hinweise auf die Originalarbeiten.

Worin ist die Situation in dem jetzt betrachteten „Problem der Versöhnung" verschieden von dem der Phasenänderung, das wir weiter oben als Beispiel betrachtet haben? Die Antwort ist klar. Die Situation ist anders in dem Maß – und *nur* in dem Maß –, in dem die *in den beiden Fällen* bestehenden Unterschiede zwischen der Wirklichkeit und den „Vorhersagen des Modells" – obwohl wir sie nicht beobachten können! – von uns im Fall des Problems der Versöhnung als *unwiderruflich unseren realistischen Forderungen* zuwiderlaufend gesehen werden müssen und aus diesem Grunde unannehmbar sind.

Hier wird die Dialektik, wie man sieht, ziemlich subtil. Wichtig ist, daß der oben eingeführte Dämon durchaus nicht die Behauptung gelten lassen kann – die für den Realisten wesentlich ist –, daß in allen Fällen und in jedem Augenblick jeder Teil des Instruments – jeder Zeiger des Voltmeters zum Beispiel – in einer bestimmten oder jedenfalls fast bestimmten Stellung ist. In gewissen Fällen kann er tatsächlich Experimente machen, die ihm das genaue Gegenteil beweisen. Also ist die These, daß für Teile von Meßinstrumenten die Fast-Lokalisierbarkeit universell verwirklicht wäre, falsch. Aber, so wird man sagen, diesen Dämon gibt es ja gar nicht! Sicher, wird man erwidern, aber was hier zählt, ist allein, daß ich ihn mir vorstellen kann: eine Behauptung kann nicht wahr sein, wenn bestimmte Folgen, die im Prinzip nachgeprüft werden können, sicherlich falsch sind. Und dies gilt auch in dem Fall, in dem diese Folgen nicht tatsächlich bewiesen werden können, weil die nötige Technologie noch nicht weit genug entwickelt ist, oder aus ähnlichen Gründen, die zwar zwingend sind, aber dies nur mit Bezug auf den *Menschen* und seine Fähigkeiten.

Die Diskussion kann so weitergehen, ohne daß einer der Gegner sich geschlagen gibt. Mir scheint das nicht deswegen so zu sein, weil einer von ihnen schlechter argumentiert, sondern weil sie zwei verschiedene Vorstellungen von der Wirklichkeit vertreten.

Der, der die Nichtexistenz des „Dämons" betont und der, allgemeiner, seine Beweisführung auf gewisse praktische Beschränkungen des Menschen gründet, ist damit ein Kantianer, entweder ausdrücklich, oder ohne es zu wissen; das bedeutet offensichtlich nicht, daß er sich zur Gesamtheit der Thesen Kants bekennt. Heisenberg zum Beispiel war ausdrücklich ein Anhänger Kants, obwohl er die metaphysische Auffassung Kants über das a priori ablehnte. Ein Anhänger Heisenbergs nennt also die Wirklichkeit ganz einfach eine Wirklichkeit, wie der Mensch sie sieht (wer anders, fragt er, könnte sie denn sehen?) und die infolgedessen mit dem zusammenfällt, was ich weiter oben die empirische Wirklichkeit genannt habe. Da er sich weigert, irgendeine andere Auffassung von der Wirklichkeit als wahrhaftig sinnvoll zu betrachten (außer vielleicht eine gewisse „Potentialität"), kann er mit gutem Recht den Einwand zurückweisen, der oben mit Hilfe des „Dämons" oder des Experimentators mit übermenschlichen Fähigkeiten beschrieben wurde. Er kann infolgedessen glauben, daß es das Problem der Versöhnung sehr wohl löst, wenn er den Begriff des makroskopischen Objekts einführt. Aber mit demselben Recht – es ist immer das gleiche, ewige Problem! – kann sein Gegner in der vorangegangenen Diskussion sich weigern, eine solche Auffassung von einer Wirklichkeit, die um den Menschen zentriert ist, als endgültig anzusehen. Für ihn bleibt dieser Einwand gültig, das Problem der Versöhnung von Quantentheorie und physikalischem Realismus ist also für ihn nicht durch die Einführung des Begriffs des makroskopischen Objekts gelöst, ganz abgesehen von der Brauchbarkeit eines solchen Begriffs. Soweit es mich betrifft, so habe ich die Wirklichkeit als unabhängig vom Menschen definiert und muß mich aus dem einfachen Grund der Stimmigkeit zu der zweiten Ansicht bekennen.

Um die Unklarheiten, die zuviel Einschübe mit sich bringen können, möglichst zu vermeiden, habe ich oben eine Hypothese zurückgestellt, nämlich die, die ich *ad hoc* nannte. Es ist Zeit, sie genau zu formulieren und zu zeigen, daß sie das Wesen des Arguments nicht berührt.

Es handelt sich hier ganz einfach um eine schon einige Seiten vorher erwähnte Hypothese, nach der die meisten der in einem System beobachtbaren Größen nur eine entweder endliche oder zumindest besonderen Einschränkungen unterliegende Zahl elementarer Bestandteile betreffen können. Manche Forscher, die das Problem der Versöhnung mittels der hier betrachteten Wege für lösbar halten, berufen sich gerade auf eine solche Hypothese. Ich fürchte indessen, daß sie zu diesem Zweck nur wegen einer Ungenauigkeit in ihrer Formulierung brauchbar zu sein scheint. Was versteht man denn in dem eben gelesenen Text genau unter „beobachtbar"? Wenn man darunter nur dies versteht: „beobachtbar durch einen bestimmten Menschen unter Berücksichtigung der menschlichen Grenzen bei der Vervollkommnung der Techniken", dann ändert sich an der Beweisführung der vorstehenden Paragraphen gar nichts. Wenn man darunter „im Prinzip beobachtbar" versteht, dann ist tatsächlich der in den fraglichen Absätzen entwickelte Einwand in dieser Form nicht zu halten, weil ja dann selbst der Dämon keine Experimente machen könnte, die ihm Unterschiede zwischen den Vorhersagen der Quantentheorie und denen, die auf der universellen Fast-Lokalisierbarkeit der Instrumente oder Instrumententeile beruhen, zeigen. Ich behaupte indessen, daß der Einwand (der, das sei noch einmal gesagt, nur die Möglichkeit einer Lösung des Problems der Versöhnung berührt, die im Rahmen des physikalischen Realismus bleibt, also weder Kant noch Heisenberg zugeordnet werden kann), ich behaupte, daß dieser Einwand dann in einer anderen Form wieder auftaucht. Für wirkliche Systeme und im Rahmen der Quantentheorie, wie sie heute vorliegt, scheint es kein einziges vernünftiges Verfahren zu geben, mit dem die Gesamtheit der mathematischen Größen, die sich a priori zu einer Beschreibung der physikalischen Größen eignen („Hermitesche Operatoren"), in zwei Untermengen aufgeteilt werden könnte, eine, deren Elemente im Prinzip beobachtbaren Größen entsprechen, und eine, deren Elemente in dieser Hinsicht keine Bedeutung haben; oder, genauer gesagt, man sieht keinen vernünftigen Weg, diese Trennung in einer Art zu bewirken, die eine realistische Beschreibung des Phänomens der Messung in ganz allgemeiner Weise ermöglicht. Die Unklarheit des Problems – auf dessen technische Aspekte hier nicht eingegangen werden kann – entsteht wesentlich einerseits dadurch, daß wirkliche Systeme, also solche, die nicht unendlich sind, betroffen sind, und andererseits aus seinem Alles-oder-Nichts-Charakter heraus. Im Prinzip entspricht entweder eine gegebene mathematische Größe einer in der Wirklichkeit existierenden Größe (die damit „im Prinzip vom Dämon beobachtet werden kann") oder aber sie entspricht keiner solchen Größe. Die Zwischenzustände kommen in unserem Arsenal der Vorstellungen nicht vor.

Die Erörterung, die wir gerade lasen, mag etwas undurchsichtig erscheinen. Sie ist jedoch noch weit davon entfernt, die wirkliche Komplexität der Probleme widerzuspiegeln. Es ist zum Beispiel so, daß selbst unter der Hypothese, daß eine kohärente Versöhnung zwischen der Quantentheorie und dem Prinzip der universellen Fast-Lokalisierbarkeit der Instrumente begründet werden könnte, noch ein Zusatz zu dieser Theorie nötig sein würde, um sie vollständig mit dem physikalischen Realismus zu versöhnen. Dieser Zusatz wäre der neuer Variablen gewesen, Ergänzungen zur Wellenfunktion gewisser Teil von Instrumenten (wie der Zeiger) und den Positionen entsprechend, die diese Teile nach einer „Messung" an einem Quantensystem einnehmen. Im allgemeinen Fall können in der Tat diese Positionen nicht im voraus bestimmt werden. Sie sind also nicht durch die ursprünglichen Wellenfunktionen festgelegt, folglich auch nicht durch die gesamte Wellenfunktion des Komplexes „gemessenes System mit Instrument". Es handelt sich hier um Zufallsvariablen, die nur zur Zeit der Messung genaue Werte annehmen. Die Frage, ab welchem Grad in Komplexität die Instrumente zum Auftreten solcher Variablen Anlaß geben, stellt einen anderen Aspekt der hier beschriebenen Schwierigkeiten dar.

Die Zuflucht zum Begriff der Irreversibilität ist mit Bezug auf Probleme dieser Art oft vorgeschlagen worden. Aber so oder so ist es ganz klar, daß eine solche Zuflucht nur die Schwierigkeit verschiebt angesichts der ernsten Probleme, – die überdies den hier beschriebenen sehr ähneln – und an denen sich jeder Versuch einer Definition dessen, was man „irreversible" Erscheinungen nennt, stößt, die „im strengen Sinne objektiv" – und auf nicht übermäßig idealisierte Systeme anwendbar – ist. Man sollte schließlich noch bemerken, daß die Tatsache, daß die makroskopischen Quantensysteme praktisch niemals völlig isoliert sind, gleicherweise bei der Suche nach einer Lösung der hier beschriebenen Schwierigkeiten in Anspruch genommen werden kann; daß aber wieder das systematische Studium dieses Versuchs einige der Subtilitäten und ungelösten Fragen aufwirft, denen wir schon begegnet sind.

Ich habe oben ausgeführt, wie ich mich, wenn ich einmal die Wirklichkeit als unabhängig vom Menschen definiert habe, durch eine einfache Forderung nach Kohärenz zu der Ansicht bekennen muß, daß es nicht genügt, den makroskopischen Charakter der Instrumente zu berücksichtigen, um die gewöhnliche Quantentheorie mit dem Postulat des physikalischen Realismus zu versöhnen. Im Verlauf der vorangegangenen Kapitel ist sogar ausgeführt worden – aber in eher gedrängter Form –, daß es, allgemeiner, keine umfassende und nicht willkürliche Auffassung gibt, die, so scheint mir, in der Lage ist,

eine solche Versöhnung zu bewerkstelligen. Ich muß folglich darauf bestehen – das mag auf den ersten Blick paradox erscheinen –, daß ich dennoch die theoretischen Entwicklungen, die oft als ein Versuch zu einer solchen Versöhnung angesehen werden, für außerordentlich interessant und lehrrreich halte[5].
In Wirklichkeit ist das indessen gar nicht paradox insofern, als die Urheber dieser Entwicklungen zum größten Teil erklären, daß sie sich aus philosophischer Sicht in Übereinstimmung mit den Gedanken Heisenbergs befinden. Es geht also um das gut gestellte, aber äußerst reiche und komplexe Problem der Beziehungen zwischen der *empirischen* Wirklichkeit und dem Menschen. Unabwendbar fühlt der Mensch (wie wohl auch sicher das Tier) sich im Raum befindlich. Eine solche Wirklichkeit, obwohl nur „empirisch", ist für ihn darum doch überaus „wirklich". Genauso ist für ihn die Irreversibilität der Zeit überaus wirklich, die er unwiderruflich ohne mögliche Umkehr verstreichen fühlt. Selbst wenn es nicht das Thema dieses Werkes ist (man muß sich davor hüten, alles behandeln zu wollen!), so ist doch das Studium begeisternd, das sich im einzelnen einerseits mit den wechselseitigen Beziehungen, den „Rückkopplungen" zwischen den Mikrostrukturen beschäftigt, wie sie vom Menschen wahrgenommen werden und andererseits mit ihrer Neigung, in manchen Fällen irreversible und/oder organisierte makroskopische Zusammensetzungen zu erzeugen, dann die Strukturen, die das Denken, das in manchen dieser Zusammensetzungen auftaucht, von einem solchen Vorgang der Bildung erben kann, dann schließlich – und abschließend! – die Wirkung dieser Gedankenstrukturen auf die möglichen Arten des Verstehens der physikalischen Mikrostrukturen durch den Menschen. Die quantitativen Ergebnisse solcher Untersuchungen lassen uns – weit entfernt von jeder willkürlichen Spekulation – sehr tiefe Wahrheiten über die genaue Art und Weise erahnen, wie zum Beispiel das, was wir, als Lebewesen, „Ordnung" nennen, sich zunehmend mitten aus der „Unordnung" ergeben kann, ohne darum die Gesetze der Physik zu verletzen, und über andere ähnliche Themen.
Es ist eine Tatsache, daß die Entdeckungen der oben erwähnten Art nur im Rahmen der operationalen Physik – also ohne Berufung auf ein a priori in bezug auf das Sein – gemacht werden konnten. Wenn wir bedenken, daß wir als Menschen nach Definition nur die empirische Wirklichkeit unmittelbar begreifen können, könnte diese Tatsache den, der sie vorbringt, zu der Annahme verleiten, daß sicherlich das einzige, das zählt – oder sogar allein einen Sinn hat für den Menschen –, die empirische Wirklichkeit ist. So ist es verständlich, daß der letzte Gesichtspunkt – der zum Beispiel von Wolfgang Pauli in den im 3. Kapitel zitierten Briefausschnitten vereinfacht ausgedrückt wurde – der ist, den viele theoretische Physiker bewußt annehmen. Aber es ist wohlbemerkt gerechtfertigt, die Ernsthaftigkeit und das Gewicht der Argumente zugunsten eines bestimmten Gesichtspunktes anzuerkennen und sich doch zu ei-

---

5 Vergleiche zum Beispiel I. Prigogine in *Connaissance Scientifique et Philosophie* (ed.: Académie Royale de Belgique). Dieser Text enthält andere Literaturhinweise desselben Verfassers. Siehe auch I. Prigogine und I. Stengers: *Dialog mit der Natur,* Piper 1980

nem ganz anderen Gesichtspunkt zu bekennen, wenn die Argumente für den zweiten in Anbetracht aller Tatsachen noch mehr Gewicht zu haben scheinen. Das ist bei mir der Fall, wie ich schon sagte. Die Argumente, die in meinen Augen den Ausschlag gegen, wurden hier im Verlauf der vorigen Kapitel des längeren entwickelt, aber in ihren großen Zügen lassen sie sich in zwei Hauptgedanken zusammenfassen. Der eine ist zugegebenermaßen a priori: ich stimme weder der These zu, daß die Wirklichkeit um den Menschen zentriert ist – das erscheint mir anmaßend –, noch der, wie mir scheint, zu bescheidenen, nach der der Mensch letztlich und unausweichlich – nur zu „nichtigen" Erscheinungen Zugang hat, welche Mittel er auch benutzt! Der andere Hauptgedanke ist a posteriori. Er gründet sich auf die Tatsache, daß die Untrennbarkeit gleichzeitig der unabhängigen Wirklichkeit zugehört und (nichtsdestoweniger) der Erfahrung zugänglich ist. Die zweite dieser Behauptungen ist im 4. Kapitel bewiesen worden, die erste werden wir im nächsten Kapitel sehr ausführlich behandeln. Zusammengenommen bedeuten sie offensichtlich ein Herunterholen des Begriffs der unabhängigen Wirklichkeit vom Himmel der großen metaphysischen Gedanken. Sogar diese sehr konkreten Wesen, die Wissenschaftler, können also wieder anfangen, ihn zu betrachten.

Der „gerade Weg" der Philosophen

Ich habe gerade versucht, meine Auffassung eines nichtphysikalischen Realismus gegenüber Einwänden, die aus dem Umkreis der Naturwissenschaftler kommen könnten, zu verteidigen. Gemäß dem Plan für dieses Kapitel muß ich mich jetzt den Philosophen zuwenden. Von ihrer Seite sind die Einwände nicht so sehr gegen die These selbst gerichtet als vielmehr gegen die Methoden, mit denen sie hier bewiesen wird. Die Philosophen, an die ich hier denke, sind in der Tat solche, die, – wie F. Alquié[6] – glauben – ich vereinfache –, daß der physikalische Realismus, wie er oben definiert wurde, a priori absurd sei, der Begriff des Seins aber einen Sinn habe; sie treten daher für einen nichtphysikalischen Realismus oder eine mehr oder weniger ähnliche Auffassung ein.

Die Beweismethode dieser Philosophen erlaubt es ihnen, geradenwegs zum Schluß zu kommen, ohne irgendeine Betrachtung über die eigentliche Struktur der Physik, so wie die Erfahrung sie uns vermittelt, anzustellen. Ich will hier versuchen zu zeigen, daß diese Beweismethode, wenn auch die Schnelligkeit für sie spricht, doch weniger sicher ist als die meine, die sich im Gegenteil auf gewisse dieser „Details" gründet. Zumindest habe ich vor, meine Meinung darzulegen, um zu versuchen, wenn möglich die Gesichtspunkte zu vereinbaren oder sie doch wenigstens einander näherzubringen.

---

6 Vergleiche zum Beispiel *La Nostalgie de l'Etre*, P.U.F.

Nehmen wir an, jemand befürworte die These vom physikalischen Realismus, das heißt, vereinfacht, die Vorstellung, daß die Natur eine objektive Wirklichkeit besitzt, die unabhängig ist von unseren Wahrnehmungen und von unseren Mitteln, sie zu untersuchen, aber im Prinzip mit den Mitteln der Physik beschreibbar. Er wird mehr oder weniger unvermeidlich dazu gebracht, einerseits die physikalische Wirklichkeit als die Gesamtheit der im Prinzip unserem experimentellen Wissen (direkt oder mittels einer Theorie) zugänglichen Objekte zu definieren und andererseits dieselbe Wirklichkeit als primär in bezug auf den Geist anzusehen, da ja der Begriff der Natur alles umfaßt, was ist, und damit auch den Geist. Der Einwand der Philosophen betrifft den, der einen solchen Standpunkt vertritt. Sie sagen, es sei widersprüchlich, wenn man das Primat der physikalischen Wirklichkeit über den Geist behauptet und gleichzeitig dieselbe physikalische Wirklichkeit „auf der Ebene des wissenschaftlichen Objekts, das heißt ja gerade als eine Schöpfung des Geistes"[7] definiert. Sie schließen, daß jeder „wissenschaftliche Objektivismus", das heißt gerade jede Philosophie, die die Materie auf der Ebene des wissenschaftlichen Objekts definiert (das ist der Fall im besonderen bei Lenin, wie auch bei vielen „Materialisten" mit wissenschaftlichen Ambitionen), ganz einfach ein Idealismus ist, ohne daß ihre Anhänger es bemerken.

Was soll man von einem solchen Argument halten? Wenn es gültig ist, wie erklärt man dann, daß es so vielen intelligenten Personen entging, die sich „Materialisten" nannten? Wenn es nicht gültig ist, wo liegt dann der Fehler?

Ich denke meinerseits, daß das Argument richtig ist für den, der eine *sichere* Physik fordert. Genaugenommen ist in der Tat nur das gesichert, was handlungsorientiert ist. Wenn die Naturwissenschaft sichere Aussagen machen will, müssen ihre Aussagen handlungsorientiert sein. Nun gibt es ein Handeln nur in bezug auf den Handelnden. Wenn zum Beispiel jemand behauptet, das Elektron existiere *an sich*, weil man handelnd gewisse experimentelle Regelmäßigkeiten entdecken kann, die mit dem Begriff des Elektrons beschrieben werden können, so ist das eine unsichere Behauptung, die den Rahmen der sicheren Behauptung der Wissenschaft übersteigt. Und für alles andere gilt dasselbe. Wenn ich eine sichere Wissenschaft will, dann läßt sich der Begriff jedes wissenschaftlichen Objekts völlig zurückführen auf den – und ist völlig enthalten im – Begriff einer bestimmten Menge von Handlungen, den *wir* machen können, und von Ergebnissen, die *unser* Verstand wahrnehmen kann. Es gibt nichts – es kann nichts geben –, was tieferliegend ist, denn alles Tieferliegende wäre unsicher: vielleicht richtig, vielleicht aber falsch und vielleicht auch sinnlos. Und die Philosophen haben recht: selbst wenn das Beispiel des Elektrons uns hilft, das Argument zu verstehen (besonders, wenn wir etwas moderne Physik kennen), ist es keineswegs wesentlich. Genaugenommen ist das Argument a priori: das heißt, es ist ganz und gar unabhängig von den experimentellen Daten und den theoretischen Strukturen der Physik.

---

7 F. Alquié, loc. cit.

Aber andererseits erschöpft ein solcher Schluß das Thema nicht, denn wer fordert, daß die Wissenschaft wahrhaftig *sicher* sein sollte? Genügt nicht eine Fast-Sicherheit? Es ist sogar nötig, daß es so ist, denn seit langer Zeit haben die Erkenntnistheoretiker die Unfruchtbarkeit – selbst auf rein wissenschaftlicher Ebene – jedes integralen Empirismus, jedes Operationalismus, der absolut streng sein will, aufgezeigt. Wenn gewisse Verallgemeinerungen erlaubt sein sollen, wenn der Begriff eines Naturgesetzes begründet werden soll, dann ist ein gewisses Abweichen vom rein Handlungsorientierten notwendig (s. Kap. 12). Durch diesen Bruch tritt, das ist wahr, im Prinzip eine Unsicherheit auf, die die Gültigkeit der Aussagen der Naturwissenschaft betrifft. Aber glücklicherweise hat gerade diese Naturwissenschaft uns gelehrt, daß es in der Natur Fälle gibt, in denen die Unsicherheit so schwach ist, daß sie praktisch einer Sicherheit gleichkommt. Wie jeder weiß, ist die Wahrscheinlichkeit, daß das Wasser in einem Wasserkessel gefriert, wenn er auf dem Feuer steht, nicht gleich Null. Aber sie ist so klein, daß sie vernachlässigt werden kann. In den Voraussagen der Naturwissenschaft, und noch mehr in ihren Deutungen, sind wir also daran gewöhnt, eine gewisse Unsicherheit zu dulden.

Dies nun genügt, um die Bedingungen des gestellten Problems völlig zu verändern. Um das einzusehen, bitte ich darum, sich eine Welt vorzustellen, die sicherlich sehr verschieden ist von der unseren, aber doch wohl möglich, eine Welt – eine „unabhängige Wirklichkeit" –, in der die elementare Newtonsche Mechanik genau gilt und nicht nur näherungsweise; eine Welt, die der ähnelt, die sich die d'Alembert, Laplace, Lagrange und allgemeiner die Theoretiker am Ende des 18. Jahrhunderts und anfangs des 19. Jahrhunderts vorgestellt zu haben scheinen. Alle Erscheinungen könnten in ihr ausgehend von der Newtonschen Mechanik materiell als Bewegungen kleiner Körper erklärt werden, die Kräften unterliegen, die selbst von diesen kleinen Körpern ausgehen. Wenn sich sage, daß eine solche Welt vorstellbar sei, will ich damit kein quantitatives Urteil aussprechen. Es ist sehr wohl möglich, daß eine streng deduktive Analyse beweisen könnte, daß Laplace *a priori* unrecht hatte und genauer, daß sie beweisen könnte, daß sich in einer solchen Welt keine strukturierten festen Körper, keine Organismen und also auch keine Gehirne bilden können. Aber ein solcher Beweis liegt, auch wenn er möglich wäre, jedenfalls nicht auf der Hand, denn er ist ja sogar den großen Geistern der Zeit entgangen. Und das meine ich, wenn ich behaupte, eine Newtonsche Welt sei vorstellbar. Wenn ich in einer solchen Welt lebte und wenn ich dort eine Physik entwickeln sollte, würde ich ganz ohne Zweifel die Begriffe Körper und Kräfte einführen. Sicher würde ich sie auch als eine *Schöpfung meines Geistes* einführen, ausgehend von den täglichen Erfahrungen des Handelns, genau wie es in der wirklichen Welt die Physiker einstmals gemacht haben. In diesem Stadium hat der Philosoph also noch recht: selbst in einem Universum, das so einfach und elementar ist, bleibt das wissenschaftliche Objekt *genau genommen* eine Schöpfung des Geistes. Und in dem Maß, in dem der Physiker seine Wissenschaft als ein Bündel von Sicherheiten betrachten möchte, müßte er, auch in einer solchen Welt, ganz wie in der unseren anerkennen, daß diese *Sicher-*

heiten nur das betreffen, was die Gesamtheit der denkenden und miteinander in Verbindung stehenden Wesen und keineswegs die ganze unabhängige Wirklichkeit tut, fühlt, schreibt, liest und so weiter. Aber wenn, wie die unsrigen, die Physiker dieser Newtonschen Welt bereit wären, sich mit Fast-Sicherheiten anstelle von Sicherheiten zufriedenzugeben, dann hätten sie, so scheint mir, allen Grund, sich darauf zu berufen, daß in dem Fall, in dem es eine einfache und stimmige Erklärung einer ganzen Menge von Tatsachen gibt, diese Erklärung mit äußerst großer Wahrscheinlichkeit richtig ist. Folglich könnten sie leicht den Gedanken verfechten, daß die *Schöpfungen* „Körper" und „Kraft" getreu die Bestandteile der Struktur der unabhängigen Wirklichkeit spiegeln, denn sie würden ganz zu Recht geltend machen, daß eine solche Idee bei weitem die einfachste und stimmigste Erklärung für die beobachteten Regelmäßigkeiten und das gesamte Wissen darstellt. In Anwendung ihres Prinzips könnten sie dann, ganz legitim, scheint mir, ableiten, daß diese Idee aller Wahrscheinlichkeit nach richtig ist; oder, anders gesagt, daß „der wissenschaftliche Objektivismus" eine sinnvolle und wahre Lehre ist. Und wir wissen, daß sie *entsprechend unserer anfänglichen Hypothese* damit recht hätten.

Durch die vorangegangene Beweisführung hoffe ich gezeigt zu haben, daß man, wenn man nicht eine absolute Sicherheit in Anspruch nehmen will, die keiner fordern kann, den physikalischen Realismus und seine Varianten nicht durch einen einfachen Rückgriff auf das a priori Argument der Philosophen widerlegen kann[8]. Man muß dabei auch den Inhalt der Physik, so wie sie ist, in Betracht ziehen, wie es in den vorangegangenen Kapiteln gemacht wurde. Und weil nun die Gesamtheit der im täglichen Leben entstandenen Begriffe und Prinzipien, durch das Nachdenken geläutert und als auf die Physik anwendbar befunden, weil diese Gesamtheit geschaffener Größen und ihre Einordnung in eine kohärente Theorie nicht für eine im strengen Sinne objektive Interpretation geeignet sind, die eindeutig – und also nicht willkürlich – ist, deswegen, so meine ich, ist der physikalische Realismus widerlegt.

---

[8] Ich bin mir der Tatsache bewußt, daß der Philosoph gewichtige Argumente anführen kann, die einen solchen Gebrauch des Begriffes der Wahrscheinlichkeit anfechten könnten. Dieser ist in der Tat auf die Induktion gegründet: man sollte ihn daher nur auf wiederholbare Vorgänge anwenden. Das rechtfertigt den Argwohn, den die Philosophen gegenüber dem, was nur wahrscheinlich ist, haben, und das ist es, was die Forderung nach Sicherheit, die sie seit Descartes bewegt, (in den Augen des Naturwissenschaftlers) respektabel machen muß. Aber diese Sicherheit hat noch keiner gewonnen. Sich mit dem einfach wahrscheinlichen zufrieden zu geben, ist also doch nicht so verrückt, wie sie sagen.

12. Untrennbarkeit und Widersinnigkeit

Weiter oben – siehe Kapitel 4 – wurde ausgehend von experimentellen Tatsachen die Untrennbarkeit bewiesen. Der gegebene Beweis benutzte, wie man sich erinnert, die Analogie, die zwischen quantenmechanischen Messungen und den Prüfungen in einem Examen besteht. Bis auf einige Vorbehalte, die mit technischen Einzelheiten des Experiments zu tun haben, erscheint dieser Beweis in diesem Stadium als einer, der keine weitere Vorbedingung stellt.

Andererseits haben die nachfolgenden Untersuchungen, insbesondere die der Kapitel 5 und 7, gezeigt, daß der menschliche Geist im allgemeinen von selbst ein übertriebenes Vertrauen zu sich hat, wenn es um solche Themen geht. Im besonderen erhebt er gern Begriffe, die „klar und deutlich" sind oder jedenfalls zu sein scheinen, ins Absolute. Er versäumt leicht, die Fälle wahrzunehmen, in denen diese Begriffe letzten Endes anfechtbar sind oder in einem beschränkten Zusammenhang gesehen werden müssen. Eine solche Unvollkommenheit des Geistes hat – wir sagten es – zur Folge, daß es bei dem Studium der Grundlagen der Physik und im besonderen hier sehr darauf ankommt, eine systematische Untersuchung anzustellen, die darauf abzielt, die Begriffe oder verborgenen Voraussetzungen zutage treten zu lassen, die sich ganz natürlich in ein Argument hineinschleichen können. Manchmal kommt es vor, und das ist ein Glücksfall, daß eine solche Suche ergebnislos bleibt. Man darf sich darüber freuen, denn diese Tatsache zeigt, daß das fragliche Argument sehr allgemeingültig ist. In anderen Fällen bringt diese Suche nach Aufklärung eine Hypothese oder einen Begriff zum Vorschein, von denen man sich – nach reiflichem Nachdenken – vorstellen könnte, daß sie falsch oder sinnlos sind. Dann muß man offensichtlich diesen Begriff oder diese Hypothese als eine Voraussetzung für den Beweis betrachten. Man hat jedoch die Wahl: entweder kann man den Begriff oder die Hypothese zusammen mit den anderen zulassen, und in dem Fall folgen die Schlüsse des Beweises notwendigerweise, oder aber man möchte gerade diese Schlüsse vermeiden; das kann man tun, aber man weiß, daß man von da an eine der eingeführten Hypothesen als falsch oder einen der eingeführten Begriffe als sinnlos ansehen muß. Das bringt eine zusätzliche Genauigkeit; selbst wenn die Hypothesen oder Begriffe intuitiv so „offensichtlich" sind, daß der Verstand sich letztlich lieber zu strittigen Schlüssen bekennt, als daß er auf eine Hypothese oder einen Begriff verzichtet.

In einem Buch, das für eine breite Öffentlichkeit und nur für sie bestimmt ist, haben solche Erörterungen sicher nicht ihren Platz. Aber es ist wahrscheinlich, daß das vorliegende Werk gelegentlich in die Hände von Menschen geraten wird, die zum Nachdenken Zeit haben und denen an einem genauen Studium des Stoffes gelegen ist. Für diese Personen haben solche Untersuchungen eine Existenzberechtigung. Nur für sie ist dieses Kapitel bestimmt, das andere langweilig finden werden. Im Vergleich mit den Fragen, die auf den vorhergehenden Seiten betrachtet wurden, sind die hier behandelten übrigens zweitrangig. Der eilige Leser versäumt nur sehr wenig Information, wenn er auf die Lektüre dieses Kapitels verzichtet und zum Ausgleich dem folgenden Kapitel einige Minuten widmet.

Jede etwas technische Untersuchung muß sich um eine knappe Darstellung bemühen, darum ist es nicht am Platz, die Reihenfolge der Abschnitte hier ausführlich zu rechtfertigen. Ihre Begründung wird im Verlauf der Überlegung von selbst in Erscheinung treten.

A. *Erkenntnistheoretische Schwierigkeiten in bezug auf das Problem der Definition der Dispositionsterme*

Schon seit langem treten solche Schwierigkeiten auf und seit langem werden Teillösungen dazu vorgeschlagen. Die Epistemologen meinen mit „Dispositionsterm" ein Wort, das nicht eine Eigenschaft eines physikalischen Systems bezeichnet, die direkt beobachtbar ist (unter der Annahme, daß diese Größen existieren), sondern im Gegenteil die *Disposition* eines Systems, eine bestimmte Reaktion P'' unter bestimmten Umständen P' zu zeigen[1]. Der Ausdruck „magnetisch" kann als Beispiel dienen, denn man versucht im allgemeinen, die Eigenschaft Qx eines Objektes x, magnetisch zu sein, als eine Disposition dieser Art operational zu definieren. Zum Beispiel versucht man, Qx durch die Tatsache (P''x), daß x Eisenfeilspäne anzieht, wenn (P'x) gilt, daß solche Teilchen in der Nähe sind, zu definieren. Es ist klar, daß Dispositionsterme in den empirischen Wissenschaften reichlich vorhanden sind und man also nicht lange suchen muß, um viele andere Beispiele zu finden. In der Tat wäre es in Anbetracht dessen, daß in aller Strenge, wie schon bemerkt, die Eigenschaften der Wirklichkeit uns nie direkt zugänglich sind, eher ein Problem, Attribute zu finden, die nicht, genaugenommen, Dispositionsterme sind!

Wie dem auch sei, das oben gegebene Schema einer Definition der Dispositionsterme ist noch ziemlich ungenau und muß darum präzisiert werden. Hier nun beginnen die Schwierigkeiten. Der erste Gedanke, der in den Sinn kommt, ist, die Sprache der formalen Logik zu gebrauchen:

$$Qx =_{\text{Def}} (P'x \supset P''x) \tag{1}$$

---

[1] Die Darstellung des Problems, die hier gewählt wurde, ist im wesentlichen die von C. G. Hempel in *The Validation of Scientific Theories,* P. Frank ed. Boston 1956 angegebene, obwohl die hier vorgeschlagene Lösung nicht der gemäßigt operationalistischen Entscheidung dieses Verfassers entspricht.

das heißt „in Klarschrift":

„x ist magnetisch" $=_{Def}$ „Wenn ein Eisenfeilspänchen in der
Nähe von x ist, dann wird es angezogen"[2]. (1′)

Nun wird jedoch in der formalen Logik das Symbol ⊃, das mit „wenn ... dann ..." übersetzt wird, immer und systematisch im Sinn der sogenannten „konkreten" Implikation gebraucht, das heißt als gleichbedeutend mit dem Ausdruck „entweder nicht ... oder ..." Ist es hier möglich, diesen Sinn zu erhalten? Offenbar nicht, denn dann wäre die rechte Seite der Gleichung (1) (oder (1′)) erfüllt (sie hätte den Wahrheitswert „ja") nicht nur in dem Fall, in dem die Eisenfeilspäne in der Nähe von x sind *und* angezogen werden, sondern auch in all denen, in denen keine solchen Späne in der Nähe von x sind. Die Definition (1) oder (1′) bedeutet dann im besonderen, daß jedes Objekt x magnetisch ist, wenn keine Eisenfeilspäne in der Nähe sind; das ist offenbar nicht, was die gesuchte Definition ausdrücken sollte!

Aber wie heißt es nun richtig? Sicherlich sollte der Gedanke besser im Konjunktiv ausgesprochen werden, etwa so:

„x ist magnetisch" $=_{Def}$ „Wenn ein Eisenfeilspänchen in der
Nähe von x *wäre, würde* es angezogen". (2′)

Aber auch dieser Satz (2′) muß noch erläutert werden, und zwar so, daß er wirklich mit dem übereinstimmt, was wir meinen, wenn wir uns einen magnetischen Gegenstand vorstellen. Wenn wir uns nun so etwas vorstellen, scheint es ganz klar, daß wir ein Urteil über die Folgen einer Voraussetzung, die den Tatsachen widerspricht, miteinschließen: irgend etwas, dessen Aussage einen offensichtlichen Widerspruch enthält, wie zum Beispiel der Satz: „Selbst in dem Fall, in dem keine Eisenfeilspäne in der Nähe sind, würden sie angezogen werden, wenn sie da wären."

Solche Urteile heißen „widersinnig". Sie erscheinen sicher merkwürdig. Außerdem sind sie in manchen Fällen mehrdeutig. Deshalb begegnen ihnen Logiker zu Recht mit Argwohn. So haben manche Erkenntnistheoretiker vorgeschlagen, auf sie zu verzichten, selbst wenn es um die Definition der Dispositionsterme geht. So hat Carnap nahegelegt, die Definition (1), (1′) durch das zu ersetzen, was er eine „teilweise Definition" nennt, die mit Hilfe von „Reduktionssätzen" formuliert wird. Ein „Reduktionssatz" der eine „teilweise Definition" des Ausdrucks „x ist magnetisch" einführt, ist von dieser Art:

„Wenn x einem Test unterworfen wird, bei dem Eisenfeilspäne
in seine Nähe gebracht werden, dann wird x dann und nur dann
magnetisch genannt, wenn es die Späne anzieht". (3′)

---

[2] Mit Absicht ist die Definition bezüglich der quantitativen Einzelheiten übermäßig vereinfacht worden, die für die folgende Diskussion keine Rolle spielen. Im besonderen versteht sich von selbst, daß ein Gegenstand zu bestimmten Zeiten magnetisch sein kann und zu anderen nicht.

Symbolisch geschrieben liest es sich so:

$$P'x \supset (Qx \equiv P''x) \tag{3}$$

(Wenn P'x, dann Qx dann und nur dann wenn P''x: das Zeichen ≡ wird mit „dann und nur dann" übersetzt).

Man sieht so, daß die teilweise Definition (3') in die formale Logik übersetzt werden kann, oder anders gesagt, daß sie allein mit Hilfe von Symbolen, die diese Logik erlaubt, ausgedrückt werden kann. Das ist nicht so bei der Definition (2'). Man zeigt andererseits leicht, daß der Einwand, der gegen die Definition (1), (1') gemacht wurde, nicht gegen (3), (3') gemacht werden kann.

Andererseits ist die Tragweite der Definition (3') sicherlich sehr viel beschränkter als die der Definition (2'). Das liegt daran, daß (3') einen Satz wie „der Gegenstand x ist magnetisch und es gibt keine Eisenfeilspäne in seiner Umgebung" nicht interpretieren kann.

Manche Erkenntnistheoretiker neigen dazu, diese Einschränkung nicht für schwerwiegend zu halten, oder jedenfalls nicht für hinderlich. Sie legen sogar Wert darauf, daß dadurch eine gewisse „Offenheit" (die sich als nützlich erweist) in der Bedeutung wissenschaftlicher Terme bleibt. Sie bemerken zu diesem Thema, daß man von demselben Term verschiedene partielle Definitionen geben kann, die eine Vielfalt von Fällen decken (zum Beispiel eine Definition vom Typ (3), wo aber P'x bedeutet „x bewegt sich entlang der Achse einer Spule mit geschlossenem Stromkreis, die nicht an einen Generator angeschlossen ist" und P''x: „in der Spule fließt ein Strom"). Die gleichzeitige Existenz dieser verschiedenen Definitionen ist dann Ausdruck eines besonderen Gesetzes (Dies Gesetz heißt hier so: „Jedes Objekt, das sich entlang der Achse einer Spule, wie sie oben beschrieben wurde, bewegt und in deren Nähe sich Eisenfeilspäne befinden, zieht diese dann und nur dann an, wenn es in der Spule einen Strom erzeugt."). Andere Erkenntnistheoretiker – und ich bin ihrer Meinung – glauben im Gegenteil, daß die Vorteile, die die Systeme von Teildefinitionen für die Formulierung haben, nicht genügen, um ihren Mangel an Allgemeingültigkeit auszugleichen[3]. Sie sehen die Tatsache als völlig unannehmbar an, daß, wenn einmal eine endliche Menge von N Teildefinitionen gegeben worden ist, ein ganz klarer Satz wie zum Beispiel „x ist magnetisch, durchläuft keine Spule, hat keine Eisenfeilspäne in seiner Nähe..." (N Terme), dann für einen Logiker unverständlich und sogar vollkommen sinnlos bleiben kann!

Aber wenn man diesen Standpunkt einnimmt, dann scheint es notwendig, auf die eine oder die andere Art den Rahmen der traditionellen formalen Logik zu überschreiten: zum Beispiel durch den Gebrauch widersinniger Sätze bei der Definition der Dispositionsterme. Danach müßte man der folgenden Definition einen Sinn geben:

---

[3] In der Quantenphysik ist der Einwand noch gewichtiger: Genaugenommen ist eine Eigenschaft dort durch unendlich viele Arten von Messungen zu definieren, die alle wesentlich verschieden sind (H. Stein, *Paradigms and Paradoxes*, vol. 5, University of Pittsburgh 1972) und die Methode erfordert im Prinzip, daß sie alle durchgeführt werden!

„x ist magnetisch" = $_{\text{Definition}}$ „In den Fällen, in denen Eisenfeilspäne in der Nähe von x sind, werden sie angezogen, und in den Fällen, in denen sie nicht wirklich vorhanden sind, würden sie angezogen werden, wenn sie da wären". (4')

Von jetzt an werden wir die widersinnigen Aussagen von der Art der rechten Seite dieser Gleichung „bedingte Folgerungen" nennen. Um die Sprache zu verkürzen, nehmen wir uns die Freiheit, auch die Definition (4') in einen symbolischen Ausdruck zu überführen:

$$Qx =_{\text{Def}} (P'x > P''x) \qquad (4)$$

wobei Qx, P'x und P''x die oben angeführten Bedeutungen haben und das Zeichen > bedeutet „wenn y wahr ist, dann ist z wahr und wenn y nicht wahr ist, dann würde, wenn y wahr wäre, auch z wahr sein", eine Bedeutung, die noch etwas fremd ist, paradox erscheint, in einem Wort „widersinnig" ist, die aber, wie wir gesehen haben, damit die wahrhaftigen Kennzeichen des Begriffes der Dispositionsterme widerspiegelt, wie er unserer Vorstellung entspricht. Es ist unnütz zu betonen, daß das „Symbol der *bedingten Folgerung*", das wir in (4) benutzten, nicht zur nicht-modalen formalen Logik gehört.

B. *Verbindungen zum Begriff der physikalischen Gesetze*

Lange haben die Empiristen gemeint, daß die (oft proklamierte) Universalität der wissenschaftlichen Gesetze darin besteht, daß sie die Form haben: „In allen Fällen, in denen die Bedingungen A verwirklicht sind, beobachtet man die Tatsachen B". Aber neuere erkenntnistheoretische Untersuchungen haben die Aufmerksamkeit auf die Tatsache gelenkt, daß nicht alle Aussagen dieser Form notwendig den Charakter eines wissenschaftlichen Gesetzes haben. Als Gegenbeispiel betrachtet G. Hempel[4] die Aussage „In allen Fällen, in denen ein Gegenstand aus reinem Gold ist, beobachtet man, daß seine Masse kleiner ist als 100 000 kg". Es ist nicht zu leugnen, daß eine solche Aussage buchstäblich wahr ist und daß sie die betrachtete Form hat. Und doch wird niemand es ein Naturgesetz nennen. Jeder wird ihr einen rein „kontingenten" oder „zufälligen" Charakter zusprechen. Solch ein Gegenbeispiel genügt, um zu zeigen, daß ein wissenschaftliches Gesetz etwas anderes ist als eine wahre Aussage allgemeiner Form in dem Sinn, wie es das Gegenbeispiel zeigt.

Aber was unterscheidet denn die wahren wissenschaftlichen Gesetze von zufälligen Verallgemeinerungen? Nach Meinung mancher Erkenntnistheoretiker lautet die Antwort so: im Gegensatz zu zufälligen Verallgemeinerungen kann ein Gesetz dazu dienen, eine widersinnige Behauptung zu bekräftigen. Betrachten wir zum Beispiel die Behauptung: „Wenn das Stück Zucker, das

---

[4] In: *Elements d'Epistemologie,* Albin Michel, Paris oder *Philosophy of Natural Science,* Prentice Hall NJ.

ich in der Hand halte, lange genug in Wasser gehalten worden wäre, hätte es sich aufgelöst". Die Behauptung ist widersinnig, da ja die angegebene Voraussetzung nicht zutrifft. Indessen weiß ich, daß die Behauptung stimmt, denn ich kenne das (auf deduktivem, empirischem oder deduktiv-empirischem Weg – das macht keinen Unterschied – erhaltene) Gesetz, nach dem Zuckerkristalle in Wasser löslich sind. Das Gesetz unterscheidet sich so von zufälligen Verallgemeinerungen der Art „aller Zucker, der in Martinique gelagert wird, ist Rohrzucker", denn selbst wenn diese Aussage heute zufällig wahr ist, kann sie die Behauptung „wenn dies Stück Zucker, das ich in der Hand halte, in Martinique wäre, wäre es ein Stückchen Rohrzucker" nicht rechtfertigen.

Es ist denkbar, daß der Begriff des wissenschaftlichen Gesetzes wie so viele andere Begriffe auch eines Tages veraltet sein wird. Es ist wenig wahrscheinlich, daß sich das durch eine einfache Rückkehr zum Begriff der zufälligen Verallgemeinerungen vollzieht. Aber wenn der Unterschied erhalten bleiben soll und wenn die oben zusammengefaßte Untersuchung richtig ist, dann muß man, so scheint es, daraus schließen, daß, wie es der Intuition entspricht – und trotz der aufgezeigten Schwierigkeiten – die widersinnigen Aussagen nicht zwangsläufig sinnlos sind.

C. Verbindungen mit dem auf Objekte angewandten physikalischen Realismus

Für jeden menschlichen Verstand legt die Definition (4') – die eine bedingte Folgerung ins Spiel bringt – ihre eigene Interpretation nahe, eine Interpretation, die so handgreiflich ist, daß sie sich fast aufdrängt, und die darin besteht, den Begriff der *Eigenschaft*, die ein physikalisches System *besitzt*, einzuführen. Das rechte Glied der Gleichung (4') hat einen Sinn – und stimmt –, weil x *an sich* eine bestimmte Eigenschaft *besitzt*, und es ist diese Eigenschaft, die wir entsprechend der Definition (4') übereingekommen sind, „magnetisch" zu nennen. Man kann dies leicht auf andere Begriffe übertragen, wie die Härte eines Steins usw. Die Philosophie (die wohl in fast jedem Menschen verborgen ist), die man „objektiven Realismus" oder „Realismus der Eigenschaften" nennen könnte, erweist sich so als direkt mit der Fähigkeit des menschlichen Verstandes verknüpft, eine bedingte Folgerung als sinnvoll zu betrachten, obwohl sie eine widersinnige Aussage ins Spiel bringt. Diese Fähigkeit ist so weit verbreitet, daß ihr überraschender, um nicht zu sagen paradoxer Charakter nur beim Nachdenken klar wird, und wieder, muß man sagen, hauptsächlich bei dem Nachdenken, das von der Philosophie der Erfahrung geleitet ist. Denn für jene andere, die sich auf das Postulat des objektiven Realismus gründet, spiegelt diese Fähigkeit nur unsere Annahme wider, daß es Dinge gibt, die Eigenschaften haben. Da er dies – nach Voraussetzung – weiß, hat der objektive Realist guten Grund, zu versuchen, die Dinge und ihre Eigenschaften zu bestimmen. Er bemüht sich zu diesem Zweck, Regelmäßigkeiten in der Erfahrung zu entdecken, und er setzt die Dinge und ihre Eigenschaften als seiend voraus. Wenn er letztere benennen will, bieten sich ihm Definitionen der Art (4') an, die für ihn keineswegs mysteriös sind.

Hier ist der Ort zu bemerken, daß solche Definitionen der Art (4') dem objektivistischen Realisten insbesondere dazu dienen, zu definieren, was er darunter versteht, daß eine physikalische Größe A für einen Gegenstand x den Wert a hat. Symbolisch geschrieben:

$$\text{„A hat für x den Wert a"} =_{\text{Def.}} (P'x > P''x) \tag{5}$$

wobei P'x bedeutet „an x werden (würden) jene physikalischen Operationen ausgeführt, die einer Messung von A entsprechen" und P''x „man findet (man würde finden) den Wert a". Hier wieder ist das Zeichen > (das wie in (4') gelesen wird) Ausdruck des realisitischen Gedankens, daß x *an sich* die Eigenschaft hat, daß sein A den Wert a hat, ganz unabhängig davon, ob ein menschliches Wesen gerade A mißt oder nicht.

D. *Widersinnigkeit und Trennbarkeit*

Die Absicht dieses Kapitels ist, wie man sich erinnern wird, zu untersuchen, welches genau die Hypothesen sind, die gegebenenfalls nötig sind, um den Beweis der Untrennbarkeit, der im 4. Kapitel ausgehend von experimentellen Gegebenheiten durchgeführt wurde, streng zu machen.

Am Beispiel der Zwillinge beruht dieser Beweis darauf, daß in Anbetracht der strengen Korrelation, die in den früheren Jahren an dieser Universität beobachtet wurden, dann, wenn einer der Zwillinge eine Prüfung bestanden hatte, die Sicherheit gegeben ist, daß sein Bruder die Fähigkeit hat, dieses Examen zu bestehen. Es ist darum unnütz, es ihn machen zu lassen, und man prüft ihn darum in einem anderen Fach. Es ist klar, daß dieser Beweis auf der Gültigkeit gewisser widersinniger Aussagen beruht, die bei den bedingten Folgerungen mitschwingen: ich weiß, daß der Zwillingsbruder von Peter die Prüfung in Griechisch bestanden hat. In dem Fall, in dem auch Peter in Griechisch geprüft wird, weiß ich (durch Induktion), daß er bestehen wird. Selbstverständlich interpretiere ich das realistisch und spreche von der Fähigkeit Peters, die Griechischprüfung zu bestehen, und diese Fähigkeit betrachte ich als eine Eigenschaft dieser Person. Ich werde also dazu gebracht, der widersinnigen Behauptung einen Sinn zu geben – und sie für wahr zu halten –, die diesen Peter betrifft und besagt, daß seine Fähigkeit, die Prüfung in Griechisch zu bestehen, objektiv vorhanden gewesen wäre, selbst wenn sein Bruder diese Prüfung nicht gemacht hätte, und selbst dann, wenn er selbst darauf verzichtet hätte, sie zu machen. Zusammen mit der Hypothese der Lokalisierbarkeit führen diese Betrachtungen – wie wir im 4. Kapitel gesehen haben – zu dem Schluß, daß die strengen Korrelationen zwischen Zwillingen nahelegen, daß es in jedem Augenblick und bei jedem Studenten dieser hier betrachteten Universität eine bestimmte positive oder negative Fähigkeit in bezug auf drei (oder mehr) Arten von Examen gibt. Die Bellschen Ungleichungen folgen daraus.

Die Schlußfolgerung dieser Untersuchung ist dann, daß ganz allgemein die Bellschen Ungleichungen nicht aus der Hypothese der Lokalisierbarkeit allein abgeleitet werden können (die besagt, daß es keine Einflüsse gibt, die unendlich große Fortpflanzungsgeschwindigkeit haben), sondern nur aus der Verbindung dieser Hypothese mit einer anderen, nämlich der, die besagt, daß die widersinnigen Aussagen in einigen wohl bestimmten Fällen einen Sinn haben können, nämlich wieder einmal in solchen, wo sie in bedingten Folgerungen auftreten.

Was das Problem betrifft, das durch die experimentelle Widerlegung der fraglichen Ungleichungen entsteht, so sieht man da den Keim (ob wahrhaftig oder trügerisch, wissen wir noch nicht) einer Lösung sich abzeichnen, die verschieden ist von der in diesem Buch bisher vorgeschlagenen. Diese Lösung würde nicht auf die Untrennbarkeit gegründet sein (das heißt auf die Verletzung der Lokalität), sondern auf die Weigerung, den widersinnigen Extrapolationen sinnvoller faktueller Aussagen einen Sinn geben zu wollen.

Die widersinnigen Aussagen werden also von den Verfechtern der formalen Logik recht argwöhnisch betrachtet; vom Gesichtspunkt dieser Logik her ist der Gedanke einer Lösung, die ihnen keinen Sinn zuspricht, sicherlich a priori verführerisch. Im besonderen erlaubte eine solche Lösung, das Symbol $>$ zu verwerfen, durch das wir oben die Aussagen dieser Art zusammenfaßten und das sich nicht in den traditionellen Rahmen der „Urteilslogik" einfügt. Auf diesem Weg würde man also bei der Definition des Wertes einer physikalischen Größe in einem gegebenen Augenblick dazu geführt, auf die Definitionen von der Art (5) zu verzichten, die ja dieses Symbol benutzen, und, dem Gedanken Carnaps folgend, sich mit *teilweisen Definitionen* der allgemeinen Art (3) oder (3′) zufriedenzugeben. Wir würden also an Stelle von (5) schreiben:

$$P'x \supset (\text{„A nimmt auf x den Wert a an"} \equiv P''x) \tag{6}$$

wobei P′x hier wieder bedeutet „Man mißt (direkt oder indirekt) A auf x" und P′x „man findet a" bedeutet.

Im Rahmen einer Definition wie (6) müßte man sagen (wenn (6) die einzige angeführte partielle Definition ist): „Nur wenn der zur Messung von A bestimmte Meßapparat vorhanden ist, hat die Aussage „A nimmt auf x den Wert a an" einen Sinn. Genauso kann man im Beispiel der Studenten nur dann, wenn ein Prüfer für Griechisch tatsächlich Peters Bruder oder Peter selbst geprüft hat oder sich (wenigstens) tatsächlich auf ihre Prüfung vorbereitet, der Aussage „Peter hat die Fähigkeit, die Griechischprüfung zu bestehen" einen Sinn geben. Wenn man sich an den Inhalt des 4. Kapitels erinnert, erkennt man leicht, daß unter diesen Bedingungen der Beweis der Bellschen Ungleichungen, der dort beschrieben wurde, nicht mehr möglich ist, denn der Übergang von einer Stichprobe zur Gesamtmenge hat dann keinen Sinn mehr. Somit ergibt sich eine formal gültige Art, der Tatsache Rechnung zu tragen, daß in gewissen Fällen diese Ungleichungen sowohl durch die experimentellen Gegebenheiten als auch durch die Vorhersagen, die sich aus dem allgemeinen Formalismus der Quantenmechanik ergeben, verletzt werden.

Mit solchen Betrachtungen nähert man sich, so scheint es, den Thesen Bohrs. Könnte man soweit gehen, zu sagen, daß sie ihren Inhalt aufhellen? Die Frage ist etwas subjektiv, da es Physiker gibt, für die die Schriften Bohrs von selbst hinreichend verständlich sind und keiner „Aufhellung" bedürfen. Es gibt indessen andere, die, ohne die Tiefgründigkeit dieses Denkers in Abrede zu stellen, manche Punkte seiner Lehre als unklar empfinden. Für sie wollen wir hier eine Erklärung eines der fraglichen Punkte versuchen; eine Erklärung, die auf den vorangegangenen Überlegungen fußt.

Es geht dabei um die Beweisführung, mit der Bohr die Behauptung Einsteins und anderer zurückweist, die zeigen wollen, daß die Quantenmechanik nicht vollständig ist. Bohr gründet seinen Beweis darauf, daß der gesamte experimentelle Aufbau berücksichtigt werden muß, und betont dessen Rolle bei der Definition des Phänomens. Ganz gleich, wie dieser Aufbau ist, der natürlich auch beliebig über den Raum verteilt sein kann, so behauptet Bohr – wie wir gesehen haben[5] – hinsichtlich der Einflüsse, die seine Teile ausüben können: „Es handelt sich gewiß nicht um einen Einfluß mechanischer Art" [der die Lokalität verletzten könnte, wenn die Anlage zu ausgedehnt wäre], sondern „es geht im wesentlichen um einen Einfluß auf die Bedingungen selbst, die die Arten der möglichen Vorhersagen über das zukünftige Verhalten" des betrachteten Systems bestimmen.

Denjenigen unter den Wissenschaftlern, denen die von Bohr gebrauchten Ausdrücke etwas kryptisch erscheinen, sei hier eine Interpretation dieser Ausdrücke vorgeschlagen. Sie läuft auf eine Gleichsetzung ihres Inhaltes mit dem der Lösung hinaus, die weiter oben für das Problem der Verletzung der Bellschen Ungleichungen gegeben wurde. In dieser Interpretation bedeutet der oben zitierte Satz im wesentlichen: „Die Aussage „A nimmt auf x den Wert a an" hat nur in den Fällen einen eindeutigen Sinn, in denen dank der Anwesenheit geeigneter Meßinstrumente die Bedingungen bestimmt sind, unter denen gewisse Arten von möglichen Vorhersagen über das zukünftige Verhalten des Systems entstehen". Anders gesagt bedeutet der Satz Bohrs, daß die Definition des Wertes einer physikalischen Größe in einem System, soweit es mikrophysikalische Systeme betrifft, immer nur eine *teilweise Definition* der Art (6) sein kann. Wenn die Studenten solche Systeme darstellten, hätte der Satz „Peter hat die Fähigkeit, das Examen in Griechisch zu bestehen" nur in dem Fall einen Sinn, wo ein Prüfer *des Griechischen* Peters Bruder oder Peter selbst wirklich geprüft hat oder – zumindest! – sich darauf vorbereitet, sie wirklich zu prüfen (oder in anderen, durch andere teilweise Definitionen festgelegten Fällen).

Sicherlich ist eine solche Lösung vom formalen Standpunkt aus richtig. Aber man muß betonen, daß sie in Anbetracht der großen Allgemeinheit des Prinzips, auf das sie sich stützt (dem der Ablehnung jeder widersinnigen Aussage), für einen treuen Anhänger des physikalischen Realismus ernsthafte Schwierigkeiten aufwirft. Soll nämlich dieses Prinzip nur die „kleinen" Sy-

---

5 Vergleiche Fußnote 6, Seite 74

steme betreffen, für deren Studium die Quantentheorie sich als die wirksamste Theorie erwiesen hat? Man müßte dann festlegen, nach welchen Kriterien man ein System „klein" nennen will, und bei dieser Gelegenheit würden wieder die Schwierigkeiten einer Unterscheidung zwischen mikroskopischen und makroskopischen Systemen auftreten. Oder will man im Gegenteil sagen, daß dieses Prinzip allgemein ist und daß eine widersinnige Aussage auch in der makroskopischen Physik nicht zugelassen werden darf? Aber diese zweite Einstellung hat, wie wir sahen, ernsthafte Schwierigkeiten zur Folge, wenn es darum geht, die Unterscheidung – die anscheinend sehr nötig ist – zwischen dem wissenschaftlichen Gesetz und der rein zufälligen Verallgemeinerung zu präzisieren. Außerdem denke man an den Test, den ich auf Seite 71 A genannt habe. Welcher Psychologe würde, wenn er an einer großen Zahl von Teilnehmern einen solchen Test wiederholt durchgeführt hat und jedes Mal eine Wiederholung der Ergebnisse beobachtet hat, zögern zu schließen, daß jeder Teilnehmer – nach einer einzigen Prüfung mit positivem Ergebnis – die Fähigkeit hat, dasselbe Ergebnis zu erbringen: eine Fähigkeit, deren Bestätigung mehr bedeutet als eine einfache Information über die Vergangenheit, und eine Fähigkeit, die andererseits unabhängig ist von der Existenz oder Nichtexistenz jeder Wiederholungsabsicht desselben Tests?

So ist es wahr, daß, wenn durch außergewöhnliche Umstände die Bellschen Ungleichungen sich in bestimmten Fällen als verletzt herausstellten, wie etwa in dem im 4. Kapitel (Zwillinge in strenger Korrelation) oder im 7. Kapitel (beide Partner eines Paares, das sich statistisch in mehreren Tests als streng korreliert erweist), daß, wenn, sage ich, diese Verletzungen experimentell bestätigt würden, weder der Präsident der Universität noch der Psychologe, der für die Tests verantwortlich ist, jemals auf den Gedanken kommen würden, diese Verletzungen durch eine so radikale Hypothese wie die der Ungültigkeit der bedingten Folgerung oder, was fast auf dasselbe herauskommt, durch eine allgemeine Infragestellung der Bedeutung, die den Dispositionstermen *allgemein zugesprochen* wird, zu erklären. Das ist um so sicherer, als diese Personen die Gelegenheit hätten, auf eine letztlich viel weniger revolutionäre Erklärungsmethode zurückzugreifen, die darin besteht, die Möglichkeit der Ausbreitung von Einflüssen aus der Entfernung zwischen zum Beispiel dem Prüfer eines Studenten und dessen Bruder, der sich in einem anderen Zimmer befindet, zuzugeben (oder zwischen dem Aufseher bei einem Test, der an Ehepartnern, die an verschiedenen Orten sind, vorgenommen wird). Diese einfachere Erklärung, die mit der realistischen Auffassung verträglich ist, ist der Rückgriff auf das, was wir oben Untrennbarkeit genannt haben.

E. Diskussion

Einer der Schlüsse dieser Untersuchung ist also, daß genaugenommen eine Ableitung der Bellschen Ungleichungen nicht erhalten werden kann, wenn man allein vom Grundsatz der Trennbarkeit ausgeht, also allein von dem Gedanken, daß gewisse Fernwirkungen, die bestimmte allgemeine Bedingungen verletzen, nicht existieren. Um eine strenge Ableitung zu erhalten, muß man darüber hinaus zugeben, daß bestimmte widersinnige Aussagen und im besonderen gewisse Definitionen von Attributen, die auf solche Aussagen gegründet sind, einen Sinn haben. Hierbei muß man jedoch bemerken, daß die im 4. Kapitel beschriebene Ableitung nicht erfordert, daß jeder Aussage ein Sinn zugeschrieben wird. Im besonderen behandelt diese Ableitung nicht den Fall, in dem Peter und Paul zwei Studenten sind, die in *teilweiser* Korrelation stehen, aber *nicht Zwillinge* sind und an getrennten Orten die Prüfungen ablegen. Im Gegensatz zu anderen Beweisansätzen für die Bellschen Ungleichungen fordert diese Ableitung hier nicht – unter der Annahme, daß Paul besteht –, daß der widersinnige Satz „wenn Peter ein *anderes* Examen gemacht hätte, hätte Paul (trotzdem) bestanden" *in diesem Fall* zutrifft. Nun ist es ein glücklicher Umstand, daß eine solche Forderung nicht nötig ist. In der Tat hat eine solche widersinnige Aussage auch für einen Realisten eine zweifelhaften Wert. Das liegt daran, daß in dem vorgestellten Fall die Hypothese nicht ausgeschlossen werden kann, daß Paul zum Teil Zufallsantworten gegeben hat und seinen Erfolg nicht ausschließlich seinen schon vorher existierenden Fähigkeiten verdankt. Man sieht also nicht, warum er nicht auch unter denselben Bedingungen (zumindest soweit sie ihn betreffen) prinzipiell andere und für ihn weniger günstige Antworten gegeben haben könnte.

Wieder einmal wird die Ableitung des 4. Kapitels von einer solchen Kritik nicht betroffen. Die widersinnigen Aussagen, von denen sie annehmen muß, daß sie einen Sinn haben, sind nur solche, die in den bedingten Folgerungen vorkommen. Sie sind also alle von der Kategorie, für die die *im täglichen Leben verwendete Logik fordert*, daß ihnen ein Sinn zugeschrieben werden soll. Im Grunde genommen gleichen sie in dieser Hinsicht der Aussage „Wenn Eisenfeilspäne diesem Magneten hinreichend nahe wären und nicht irgendwie festgehalten würden, dann würden sie angezogen".

Die Hypothese der universellen Gültigkeit einer solchen Art von Aussagen kann jedoch, wie wir gesehen haben, zurückgewiesen werden. Diese Einstellung können Nichtrealisten annehmen und sie scheint die von Bohr akzeptierte zu sein. In diesem Fall können die Bellschen Ungleichungen nicht mehr abgeleitet werden.

Muß man daraus schließen, daß die beobachtete Verletzung dieser Ungleichungen ohne Berufung auf die Untrennbarkeit erklärt werden kann? Man müßte das wohl, wenn nicht die andere mögliche Erklärung, die sich gerade auf die von Bohr gewählte Einstellung gründet, sich auch in etwas versteckter Weise auf die Untrennbarkeit, oder doch jedenfalls auf die philosophisch gleichwertige Auffassung vom unteilbaren Ganzen des Systems und der Meßinstrumente[6] berufen würde.

---

6 Carnap, Hempel und andere Erkenntnistheoretiker mit ähnlichen Neigungen haben sehr wohl den Fall betrachtet, der „Dispositionsterme" als abhängig von der Zeit sieht. So kann zum Beispiel ein Gegenstand manchmal magnetisch sein und manchmal nicht. Der Begriff der „teil-

Der experimentelle Nachweis der Untrennbarkeit oder seines Äquivalents, der Unteilbarkeit im Sinne Bohrs, spricht offensichtlich gegen die Hypothese des objektivistischen Realismus, der sich auf Mikro-Objekte erstreckt und sogar, aus den oben dargelegten Gründen, gegen die eines objektivistischen Realismus, der nur auf Makro-Objekte angewendet wird [7]. Man könnte noch brutaler sagen, daß dieser Nachweis gegen die realistische Hypothese spricht, das heißt, daß er sich zugunsten einer Art Idealismus ausspricht, durch den der Operationalismus, den die Mehrheit der heutigen theoretischen Physiker fordert, passend wiedergegeben würde. Nur ein Operationalismus, der von jeder Vorstellung einer unabhängigen Wirklichkeit frei ist, scheint in der Lage zu sein, von vornherein die Schwierigkeiten bezüglich dieser Probleme zu beheben, indem er erklärt, daß sie sinnlos sind!

Aber andererseits sorgt gerade die Tatsache, daß eine experimentelle Untersuchung möglich ist, die ganz spezifisch den Begriff der unabhängigen Wirklichkeit – und die allgemeinen Eigenschaften, die ihr zugeschrieben werden können – impliziert, dafür, daß dieser Begriff nicht mehr ohne Beziehung zur menschlichen Erfahrung denkbar scheint. Der Gedanke, ganz ohne einen solchen Begriff auszukommen, indem man ihn einfach als „metaphysisch" und „sinnlos" abwertet, wird dadurch weniger verführerisch. Der Glaube scheint gerechtfertigt, daß paradoxerweise ein gewisser vorkantischer Realismus aufgrund dieser Tatsache selbst in der Physik ein Recht auf Aufmerksamkeit bekommt.

F. Untrennbarkeit und neue Logiken

Man kann sich von vornherein fragen, ob der Beweis der Bellschen Ungleichungen, der im 4. Kapitel gegeben wurde, sich nicht implizit auf eine andere Hypothese beruft, nämlich auf die von der Gültigkeit der traditionellen oder zweiwertigen Logik. Die Frage mag wichtig scheinen. In der Tat beruft sich der Beweis von *Lemma A* im 4. Kapitel sehr wohl implizit auf eine solche Hypothese, dadurch eben, daß er die Aussage „[jede „junge Frau"] gehört not-

---

weisen Definition", den sie einführten, kann ganz auf Dispositionen, die von der Zeit abhängen, angewendet werden. Indessen erkennt man in dem hier betrachteten Fall einen besonderen Umstand, nämlich den, daß die Bedingungen $P'x$ bestimmt sind durch ein Ereignis, das durch ein „raum-artiges" Raum-Zeit-Intervall von dem Ereignis (Qx): „Das betrachtete Objekt hat die durch den Dispositionsterm definierte Eigenschaft" getrennt werden kann. Die Möglichkeit, daß ein solcher Umstand berücksichtigt werden müßte, scheint von diesen Erkenntnistheoretikern nicht betrachtet worden zu sein. Sie hat (wegen des Zusammenspiels mehrerer gleichwertiger teilweiser Definitionen ein und derselben Eigenschaft, das im Abschnitt A behandelt wurde) das Auftreten von „besonderen Gesetzen" zur Folge, die nicht lokal sind. Damit die Bellschen Ungleichungen verletzt werden können, dürfen solche „Gesetze" nicht auf die *Wirkungen* von lokalen *Ursachen* zurückführbar sein, (wie z. B. von Korrelationen, die am Ursprung festgestellt werden). Der Ausdruck „das unteilbare Ganze", der hier gebraucht wurde, will einen Gedanken dieser Art vermitteln.

7 Eine klare Grenze existiert nicht, siehe Kapitel 11.

wendigerweise entweder zur Klasse der Raucherinnen oder zu der der jungen Nichtraucher" enthält.

Auf Teilchen übertragen ist eine solche Aussage nicht notwendig wahr, außer wenn die *Eigenschaften* der Teilchen mit Hilfe von Aussagen beschreibbar sind, die den Regeln der klassischen (oder zweiwertigen) Logik gehorchen. Es gibt aber Formulierungen der Quantenmechanik, in denen die Aussagen, von denen angenommen wird, daß sie auf die Eigenschaften von Teilchen anwendbar sind, nicht dieser Logik, sondern einer anderen, der Quantenlogik, gehorchen. Das Lemma A ist in dieser Logik im allgemeinen nicht richtig. Das gleiche gilt für Lemma B, wie es auf Seite 28 ausgesprochen wurde, wo es sich, ganz wie Lemma A, auf *Eigenschaften* bezieht.

Gleichwohl geht der Beweis der Bellschen Ungleichung, wie er in Kapitel 4 beschrieben wurde, nicht von den Eigenschaften aus, die die Systeme besitzen könnten, sondern von Meßergebnissen. Und es ist ganz sicher, daß die Aussagen, die sich auf Meßergebnisse beziehen, ihrerseits der klassischen Logik gehorchen. Allein mittels der Hypothesen über die Lokalität und den Realismus (oder, wenn man so will, mittels der Hypothese der Lokalität in Verbindung mit dem Gebrauch der „bedingten Implikation" bei der Definition der Dispositionsterme) wird so *bewiesen*, daß zumindest in den Fällen, in denen mit Sicherheit eine strenge Korrelation besteht (diese Sicherheit entsteht ihrerseits induktiv ausgehend von früheren Beobachtungen), jedes Teilchen, das Element eines der betrachteten Paare ist, entweder die Eigenschaft besitzt, daß es ein bestimmtes Meßergebnis hervorriefe, wenn es mit einem bestimmten Meßinstrument in Beziehung gesetzt würde, oder die Eigenschaft, daß es, unter denselben Bedingungen, das entgegengesetzte Ergebnis brächte[8]. Darüber hinaus wird dies nicht in bezug auf nur eine Art von Messung, sondern auf mehrere bewiesen (bei dieser Gelegenheit genügt es, drei zu betrachten). Anders gesagt wird so noch vor dem Beweis der Bellschen Ungleichungen nebenbei (und nur für den besonderen Fall von Teilchen in strenger Korrelation, aber das genügt für diese Zwecke) die Existenz von Eigenschaften bewiesen, die die Teilchen besitzen und die der zweiwertigen Logik gehorchen (selbst wenn diese Eigenschaften nicht wirklich einzeln erkennbar sind). Man sieht also wohl, daß man ihre Existenz nicht *a priori* als zusätzliche Hypothese voraussetzen muß. Mit anderen Worten, welches Interesse man auch immer daran haben kann, die Quantenlogik zu benutzen – und dieses Interesse ist sehr groß –, so muß man doch bestreiten, daß die beobachtete Verletzung der Bellschen Ungleichungen durch ihre Anwendung erklärt werden kann: für den, der zugleich an die Lokalität und den Realismus (oder an die Lokalität und die Gültigkeit der bedingten Folgerung) glaubt, bleibt diese Verletzung auch nach der betrachteten Erweiterung der Logik unerklärlich. Für den, der den Begriff der Untrennbarkeit oder den des unteilbaren Ganzen, sowie er oben erklärt wurde[9], annimmt, wird diese Verletzung erklärbar, auch ohne daß die Logik verändert wird.

---

8 Dieser Beweis ist auf den Seiten 30–33 gegeben (Man erinnert sich, daß das Wort „Eigenschaft" in dem in Kapitel 4 benutzten Beispiel durch „Fähigkeit" wiedergegeben wurde).
9 Siehe Fußnote 7 auf Seite 151

13. Streiflichter

Wenn ein „Fachmann" – ein Kunstkritiker, ein Biologe, ein Physiker, zum Beispiel – sein Fachgebiet behandelt, schenken wir den Tatsachen, die er berichtet, und den Meinungen, die er vertritt, gern unsere Aufmerksamkeit. Sobald derselbe „Fachmann" vorgibt, eine Verbindung zwischen diesen Tatsachen oder Meinungen und allgemeineren Gedanken herstellen zu können, neigen wir spontan dazu, sehr viel weniger zuzuhören. Wir finden in der Tat – und sicherlich mit Recht –, daß er seine besondere Zuständigkeit verliert, wenn er sein Fachgebiet verläßt. Wir sind von vornherein skeptisch, wenn er sich auf ein Gebiet begibt, auf dem wir uns für genauso gelehrt halten wie ihn, vielleicht sogar – wer weiß – für noch gelehrter. Ist nicht das Risiko beträchtlich, daß sein Fachgebiet ihm Scheuklappen angelegt hat? Die Erfahrung zeigt doch, wie kurzsichtig und vereinfachend die Ansichten der „Fachleute" bei allgemeineren Fragen manchmal sind!

Die der Philosophen sind sicherlich tiefsinniger. Sie sind es in ihrer Form – und dabei fallen leider gelegentlich gewisse Perversionen der Scharfsinnigkeit wie Geziertheit, Wortschwulst, Wortspiele auf –, aber sie sind es oft genauso in ihrem Inhalt. Diese Tatsache scheint zu zeigen, daß das Gebiet allgemeiner Ideen alles in allem ein Fachgebiet wie jedes andere ist, in dem man, um kompetent sein zu können, ausschließlich und für lange Zeit arbeiten muß. Und man ist versucht, den Philosophen den „Fachmann für das Allgemeine" zu nennen.

Davon hält uns indessen eine gewisse Inkohärenz – zumindest anscheinend – zurück! Kann man sich wirklich den vollkommenen „Fachmann für das Allgemeine" vorstellen, das heißt also den Philosophen, der sich niemals – nicht einmal implizit – auf die Erfahrung eines bestimmten Fachgebiets beruft? Das scheint ziemlich unwahrscheinlich. Und wenn es einen solchen Denker gibt, muß man nicht befürchten, er dächte über das Nichts nach? Oder aber, daß er sich verlocken läßt durch einige der Scheinwahrheiten (zum Beispiel über die Zeit, den Raum, das Leben), die eben gerade die „Fachleute" der verschiedenen Gebiete, Biologie, Physik usw. seit langem als Irrtum aufgezeigt haben? Sollte man sich nicht schließlich fragen – wenn er noch niemals selbst Gelegenheit hatte, seine eigenen Schlüsse dem möglichen Dementi der Erfahrung auszusetzen –, ob er sich der vielfachen Gefahren des Beliebigen (und damit des Irrtums) hinreichend bewußt ist, denen sich auch der hellste Kopf auf jedem Gebiet aussetzt, das weit vom Alltäglichen entfernt und dem menschlichen Geist nicht zugänglich ist.

Diese wenigen Bemerkungen – man könnte noch andere hinzufügen – legen uns den Gedanken nahe, daß es, wenn es auch sicherlich naiv ist, allein von den Wissenschaften die Antwort auf letzte Fragen zu erwarten, doch vielleicht unsererseits eine noch größere Naivität anzeigte, wenn wir bezüglich dieser allgemeinen Gedanken unser Vertrauen ausschließlich in die „Fachleute für das Allgemeine", also die Berufsphilosophen setzten. Sie sind nicht so ausschließlich kompetent, wie manche unter ihnen uns glauben machen wollen. Aber was sollen wir tun? Und auf wen sollen wir uns verlassen?

Bei dieser letzten Frage bietet sich natürlich die Antwort „auf niemanden" an. Jeder muß sich sein eigenes Urteil bilden. Aber um es begründen zu können, muß er sich auf alle einigermaßen ernsthaft erscheinenden Informationen stützen. Man muß sich sicherlich mit den Arbeiten der reinen Philosophen beschäftigen, die eine Goldmine für mögliche Gedanken darstellen. Aber unter diesen möglichen – und oft einander widersprechenden – Gedanken muß man wählen. Und die Wissenschaft kann bei diesem Aussortieren helfen, indem sie den subjektiven und willkürlichen Teil verringert. Zumindest kann sie denen helfen, die sie gut genug kennen, um sich in ihr zurechtzufinden. Es ist daher auch vorteilhaft, mit den allgemeinen Gedanken vertraut zu sein, von denen manche Fachleute uns nahezulegen wagen, daß sie aus der Beschreibung ihres eigenen Forschungsgebietes abgeleitet werden können.

Wenn man dieser letzten Aussage zustimmt, wenn man sie alles in allem für vernünftig hält, dann muß man – um der Kohärenz willen und im Gegensatz zu der oben beschriebenen spontanen Einstellung – auch die offenbare Tatsache ernstnehmen, daß jemand, der ein bestimmtes Gebiet kennt, nicht *eo ipso* unfähig ist, über allgemeine Gedanken zu reden. Man muß zudem zugeben, daß dieser Mensch ohne Gewaltsamkeit versuchen soll, Verbindungen herzustellen, das heißt, daß er die *Verpflichtung* hat, die Beschreibung seines Forschungsgebietes zu der Menge jener allgemeinen Gedanken in Beziehung zu setzen, die er angesichts der Forschungsergebnisse auf diesem Gebiet für plausibel hält.

Natürlich ist es gerechtfertigt, von einem solchen Menschen zu fordern, daß er dabei nicht diktatorisch sein sollte, denn man kann eine Aussage über das Sein oder über die Natur der Werte nicht mit derselben Sicherheit vertreten, mit der man ein physikalisches Gesetz oder einen Satz der Geometrie ausspricht. Seinen Sätzen sollten im Prinzip immer Ausdrücke der Art „Es scheint mir, daß ..." oder „es ist sehr wahrscheinlich, daß ..." vorangehen. Aber diese Vorsichtsmaßnahmen der Sprache machen seine Sätze nicht weniger glaubwürdig als die der Philosophen, denn es ist hinreichend klar, daß solche Ausdrücke immer zwischen den Zeilen der letzteren gelesen werden müssen.

Dieses Kapitel stellt eine Art Antwort auf eine Verpflichtung dieser Art dar. Wenn vor jedem Satz eine Wendung wie „es scheint mir ..." oder „es ist wahrscheinlich, ..." stünde, dann bekäme der Text eine unerträgliche Schwerfälligkeit, und darum sind diese Ausdrücke fast vollständig weggelassen worden. Aber es sollte klar sein, daß sie unausgesprochen dazu gehören. Man muß sie sich dazu denken. Noch mehr: man darf nicht (aber das versteht sich zweifellos von selbst) erwarten, daß eine solche Lektüre, auch wenn sie so verstanden wird, wie wir es eben ausführten, eine Einführung in ein *System* geben könnte. Seit langem schon glaubt niemand mehr an philosophische Konstruktionen dieser Art, und die Wissenschaftler sind weniger als jeder andere daran interessiert. Sie wissen besser als irgend jemand sonst, wie langsam und mühselig der Fortschritt sicheren Wissens ist. Sie wissen auch, und vor allem, daß er immer nur das Ergebnis einer langen gemeinsamen Anstrengung sein kann. Hier handelt es sich also mehr um einfache und bruchstückhafte Bemerkungen; sie betreffen die Möglichkeiten, Hinweise der Wissenschaft zur Verbesserung des Bildes zu verwenden, das sich der Mensch von der Welt und seiner Rolle in ihr (also von seinen Werten) macht.

Diese Sicht der Welt ist heute weder sehr deutlich noch – wie jeder zugeben wird – sehr erfreulich. Vereinfacht gesprochen, ist es heute alltäglich geworden, festzustellen, daß der moderne Mensch unter dem Joch entweder seines Elends oder der ideologischen Unterdrückung oder, im günstigsten Fall, des Konsumwahns leidet; und daß dieses Joch, so verschieden es auch sein mag, doch immer Infantilismus erzeugt, aus dem seinerseits Obskurantismus erwächst. Sicherlich wäre es leicht, eine solche Analyse dadurch zu widerlegen, daß man herausstellt, wie bruchstückhaft sie ist. Ein einfacher Hinweis auf die kulturellen Aktivitäten und Forschungen an den Universitäten zahlreicher hochentwickelter Länder scheint zur Widerlegung zu genügen. Und in der Tat werden sie damit zum Teil widerlegt. Aber nur zum Teil, denn diese so bemerkenswerten Aktivitäten spielen einerseits im innersten Denken der Mehrheit unserer Zeitgenossen keine Rolle und sie sind andererseits ihrer Natur nach notwendig bruchstückhaft. Es sind bewundernswerte „Bruchstücke", aber sie ergeben keine Statue.

Dieser Zustand hat zu sehr vielen Erklärungsversuchen Anlaß gegeben. Dabei ist einer, an den man nicht sehr oft denkt, der aber, außer daß er (mindestens so sehr wie jeder andere) an sich plausibel ist, hier deswegen Beachtung verdient, weil er mit dem Thema des Buches zusammenhängt. Kurz und grob gesagt meint diese Erklärung, daß der heutige Mensch – der des Westens jedenfalls – freiwillig jedem Kontakt, ob echt oder angeblich, mit dem entsagt hat, was er sinnvoll „das Sein" oder – weniger großtönend – „die von außen gegebene Wirklichkeit" nennen könnte.

Sicherlich kann eine solche Behauptung leicht entstellt und damit angreifbar werden. Man darf aus ihr zum Beispiel nicht herauslesen, daß ein (wahres oder illusorisches) Gefühl des engen Kontakts mit dem Sein für den Menschen *von selbst* eine Selbstentfaltung bedeutet. Die Geschichte der Zivilisationen und Religionen bezeugte bis vor kurzem vielmehr das Gegenteil. Wer ist sich nicht der verschiedenen Formen der Unterdrückung bewußt, die der Begriff des Seins und die damit zusammenhängenden Begriffe Schicksal, Verhängnis, göttliches Gesetz, ja selbst des Naturgesetzes (die „Natur der Dinge") unseren Vorfahren brachten? Wer sieht nicht, daß diese Begriffe, deren sich manchmal anmaßende Ignoranten bedienten, schon vom Anbeginn der Zivilisation an dazu gedient haben, jeden Mißbrauch zu rechtfertigen und alle Arten von Einflußmöglichkeiten offenzuhalten, auch wenn sie jeder vernünftigen Grundlage entbehrten? Das „griechische Wunder", so hat man gesagt, war in Wirklichkeit eine Erfindung; die Lebensfreude wurde zu einem wesentlichen Bestandteil der Kultur erhoben. In einer sicherlich ebenso voreingenommenen wie treffenden Verkürzung könnte man gleichermaßen sagen, daß dies gerühmte Wunder die Erfindung der intellektuellen Freiheit in Hinsicht auf das Sein war (man denke an den Mythos von Prometheus); und wohl auch, daß diese beiden Erfindungen in Wirklichkeit nur eine einzige sind.

Im wesentlichen stimmt das alles. Und doch! Es gibt kein Heilmittel, dessen ausschließlicher Gebrauch nicht einen Mißbrauch darstellte. Genau so gibt es keine selbsttätige Vorschrift, deren „routinemäßige" Anwendung bei jeder Sache und in jedem Augenblick notwendig zu immer größerer Entfaltung des Menschen führt. Wenn man bedenkt, daß eine systematische Zurückweisung aller Bezüge auf das Sein auf den verschiedensten Gebieten in diesem Jahrhundert die treibende Idee jeder Avant-garde war – und in einer Art, die man „mechanisch" nennen könnte –, ist es dann nicht gerechtfertigt, sich zu fragen, ob das nicht ein Übermaß war? Ein Übermaß, für das unsere Übel ein Anzeichen sind? Wieder müssen wir zugeben: obwohl eine solche Hypothese durch die schnell zunehmende Zahl von Modellen in der Physik nahegelegt wird, hat sie doch etwas Gewagtes, denn sie kann durch eine tendenziöse Darstellung leicht in ihr Gegenteil verkehrt werden: zudem verletzt sie zu viele Tabus, um nicht die Versuchung zu erzeugen, sie zu entstellen, um sie besser zurückweisen zu können. Übrigens muß man auch diesem zustimmen: selbst unparteiische Geister sind nicht dazu *verpflichtet*, diese These anzunehmen, denn es gibt, wie wir gerade festgestellt haben, starke Argumente, die in gewisser Weise gegen sie sprechen.

Selbst ich, der ich dies schreibe, weiß nicht, ob eine solche Hypothese wahr ist. Ich habe dafür jedenfalls keine vorzeigbaren Beweise. So verlange ich nur, daß man sie in Betracht zieht. Aber das mit Nachdruck, denn ich sehe in ihr das Mittel, vielleicht eine Verbindung zwischen den in diesem Buch entwickelten Betrachtungen und den allgemeineren Problemen herzustellen, eine Verbindung, deren Existenz wieder – wenn auch in sehr bescheidener Weise – dazu beitragen könnte, die neue Kultur, die gegenwärtig aufgebaut wird, weniger bruchstückhaft und steril zu machen.

Nachdem ich dieses Anliegen ausgesprochen habe, sehe ich mich – an erster Stelle – vor der Verpflichtung, die Anzeichen der zunehmenden Preisgabe aller Bezüge auf das Wirkliche (oder das Sein, wenn man das vorzieht) genauer zu beschreiben, einer Preisgabe, die entsprechend der These, die ich in diesem Kapitel verteidige, die Entwicklung der Kultur in diesem Jahrhundert gekennzeichnet hat. Diese vordringliche Verpflichtung muß erfüllt werden, auch wenn das zur Folge hat, daß wir uns anscheinend für einige Seiten von der Physik entfernen.

Es gibt eine Vielfalt von Symptomen; sie haben auf sehr viele verschiedene Gebiete Einfluß und wenn auch manche von ihnen Entwicklungen darstellen, die in Sackgassen zu führen scheinen, so haben andere positive Aspekte. Zu diesen letzteren zähle ich meinerseits ohne Zögern eine wichtige Folge, die sich aus der Preisgabe jeden Zurückgreifens auf das Wirkliche ergibt, nämlich die Liberalisierung der Sitten. Die Befreiung der Sitten von der Bindung an ein moralisches Gesetz, das als ein Attribut des Seins selbst verstanden wurde – oder als aus ihm unmittelbar hervorgehend –, erscheint mir als ein positives Phänomen, weil der Mensch wandelbar ist, weil er zu einem großen Teil aus seinen Möglichkeiten besteht und weil Veränderung sein Grundsatz ist. Er ist, wie Nietzsche und Garaudy es sahen, ein „Wesen der Fernen". Und niemand glaubt mehr, daß solche Fernen alle transzendent sein müssen. Wenn der Grundatz, daß man dem Nächsten nicht schaden darf, einmal aufgestellt ist, muß die Liberalisierung der Sitten ohne Zurückhaltung zugelassen werden, denn sie bietet, so scheint es, unbestreitbare Vorteile. Einerseits sind das Vorteile praktischer Art, die mit einer Veränderung der Lebensbedingungen zu tun haben, aber andererseits sind es auch, wenn sie klug durchgeführt wird, gewisse Vorteile von einer grundlegenderen Natur. Im besonderen ist es schon abgedroschen zu sagen, sie berichtige einen Hauptfehler jener Moral, die vor ihrem Auftreten vorherrschte, einen Fehler, der darin bestand, daß die einzigen primitiven Triebe, deren Befriedigung für legitim – ja sogar für Ehre und Ansehen förderlich – gehalten wurde, aggressive oder kriegerische Triebe waren. Jeder wird bereit sein, anzuerkennen, daß die Liberalisierung der Sitten zumindest diese Blockade behoben hat, indem sie neue Wege zur Entfaltung der Wünsche und damit zur Subtilität öffnete. Wohlbemerkt scheint es Aufgabe der Intellektuellen, der Politiker und der ihre Stimmen verstärkenden Medien zu sein, dafür zu sorgen, daß diese Wege auch wirklich von den Massen begangen werden und nicht die alten, sterilen und viel benutzten der Gewalttätigkeit und des Manichäismus. Der Fall ist – leider – noch lange nicht erledigt. Zumindest aber sieht man die Art und Weise, in der das getan werden konnte.

Darf man auch in Hinsicht auf die Gebiete, die mit der Schönheit zu tun haben, hoffnungsvoll sein? Betrachten wir die Poesie? Es ist eine Tatsache, daß sehr viele Dichter früher danach strebten, das Sein zu beschreiben: Lukrez war bei weitem nicht der einzige, der die Natur der Dinge erfassen wollte. Durch einen bewußten oder unbewußten Rückgriff auf die platonischen Begriffe setzten die meisten Dichter das Schöne, das sie beschrieben, mit einer das Wirkliche transzendierenden Form gleich. Es ist eine Tatsache, daß alle diese Sichtweisen längst überholt sind. Wir haben es schon gesagt: der moderne Dichter sieht sich vor allem als ein die Etymologie respektierender „Fabrikant". Anders gesagt hält er sich für einen Handwerker, dessen Rohstoff die Worte sind. Sein Ziel ist es, diese Worte in einer neuen Weise zusammenzusetzen, so einfallsreich wie möglich: und er überläßt dem Leser die Freude, darin einen Sinn oder besser eine subjektive Herausforderung oder noch besser *mehrere* verschiedene Herausforderungen zu finden, wobei der Leser vom Spiel mit diesen Zusammensetzungen ausgehen soll. Er weist damit – bis auf Ausnahmen – jeden, auch jeden impliziten Hinweis auf das Wirkliche zurück.

Diesem neuen Weg folgend haben die Dichter am Anfang des 20. Jahrhunderts viele sehr schöne Werke produziert. Die heutigen Dichter sind in dieser Hinsicht ihre Nachfolger; nur werden die heutigen Dichter nicht mehr gelesen. Das kann an einer universellen Dekadenz der Bildung ihrer möglichen Klienten — der Menschen, die lesen können — liegen. Aber wahrscheinlich gibt es einen tieferen Grund. Ist es abwegig, ihn in einer zunehmenden Künstlichkeit dieser kleinen Welt der Satzfabrikanten zu suchen, in einer Künstlichkeit, deren Entwicklung sich in der Tat als eine fast unausweichliche Folge dieses neu gewählten Weges ergibt? Wie will man diese Folge vermeiden, wenn das *einzige* Kriterium die *Neuheit* ist? Und wie will man unter diesen Umständen verhindern, daß die Neuheit nicht *das* praktisch ausschlaggebende Kriterium ist, wenn man all jene ausgeschlossen hat, die der Dichter, womöglich ohne sein Wissen, zu dem mehr oder weniger platonischen Begriff der „Schönheit, Wesen des Wirklichen" zurückführen könnten? Wieder einmal kann ich hier nur Fragen stellen. Ich gebe nicht vor, sie zu beantworten, auch nicht implizit. Ich verlange nur, daß man sich herabläßt, sie zu betrachten, statt sie von diesem oder jenem Tabu in unserem kollektiven Unbewußten der Denker der Avantgarde des ausgehenden 20. Jahrhunderts für uns entscheiden zu lassen!

Ähnliche Fragen — aber wegen der materiellen Wichtigkeit der betroffenen Interessen noch unverschämtere — ähnliche Fragen also können hinsichtlich eines nicht zu übersehenden Teils der modernen Kunst gestellt werden, die auch, vor allem seit dem Ende des zweiten Weltkrieges, einen genau so übertriebenen Willen zum *Neuen* zu haben scheint, gegen den an sich nichts einzuwenden ist, wenn er nicht alles andere auslöscht. Nun hat aber gerade in vielen Fällen diese Neigung dazu geführt, das Neue nicht nur als *ein* Entscheidungskriterium zu betrachten, sondern es als den *einzigen* Wertmaßstab zu nehmen; ihre Liebhaber und die breite Öffentlichkeit wurden dadurch in sehr wirksamer Weise dazu überredet, von jeder persönlichen Wahl abzusehen. Denn das Kriterium des *Neuen* ist von totaler und eiskalter Objektivität und läßt keine Abweichung zu, wie schon Valéry bemerkte. Um also zu wissen, ob ein Gegenstand (fremdartig oder im Gegenteil ganz gewöhnlich) schon ausgestellt worden ist oder nicht, ist eine vollständige Bibliothek von Katalogen notwendig und *hinreichend*! Aber ich richte meinen Angriff, der aus Platzmangel nur oberflächlich sein kann, hier gegen eine Festung, die noch sehr imponierend ist und in der das Sublime und das Echte sich eng mit der Täuschung verbinden. Man muß also noch abwarten, wenn man wissen will, welche ihrer Mauern der Zeit standhalten werden können[1].

Die Psychoanalyse hat viele Klöster geleert, und das ist leicht erklärt. Jenseits des nahen Wirklichen, das der verinnerlichte Mensch — der Mensch in

---

[1] Wird es etwa die der Leinwände sein, deren ganze Kunst aus grenzenloser Abstraktion besteht und deren Nacktheit (ein völlig weißes, schwarzes oder graues Rechteck) die Nüchternheit eines mathematischen Lehrsatzes nachahmt und übersteigert? Oder wird man nicht — wieder im Namen der Neuheit — darauf kommen, daß gerade in diesem Fall das Vorbild, in dem Abstraktion so nötig wie schwierig ist, viel größere Schönheit hat als ihr Abbild, in dem dieselbe Nüchternheit ebenso leicht, wie, so scheint es, willkürlich verwirklicht ist!

der *Nachfolge Jesu Christi* — als eine Täuschung empfindet, gibt es, wie jeder weiß, für diesen verinnerlichten Menschen eine Art unmittelbarer Gewißheit von Gott. Jenseits der Gefühle, jenseits verstandesmäßiger Schlußfolgerungen spricht Gott in der Stille mit ihm. Man kann vereinfacht sagen, daß es eine solche Gewißheit ist, die das Herz des Mönches nährt. Nun greift die Psychologie genau diese letzte Bastion des Inneren an. „Dieser Gott", so sagt sie, „den ihr zu hören glaubt, ist nichts weiter als euer Ich oder als eine Äußerung eures Unbewußten, oder, um es anders auszudrücken, als ein Wiederaufleben eines kleinen Teiles der ungeheuren Menge der verborgenen Gefühle, die die Erfahrungen der ersten Jahre in euch angesammelt haben. Eure Stimmen sind, buchstäblich (schade um euren Glauben) nicht als die Euren!" Auf diese Weise trägt die moderne Psychologie nicht wenig dazu bei, Bezüge auf das Sein selten, schwierig und unbequem zu machen, die einstmals von selbst zum Wesen des Menschen gehörten und die das in seinen am wenigsten verfälschten Teilen immer noch tun.

So darf man nicht überrascht sein, wenn man selbst innerhalb des Christentums – oder wenigstens seines „denkenden Flügels" eine Entwicklung entdeckt, die darauf hinausläuft, – das ist das Wenigste, was man sagen kann – die traditionellen Bezüge auf ein Wesen, das über den Menschen hinausgeht, abzuschwächen. Für eine große Mehrheit von Menschen, die sich zur heutigen Kirche bekennen, ist der Hinweis auf Jesus viel wichtiger als der Hinweis auf den Vater. Nach Meinung vieler Theologen, Katholiken wie Protestanten, muß die Aufmerksamkeit vor allem auf die menschliche Natur von Jesus gelenkt werden, viel mehr als auf seine göttliche Natur. Und schließlich gibt es für manche unter ihnen, die sich eines ziemlich großen Publikums und vor allem auch der Gunst der Intellektuellen erfreuen, eigentlich nur diese menschliche Natur, denn sie halten den Begriff Gott für ein letztlich dunkles und undefinierbares Konzept. Für diese letzteren Theologen enthält eigentlich das Gleichnis vom guten Samariter das Wesentliche, und alles Wesentliche, der christlichen Religion.

Ja aber, so werden manche sagen, diese Entleerung des Begriffes Gott, zu der, jeder aus seiner Sicht, und auf verschiedenen Wegen, die Psychologie einerseits und die theologische Forschung andererseits gekommen sind, diese Entleerung untergräbt nicht wirklich die Gewohnheit des Menschen, sich auf den Begriff einer Wirklichkeit außerhalb seiner selbst zu beziehen. Was sie ausschließt, und das ist nur gut so, ist einzig der Bezug auf eine irrtümliche Sicht dieser Wirklichkeit, die darin besteht, daß sie außerhalb der Natur dargestellt wird und ihr einige anthropomorphe Attribute zugesprochen werden. Dafür, sagen dieselben Personen weiter, gibt es ja die Naturwissenschaft, die sich so gut auf eine Wirklichkeit außerhalb des Menschen zu beziehen weiß, daß sie sie uns in Einzelheiten beschreibt. Man kann also nicht sagen, daß der Begriff der vom Menschen unabhängigen Wirklichkeit durch das zeitgenössische Denken ausgehöhlt wird; man kann lediglich sagen, daß dieses Denken sie in wissenschaftlichen Ausdrücken faßt.

Diese Bemerkung bringt uns zur Physik zurück. Vor einigen Jahrzehnten hätte sie, wie ich es gezeigt habe, ohne irgendwelche Zurückhaltung, folglich mit vollkommener Sicherheit entwickelt werden können, selbst durch jemanden, der den Stand der wissenschaftlichen Forschungen der Zeit völlig überschaute. Aber heute geht das nicht mehr so, wie zum Beispiel die Lektüre der vorangehenden Kapitel zeigen kann. Zusammengefaßt ist der Einwand, der einen so schönen Schein zerstört, der folgende. Die Auffassung von der Wissenschaft als der einzig richtigen Beschreibung des Wirklichen kann nur dann gegenüber dem Vorwurf, willkürlich zu sein, verteidigt werden, wenn die Wissenschaft widerspruchsfrei ist; das setzt – in Anbetracht der Verflochtenheit ihrer verschiedenen Disziplinen – voraus, daß sie zu einer einheitlichen Theorie zusammengefaßt wird. Aber nach welchen Grundsätzen? Mit aller Wahrscheinlichkeit nach denen, die die *einfachen* Objekte bestimmen, die Wechselwirkungen zwischen ihnen und die in der Folge, durch vielfache Kombinationen, das Verhalten komplexer Systeme regeln. Das heißt, wenn man nicht an eine gewisse intellektuelle Virtuosität appelliert – in deren Spiel der Begriff des Seins wieder in ernster Gefahr ist, sich zu verflüchtigen –, kann man sich kaum eine echte Vereinheitlichung der Wissenschaft denken, die nicht den Grundsätzen der Physik entspricht. (Man kann sich zum Beispiel sehr leicht vorstellen, daß die Biologie aus der Physik abgeleitet werden kann; könnte man sich umgekehrt vorstellen, daß das Verhalten der Sterne sich aus der Biologie ableiten ließe?) Aber wenn die Naturwissenschaft tatsächlich eine vom Menschen unabhängige Wirklichkeit beschreibt, ist es dann nicht notwendig, daß die Grundlagen der Physik ohne Hinweis auf gewisse Beschränkungen der menschlichen Beobachtungs- und Handlungsfähigkeiten sollten ausgedrückt werden können? Indessen ist es diese Bedingung – die Bedingung der starken Objektivität –, die, wie wir mit einigen Einzelheiten gesehen haben, gegenwärtig durch diese Grundlagen nicht erfüllt wird.

Noch mehr: fast alle aktuellen Forschungsvorhaben, die auf ein tieferes Verständnis der Grundlagen der Physik ausgerichtet sind, gehen gerade in die andere Richtung. Mehr und mehr kommen sie, wieder einmal, dazu, diese Grundlagen in Form von zwei „Operationen" auszudrücken, die als Urelemente und als aus der Theorie nicht herleitbar angesehen werden: dem „Verfahren der Zustandsvorbereitung" und dem „Meßverfahren". Es trifft zu, daß man sehr vielen Physikern begegnet, und es sind nicht die geringsten, die, insgesamt, noch an die starke Objektivität der Physik glauben. Es geht da um einen Glaubensakt. Genauer geht es um den Glauben, daß „in gewisser Weise die Schwierigkeiten nur gering sind und sich lösen werden". Das wesentliche Kennzeichen eines Glaubensaktes ist die Abneigung gegen jede Art von Analyse und der Grund dafür, daß ihre Meinung diesen Namen (jedenfalls in meinen Augen) verdient, besteht darin, daß diese Physiker, an die ich denke, sich einerseits weigern, sich für dieses Problem zu interessieren (weil sie es für „wenig bedeutend" halten) und weil sie andererseits nicht in der Lage sind, dafür eine Lösung zu geben, die der Kritik standhält.

So muß man anerkennen, daß die Naturwissenschaft durch den immer ausdrücklicheren Gebrauch der operationalistischen Philosophie, die sie in ihre Grundlagen aufnimmt, weit davon entfernt ist, den Begriff der unabhängigen Wirklichkeit zu fördern und selbst, wenn man es recht betrachtet, an dieser seiner Aushöhlung mitwirkt, an dieser Aushöhlung, in der wir ein Merkmal gefunden haben, das aller intellektuellen Forschung der letzten hundert Jahre auf den verschiedensten Gebieten gemeinsam ist.

In diesem Stadium der Untersuchung scheint es angebracht, sehr vereinfacht die Folgerungen aufzuzeigen, die diese Entwicklung des zeitgenössischen Denkens für das ethische Problem der Natur der Werte haben kann. Ganz allgemein ist es, wie wir gesehen haben, eine Grundregel der operationalistischen Philosophie, daß jede gültige Hypothese überprüfbare Vorhersagen machen muß. Eine Wertetheorie, die nach den Normen einer solchen Philosophie gemacht ist, muß folglich auch dieser Regel gehorchen. Das schließt sofort die traditionelle Hypothese aus – sie ist ganz gewiß nicht beweisbar! –, nach der die menschlichen Werte das Ergebnis göttlicher Gebote oder allgemeiner eines Aufrufs des Seins sind. In Wahrheit schließt diese Regel sicherlich jede Erklärung von Werten aus, die ihnen einen ontologischen Status zuordnet, der also über die Welt der Phänomene hinausgeht. Die Aufopferung für eine Sache, das Streben nach Freiheit und so weiter stellen sich im Licht einer solchen Analyse sehr schnell als etwas heraus, das nicht irgendeinem dem Menschen übergeordneten Ziel zugeschrieben werden kann, auch nicht einer fernen *Zukunft*, deren Vorstellung die Grenzen des Begriffs vom Kampf ums Dasein und von der Entwicklung der Art aus dem Spiel der natürlichen Selektion übersteigt. Wenn man nämlich in Gedanken die Stufenleiter der Lebewesen durchläuft, indem man bei den einfachsten beginnt und bis zum Menschen fortschreitet, und wenn man als guter Operationalist (oder „Behaviorist") sich weigert, dem einen Sinn zuzuschreiben, was nicht beobachtbar ist, dann sind, was man sich immer weiter entwickeln sieht, nichts anderes als Systeme, die mehr und mehr selbstreguliert sind, die deshalb mit immer mehr Autonomie und „Gedächtnis" (im Sinn der Informationstheorie) ausgestattet sind und die in einer immer spezifischeren und komplexeren Weise auf äußere Reize reagieren. Nirgends ist es in dieser Analyse nötig, etwas anderes als biologische Phänomene einzuführen. Nach der operationalistischen Regel muß man also jeden Rückgriff auf irgendeine andere Vorstellung zurückweisen. Dann aber ist es klar, daß es unmöglich ist, den Begriff der Werte in etwas anderem als den biologischen Phänomenen zu verankern.

Wenn sich ein solcher Schluß aufdrängte, wenn es tatsächlich unmöglich wäre, ihm mit irgendwelchen rationalen Mitteln zu entkommen, dann müßte man sich eben mit ihm abfinden! Aber sehr erhebend ist er sicher nicht!

In einer offensichtlich viel zu summarischen Form habe ich bis jetzt die Symptome eines fortschreitenden Verzichts auf den Bezug zur Wirklichkeit vorgeführt, und habe einige Folgen daraus betrachtet. Einige erschienen positiv, aber andere schienen eher schwächend zu sein. Vor allem scheint es, daß dieser Weg jetzt schon gut erforscht ist. In der Kunst und in der Dichtung, wie in der Physik, ist man jetzt weit davon entfernt, das Staunen über die großen Erfindungen oder Entdeckungen zu empfinden, die den Augenblick freudig begrüßten, in dem der menschliche Geist sich bewußt und entschieden auf den angesprochenen Weg begab. Ständige Wiederholungen zeichnen sich ab. Man brauchte etwas anderes. Selbst die Logik dieser Absage an die alten Werte – der Tatsache, daß er mangels etwas Besserem das „Neue" zum höchsten Wert erhebt – legt einen solchen Schluß nahe. Sicherlich lassen sich ähnliche große intellektuelle Wege nicht leicht finden. Ihre Entdeckung ist tatsächlich äußerst schwierig und könnte daher nicht aus einem einfachen Willensakt hervorgehen. Aber auch wenn ein solcher Willensakt nicht genügt, so könnte er doch notwendig sein. Unsere Epoche gehört zu denen, so scheint mir, wo eine Erforschung dieser Möglichkeiten sehr wünschenswert wäre.

In diesem Zusammenhang schlage ich meinerseits, wie man in den vorangegangenen Kapiteln gesehen hat, eine teilweise Rückkehr zum Realismus vor. Genauer ist damit die Suche nach einem Realismus gemeint, der die wesentlichen Einschränkungen berücksichtigt, die unser gegenwärtiges Wissen jedem Versuch auferlegt, eine zu enge Gleichsetzung des Wirklichen und der Phänomene herzustellen. In der Tat, wie ich es im 9. Kapitel ausgedrückt habe, ist mein Vorschlag meine Konzeption einer verschleierten Wirklichkeit.

Dieser Name bedeutet, wie wir sagten, daß die Wirklichkeit, auf die er sich bezieht, nicht mit den Mitteln der Physik erforscht werden kann; jedenfalls nicht *allein* mit Hilfe der Physik. Damit stellt sich die Frage: Ist sie unerkennbar? Oder kann sie zu einem Teil erkannt werden? Kann sie vielleicht mit anderen Mitteln als denen der Physik erforscht werden? In diesem Stadium begibt man sich in ein Gebiet, in dem nicht nur die Deduktion verboten ist, sondern wo selbst die begründete Vermutung äußerst schwierig wird und sehr oft unbestimmten Plausibilitätsbetrachtungen den Vortritt lassen muß. Da man nun weder in der Intuition oder in irgendeinem „Großen Buch" noch in der traditionellen Philosophie über etwas Handfesteres verfügt, dürfen solche Argumente dennoch nicht vernachlässigt werden. Ganz im Gegenteil scheint es mir wesentlich, sie im Sinn zu haben, sobald man über die alltäglichen Wahrheiten hinauskommen will und sobald man sich um eine Sicht des Ganzen bemüht, die modern ist und nicht nur aus schlecht zusammenpassenden, der Tradition entstammenden Fetzen besteht.

Noch einmal – und wie oft haben wir es in den vorhergehenden Kapiteln schon getan – müssen wir also versuchen, das Wesentliche der wenigen Gedanken wieder in die Hand zu bekommen, die dem Verstand bei diesem schwierigen Problem der Wirklichkeit helfen können. Wenn man die Entwicklungen und die Feinheiten übergeht, um den Gesamtaufbau des Wesentlichen besser sehen zu können, bleibt meines Erachtens folgendes übrig:

Zunächst ist im Gegensatz zu dem, was die Positivisten und viel allgemeiner all jene, die leugnen, daß der Begriff des Seins (oder der vom Menschen unabhängigen Wirklichkeit) überhaupt keinen Sinn habe, ein solcher Begriff des Seins nützlich und sogar notwendig. In der Tat leidet jede Theorie, die ihn ablehnt, an einer offensichtlichen Schwäche. Es ist für sie schwierig – sogar unmöglich –, in zufriedenstellender Weise von der Regelmäßigkeit der beobachteten Tatsachen Rechenschaft abzulegen, das heißt, in ihrer Sicht, von der *Regelmäßigkeit der Eindrücke*, die jeder von uns aus einer äußeren Welt zu empfangen glaubt (aus einer Welt, die ihrer Meinung nach illusorisch ist). Sie muß sich darum alle Fragen nach der Ursache dieser festgestellten Regelmäßigkeit verbieten. Das hat zur Folge, daß in einer solchen Theorie das Prinzip der Induktion – das die Anhänger einer solchen Lehre dennoch genauso benutzen wie jeder andere! – in der Tat auch nur ein Glaubensakt ist. Für die konsequentesten Positivisten, die die Existenz von allgemeinen Größen an sich leugnen, handelt es sich sogar um viele Glaubenshandlungen, denn diese Positivisten können den Glaubensakt der „Induktion im allgemeinen" nicht ein für allemal machen. Sie müssen ihn jedesmal aufs neue vollziehen, wenn sie eine bestimmte Induktion durchführen wollen, was ja, wenn man darüber nachdenkt, wirklich recht willkürlich erscheint.

Ähnliche Kritik könnte in Hinsicht auf die Theorien geübt werden, die die unabhängige Wirklichkeit für ein Ding an sich halten, das entweder gar keine Strukturen aufweist oder nur solche, die mit den Erscheinungen nichts zu tun haben. All diese Theorien können natürlich die Regelmäßigkeiten, an die wir hier denken, als den Widerschein des Bewußtseins des Subjekts und seiner Strukturen zu erklären suchen, was darauf hinausläuft, daß sie in gewisser Weise eine „Wirklichkeit des Bewußtseins" erstellen. Aber die intersubjektive Übereinstimmung – die Übereinstimmung zwischen mehreren Subjekten in bezug auf das, was sie zusammen beobachten – wird dann eine Feststellung, die Probleme bringt.

So sieht man, daß die Vorstellung einer unabhängigen und strukturierten Wirklichkeit sinnvoll ist, deren dauerhafte Strukturen sich zumindest zum Teil im Geist des Menschen widerspiegeln, und damit die Regelmäßigkeiten erklären, die der Mensch in der Physik beobachtet. Weit davon entfernt, sinnentleert und überflüssig zu sein, wie es so oft behauptet wurde, ist eine solche Vorstellung im Gegenteil vernünftig. Sicherlich löst sich nicht allein alle Probleme. Man muß sogar erkennen, daß sie in dieser Hinsicht nicht so wirksam ist, wie es sich „der gesunde Menschenverstand" einbildet (so kann sie zum Beispiel in gewisser Weise das Problem der Induktion nur verschieben: was läßt uns glauben, daß die Naturgesetze sich nicht plötzlich ändern! Und wenn es die vergangene Erfahrung ist, was erlaubt uns, diese Erfahrung zu extrapolieren, wenn nicht wieder eine Glaubenshandlung!) Wir können dennoch sagen, daß sie die Postulate, die zu Lösungen führen, weniger willkürlich macht (so muß, soweit es die Induktion betrifft, diese Glaubenshandlung nur ein für allemal gemacht werden). Schließlich unterliegt diese Vorstellung nicht den Einwänden, die die Philosophie der Erfahrung gegen den „metaphysischen Realismus" erhebt und die sich auf Extrapolationen des Gödelschen Satzes gründen. Diese Einwände wollen, wie wir sagten, beweisen, daß die vom metaphysischen Realismus geforderte Wirklichkeit nicht mit *Sicherheit* erkennbar ist; dies ist etwas, was der nicht-physikalische Realismus, den wir hier vorschlagen, nicht leugnet.

Wenn man sich nun zu dieser neuen Sichtweise bekennt – die, wie schon gesagt, gleich weit vom heutigen Scientismus und dem physikalischen Realismus Einsteins wie vom traditionellen Positivismus entfernt ist –, dann nehmen alle die Grundfragen, die sich heute dem Menschen stellen, eine andere und lebhaftere Tönung an. Der Mensch entgeht dadurch den traurigen Bedingungen des Technikers oder des Jongleurs – des *homo faber* sozusagen –, auf die unsere Kultur des 20. Jahrhunderts ihn reduzieren will. Seine ganze Natur des *homo sapiens* wird ihm zurückgegeben, in dem Sinn, daß er nicht mehr die Natur, die er beobachtet, als einen sterilen Widerschein seiner eigenen Ruhelosigkeit deuten muß. Es wird dann für ihn wesentlich, daß er sich von neuem auf die Suche nach Entsprechungen macht, die es zwischen der unabhängigen Wirklichkeit und den Vorstellungen seines Verstandes geben könnte, auch wenn diese Entsprechungen unsicher sein mögen.

Es versteht sich von selbst, daß man bei einer solchen Suche schon erworbenes Wissen nicht vergessen darf. Eine anscheinend richtige Entsprechung, die sich bei genauen Untersuchungen aber als falsch erwiesen hat, kann nicht beibehalten werden. Aber man darf auch nicht das Umgekehrte fordern, das heißt, *Beweise* der Richtigkeit im wissenschaftlichen Sinn des Wortes „Beweis". Auf diesem Gebiet, in dem – genaugenommen – so verstandene Beweise unmöglich sind, hieße das, vor der Verschrobenheit des Verstandes zu weichen, die darin besteht, die Existenz von allem zu leugnen, was nicht bewiesen werden kann. (Trotz ihrer weiten Verbreitung ist diese Verschrobenheit darum nicht weniger zu kritisieren; um ein etwas krampfhaftes, aber einfaches Beispiel zu geben: wer wird behaupten, daß es an all den Orten kein Erdöl gebe, wo keine Bohrungen möglich sind?) Um unsere Einstellung deutlicher zu machen, könnte man sagen, daß sie darauf hinausläuft, *Wohlwollen* auch in Hinsicht auf Vorstellungen zu zeigen, deren Umrisse noch etwas verschwommen sind, die sich nur auf Plausibilitätsbetrachtungen stützen können, für die wir aber auch keinen schlüssigen Gegenbeweis haben. Wiederum wäre es seitens des Wissenschaftlers geradezu ein Kunstfehler, wenn er weiterhin auf diesem Gebiet die vollkommene Reinheit und Strenge fordern würde, die er bei seinen Untersuchungen sonst gewöhnt ist.

Unter diesen Bedingungen kann die Suche nach gültigen Entsprechungen so geschehen, daß wir uns von neuem die verschiedenen Formen der Ablehnung aller Bezüge zum Sein vor Augen führen, die, wie ich sagte, die von unseren Eltern und Großeltern erarbeitete Kultur kennzeichnen; und indem wir zu bestimmen suchen, ob unter den Annahme des Realismus (selbst des nichtphysikalischen) manche dieser Äußerungen nicht etwa ungerechtfertigt oder übertrieben sind. Eine solche Studie führt zuerst zu einer Überprüfung des Kriteriums der Schönheit; und im besonderen, weil in bezug auf es die Grundlagen für eine Beweisführung am sichersten sind, des Kriteriums der mathematischen Schönheit.

Soweit es die reine Mathematik betrifft, haben wir schon eine Enttäuschung erlebt (siehe zum Beispiel Kapitel 3): wenn unsere Vorfahren die reine Mathematik vereinfacht gesagt als ein treues Abbild des Seins empfanden, so haben wir guten Grund, sie vor allem entweder als Tautologie oder als einfachen Widerschein der Strukturen unseres Verstandes zu sehen. Dabei kann man allerdings auch bemerken, daß nichts die Vorstellung ausschließt, unser

Verstand selbst sei ein nicht gar zu ungenauer Widerschein der Wirklichkeit: das würde indirekt der klassischen Art (der Platoniker etwa), die Mathematik zu betrachten, ein gewisses Gewicht geben. Unglücklicherweise kann zugunsten dieser Hypothese nichts wirklich Überzeugendes vorgebracht werden. So kann nur das Wohlwollen, von dem oben die Rede war, uns dazu bringen, sie für annehmbar zu halten; und dazu muß man das Wohlwollen auf die Spitze treiben.

Im Gegensatz dazu erscheint die Situation seitens der auf die Physik angewandten Mathematik weit günstiger. Wie wir gesehen haben, verbietet es die Struktur der Quantentheorie, die mathematischen Beschreibungen dieser Theorie als ontologische Aussagen anzusehen. Das war, wie man sich erinnern wird, der grundsätzliche Einwand gegen den „Pythagorismus". In der Tat sind diese mathematischen Beschreibungen genau genommen nur Beschreibungen von *Regeln*: von Regeln, die es erlauben, Beobachtungsergebnisse vorherzusagen. Sie beziehen sich also nicht ausschließlich auf das Wirkliche, sondern auch auf unseren Verstand.

Das trifft sicherlich zu: und darum kann ich nicht sagen, daß die Grundgleichungen der Quantentheorie *an sich* die unabhängige Wirklichkeit schon beschreiben. Aber muß man daraus schließen, daß diese Gleichungen dann *nur* die Struktur unseres Verstandes beschreiben? Offensichtlich nicht. Ein solcher Schluß folgt nicht aus den Voraussetzungen. Weil die Regeln, die diese Gleichungen betreffen, sich auf unseren Verstand beziehen, wäre es ungenau und durchaus übertrieben, daraus zu folgern, daß sie sich nur auf ihn beziehen und gar nicht auf die unabhängige Wirklichkeit (die wir, wir wiederholen es, als sinnvollen Begriff postulieren). Die Gleichung des Wasserstoffatoms, zum Beispiel, beschreibt mir sicherlich nicht das Sein dieses Atoms an sich. Sie liefert mir nur die Energieeigenwerte, die man beobachten kann, wenn man seine Anregungsenergie mißt, sowie die verschiedenen Wahrscheinlichkeiten für die Resultate dieser Messungen (oder für andere, die man an ihrer Stelle machen könnte). Werde ich daraufhin aber sagen, daß diese Gleichung sich nur auf mich und meine Artgenossen bezieht? Das wäre offensichtlich absurd; in gewisser Weise muß ich schon sagen, daß sie sich ebenso auf eine Umwelt bezieht, die sich uns entzieht, die von uns unterschieden ist und die allen Menschen gemeinsam ist. In unbestimmter Weise — die leider unmöglich präzisiert werden kann — werde ich trotz allem dazu gebracht, anzuerkennen, daß die Strukturen der mathematischen Physik zumindest ein Treffpunkt sind, an dem sich der Mensch und das Sein begegnen; und damit eröffnen sie ersterem Ausblicke — sicher ungewiß und geheimnisvoll, aber nicht illusorisch — auf das zweite.

Ausgestattet also mit einer ziemlich soliden Plausibilitätsbetrachtung, kann ich mir jetzt vielleicht erlauben, zu vermuten, daß dieses Ergebnis extrapolierbar ist. Die Verbindung der Beobachtung der Natur mit einer bewußten Tätigkeit des Verstandes ist imstande, Ergebnisse zu liefern, die in geheimnisvoller und sehr unvollkommener Weise uns Ausblicke auf das Sein eröffnen. Dies kann ich (wieder einmal) nicht beweisen. Aber nachdem ich das „Wohlwollen" gewählt habe, genügt es mir, jeden Scheinbeweis der entgegengesetzten Aussage widerlegen zu können und meine jetzige Meinung darauf zu gründen, daß ich ihre große Wahrscheinlichkeit in wenigstens einem Fall erkannt habe, nämlich in jenem früher hier beschriebenen, wo, innerhalb der Physik, Experiment und Theorie verbunden sind. Von daher kann ich mich zum Beispiel vielleicht soweit erkühnen, all die heutigen Verächter der „göttlichen Poeten" von oben herab zu betrachten. Ihre Argumente wollen das Kindlichnaive in der ewigen Suche nach dem Wahren in der gesehenen und gefühlten Schönheit zeigen und beweisen doch nichts. In bezug auf die Kunst ist es dasselbe. Es sind zweifellos nur Schulweisheiten, wie die, die uns auf diesem Gebiet zum Beispiel die sogenannte „fortschrittlichste" Pädagogik, die jetzt von so vielen offiziellen Institutionen um die Wette praktiziert wird, eintrichtern will. Tatsächlich machen diese nichts anderes als zwei alte, immer gleiche Dogmen mit immer neuen Veränderungen zu verbrämen; dies sind die Geringschätzung der Beobachtung und die Zurückweisung einer jeden Suche, irgendein Rätsel hinter den Dingen zu enthüllen. Nun beruhen diese Dogmen, die vor einem halben Jahrhundert neu und fruchtbar waren, auf einer Vorstellung, die – wieder einmal – jetzt völlig ausgeschöpft und damit (nach ihrer eigenen Logik) veraltet ist. Das fragliche Rätsel gibt es wohl, oder genauer, weit davon entfernt sie für kindlich zu halten, ist die Vorstellung, daß es existiert, letztlich eher wahr als falsch. Infolgedessen ist es für einen Künstler schön und sinnvoll, dieses letzte Geheimnis zu suchen, auch wenn es stimmt, daß es sich nicht völlig preisgeben wird und daß der Maler, der Bildhauer oder der Schriftsteller sich ihm gegenüber verhalten sollte, wie Newton sich angesichts der Welt fühlte: wie ein Deuter, sicherlich, des Verborgenen, aber auch wie ein Kind, das am Strand spielt und hier und da vor einem unerforschten und geheimnisvollen Meer einige schimmernde Muscheln findet.

Zu den wichtigen Anzeichen der heutigen Zurückweisung des Begriffs des Seins haben wir schon weiter oben den Einfluß einer solchen Ablehnung – dort von der Psychoanalyse gestützt – auf die Entwicklung des religiösen Denkens erwähnt, welches, bei Christen zumindest, so weit ging, sich im wesentlichen auf einen *Menschen* auszurichten, der gleichzeitig als repräsentativ und als Ideal gesehen wird. Wir haben auch die Auswirkung eben dieser Ablehnung auf den *Wertebegriff* bemerkt. Diese beiden Themen sind völlig verschieden, wenn auch verwandt. Was das erste betrifft, so ist es klar, daß eine Folge der Ablehnung endgültig vollzogen zu sein scheint: die archaische Auffassung, die die Worte „Herr" oder „Allmächtiger" bezeugen, wird nicht wieder die ontologischen Unsicherheiten beruhigen können. Für einen religiösen Geist wird das Wiederfinden des Seins daher immer ein subtileres Unterfangen sein als es das schlichte Annehmen des göttlichen Willens, wie er sich in den Schriften offenbart, durch Wunder bezeugt und durch Priester bestätigt, sein konnte. Aber „subtiler" bedeutet nicht „sinnlos". Wenn, wie ich hoffe gezeigt zu haben, die Absage an das Sein nur eine flüchtige Vorstellung ist, die für eine Weile großartig schien, aber zum Teil schon erschöpft ist, dann muß in Wahrheit von neuem das Unternehmen einer Suche nach dem Sein nicht *von vornherein* als absurd betrachtet werden. Das ist ein grundlegender Punkt. Daraus ergibt sich, daß im Gegensatz zu dem, was, wie wir gesehen haben, eine Gruppe von sich als modern verstehenden Theologen vorbringt, das Gleichnis vom guten Samariter – auch wenn es wesentlich bleibt – nicht mehr allein als eine Zusammenfassung aller wesentlichen Inhalte und aller vagen Hoffnungen angesehen werden kann, die heute die Religionen vermitteln.

Die – zeitweise! – Zurückweisung des Begriffs des Seins wird sicher gleicherweise gewisse, wahrscheinlich dauerhafte Wirkungen auf die Vorstellungen haben, von denen in Zukunft der Mensch Werte ableitet. Es ist hier nicht der Ort für eine systematische Untersuchung einer Wertetheorie; an dem Thema ist schon sehr viel Tinte verbraucht worden und aus Platzmangel könnte es hier höchstens in einer zu vereinfachenden Art skizziert werden. Ohne zu weit vom allgemeinen Thema dieses Kapitels abzuweichen, kann man sich doch einige wesentliche Gedanken dazu in Erinnerung rufen. Sie sind durch die Antworten gegeben, die man auf zwei Grundfragen geben kann; die erste ist: „Ist das Gute subjektiv oder objektiv?" und die zweite „Was ist gut?". „Das Gute", hätte zweifellos Aristoteles gesagt, „ist ein anderer Name für Gott, der selbst nichts ist als das, zu dem alles trachtet." Eine solche Definition macht aus dem Guten einen objektiven Begriff. Man kann indessen behaupten, daß sie implizit auf die Menschen hinweist, von denen, immer noch implizit, angenommen wird, daß sie in ihrer Gesamtheit mehr oder weniger mit dem Trachten der restlichen Natur übereinstimmen und deren Eigenschaften verstärkt zeigen. In diesem Sinn könnte man sagen, daß die Objektivität dieser Definition schon etwas von der *schwachen Objektivität* hat, auf der die zeitgenössische Physik beruht. Ein solches Urteil wird noch durch die Bemerkung verstärkt, daß die Idee des Trachtens eine qualitative Unterscheidung zwischen Vergangenheit und Zukunft nahe legt, eine Unterscheidung, die, wir wir gesehen haben, den Grundgesetzen der Physik praktisch fremd ist. Man kann also von „dem, wonach alles trachtet" nur sprechen, wenn man das Subjekt eines solchen Satzes mit der *empirischen* Wirklichkeit gleichsetzt, das heißt einer kantisch gefärbten Auffassung des Wirklichen oder anders gesagt mit einer Auffassung, die daraus nicht eine vom Menschen völlig unabhängige Größe macht.

Die hedonistische Definition setzt das Gute, wie man weiß, mit dem Vergnügen gleich oder genauer mit dem, was im Mittel den Menschen in ihrer Gesamtheit am meisten Vergnügen macht, wenn man keinen einzelnen übermäßig benachteiligt. Eine solche Definition ist auch wieder nur im schwachen Sinn objektiv. Wenn man das Wort Vergnügen in seiner weiteren Bedeutung nimmt – so daß es die Einschränkungen umfaßt, die der Mensch sich selbst in Anbetracht eines Ziels, das ihm schön erscheint, auferlegt, wie einen Berg zu besteigen oder sich um Aussätzige zu kümmern[2] –, dann ist ein solches Vergnügen nichts anderes als das, wonach jeder Mensch trachtet, und die hedoni-

---

2 Es versteht sich von selbst, daß die Freuden der Eitelkeit und des Handelns (Ruhm, hohe Stellung, Verantwortung usw.) sehr wohl auch zum Vergnügen zählen.

stische Definition unterscheidet sich von der des Aristoteles nur dadurch, daß sie die Gesamtheit, wie er sie betrachtet, auf den Menschen allein beschränkt.

Diese beiden Definitionen sind interessant und nützlich. Zum Teil wegen des Argwohns, der heute jeden Begriff umgibt, der Ähnlichkeit mit dem des absoluten Seins hat, haben sie in der Mentalität unserer Zeit die archaische Auffassung des Guten größtenteils ersetzt, wo dieses mit der Übereinstimmung mit den Geboten des höchsten Wesens gleichgesetzt wurde. Wenn man an die Ungeheuerlichkeiten denkt, die diese letztere Auffassung des Guten früher manchmal und auch heute noch von Zeit zu Zeit mit sich brachte oder bringt, dann muß man sich über diese Entwicklung freuen und es als einen vernünftigen Gedanken betrachten, daß die Zurückweisung der archaischen Auffassung heute eine dauerhafte Errungenschaft ist. Diese Errungenschaft stellt die endgültige Folge – auf die schon hingewiesen wurde – der gegenwärtigen Ablehnung des Begriffs des Seins dar[3].

Aber andererseits hat die Definition des Aristoteles gewisse Mängel, die sie sogar in manchen Zusammenhängen ins Absurde führt. Wenn „das, zu dem alles trachtet" eine weltweite Kernexplosion ist, scheint es schwierig, sie mit dem Guten gleichzusetzen. Sicherlich könnte man versuchen, diesen Einwand zu widerlegen, indem man „trachten" durch „streben" ersetzt. Aber das Element der Subjektivität – genauer des Begehrens –, das hier dem „alles" des Aristoteles zugeschrieben wird, entspricht einem wichtigen Postulat, das implizit hinsichtlich der Existenz einer Subjektivität des Universums gemacht wird, die der unseren ähnlich wäre. Wenn es um das Universum als dem der empirischen Wirklichkeit gleichgesetzten Begriff geht – und das ist, wie wir sahen, der Fall –, so ist das mindeste, was man dazu sagen kann, daß eine solche Subjektivität des Universums in den der Astrophysik und der Physik zugeordneten Fakten nicht in Erscheinung tritt.

Die hedonistische Definition ist in dieser Hinsicht unendlich weniger verletzlich, als man zunächst glaubt. Sie geringzuschätzen wäre ein intellektueller Fehler. Sachlich gesehen muß man jedoch die Tatsache zur Kenntnis nehmen, daß sie von sehr vielen verdienstvollen Menschen nur sehr zurückhaltend betrachtet wird (manchmal sogar mit Abscheu, aber das beruht oft auf einem Mißverständnis). Wenn man die Gründe für diese Ablehnung untersucht, dann kommt man zu der Erkenntnis, daß die hedonistische Definition des Guten in der Tat, selbst wenn sie richtig verstanden wird, das Herz des Menschen ganz leer läßt. Diese Unzufriedenheit kann offensichtlich dem Charakter des „Wesens der Fernen" zugeschrieben werden, der dem Menschen eigen ist und an den man immer denken muß, wenn man ihn studiert. Etwas genauer scheint es so, daß sie wohl nicht ohne Zusammenhang mit der großen Frustra-

---

3 Die Hingabe ist etwas Gutes genau dann, wenn der Gegenstand der Hingabe gut ist. In der hedonistischen Auffassung ist die Hingabe an das materielle oder geistige Wohlsein unserer Mitmenschen etwas Gutes. In der Auffassung, die das Gute mit dem Gehorsam gegenüber bestimmten Geboten gleichsetzt, ist die Hingabe an eine Sache etwas Gutes, wenn die Sache mit den Geboten verträglich ist. Der Begriff der Hingabe kann also nicht selbst als Grundlage einer Definition des Guten dienen.

tion steht, die dem Menschen seine Einordnung in die Zeit bereitet und die Tatsache, daß – zumindest anscheinend – diese Einordnung absolut ist. Weiter oben wurde so zum Beispiel von der Liberalisierung der Sitten geredet, die eine sehr direkte Folge der Zurückweisung der archaischen Definition des Guten zugunsten der hedonistischen ist. Eine solche Liberalisierung ist – wir betonten es – sehr positiv. Aber jedes Vergnügen hat ein Ende. Und das Lästige an allen Befreiungen ist, daß keine von der Zeit befreit. Genauso ist die Hingabe an das Wohlbefinden unserer Mitmenschen nicht etwas, das uns völlig von der Zeit befreit, denn das Altern macht sie ja unmöglich. So ist es in gewisser Weise eine subtile Verfeinerung des Hedonismus, das Sein als ewig zu denken und von einem solchen Denken zu leben. Der Mönch, der gläubige Mensch, der Anachoret und ihre Freunde, alle, die sich restlos dem Sein hingeben, sind in unserer Zivilisation die einzigen, die – zumindest im Idealfall – über die Zeit lachen können. Ihre Einstellung kann indessen nicht als eine einfache Ausweitung der hedonistischen Philosophie gesehen werden, weil der Hinweis auf das Sein, wenn er wirkungsvoll sein soll, von einer wirklichen Anerkennung seiner Existenz und seiner hervorragenden Stellung begleitet sein muß. Das Gute kann also nur mit Bezug auf das Sein definiert werden.

Hier scheint man sich weit von der Physik entfernt zu haben. Aber kann man das überhaupt, wenn diese so universell ist, wie wir es gesehen haben? Diese Wissenschaft hat in der Tat viel zum Begriff des Seins zu sagen, wie wir in den vorangegangenen Kapiteln gesehen haben. Sie zeigt im besonderen, daß die einzigen annehmbaren realistischen Philosophien die des fernen Realismus sind, das heißt, Auffassungen, in denen die unabhängige Wirklichkeit nicht in unsere üblichen Kategorien und unsere gewöhnlichen Begriffe hineinpaßt. Im besonderen wird die Tatsache des Verfließens der Zeit, die uns so vertraut ist und bei der wir eine fast unüberwindliche Neigung haben, sie als eine Ur-Wirklichkeit zu betrachten, in diesen Auffassungen zu einer relativen Gegebenheit, die sich auf die Phänomene und nicht auf die Wirklichkeit selbst bezieht.

Wenn das so ist, dann gibt es gewisse Hypothesen, die der Physiker, auch wenn er sie – nach seinen eigenen Kriterien – für *gewagt* hält, nicht für *absurd* halten kann. Eine davon ist, daß jedes menschliche Wesen die Möglichkeit hat, eine Brücke zum Sein zu bauen. Seine Aufgabe ist es dann, deren Natur zu finden. Genauer gesagt ist es nicht auszuschließen, daß zwischen jedem einzelnen Menschen und dem Sein eine sicherlich nicht mit Worten zu beschreibende Beziehung besteht, die sich am wenigsten schlecht mit dem Ausdruck „ein Anruf des Seins an den Menschen" wiedergeben läßt. Wenn es einen solchen Anruf gibt, dann liegt es sicherlich an unserer Naivität, wenn wir ihn – unvermeidlich – als einen Aufruf zu einer Handlung oder zu einem Werk verstehen oder einfach dazu, uns selbst zu verwirklichen. Unsere Naivität ist dabei vielleicht der des Thales zu vergleichen, wenn er in Ermangelung einer Vorstellung oder auch nur eines geeigneten Wortes pathetisch (wie man weiß) das *Wasser* mit der physikalischen Wirklichkeit gleichsetzte, unterworfen allgemeinen Gesetzen, deren abstrakte Idee wiederum er – damit die Wissenschaft begründend – in das menschliche Denken eingeführt hatte. Wenn wir über solche „Anrufe" nachdenken, setzen wir die Beziehung, über die wir reden wollen, in die Zeit. Dabei müßte wie alles, was sich mit der unabhängigen Wirklichkeit – oder dem Sein – beschäftigt, eine solche Beziehung jedenfalls in mancher Hinsicht eher die Zeit transzendieren.

Wieder sind solche Hypothesen – das versteht sich von selbst! – hochgradig spekulativ. Es scheint unmöglich zu beweisen, daß die – allgemein verbreiteten – Eingebungen, die man von vornherein mit diesen Anrufen gleichsetzen könnte, sich nicht ausschließlich aus einer einfachen psychologischen oder genetischen Erklärung ergeben. Das äußerste, was man also behaupten kann, ist, daß angesichts der Notwendigkeit, den Begriff einer fernen Wirklichkeit – die jenseits von Raum und Zeit ist und der Subjekt-Objekt Spaltung vorangeht – ernst zu nehmen, diese Hypothesen nicht absurd sind. Es gibt kein wirklich überzeugendes Argument, das ihre Falschheit beweisen könnte, nicht einmal – da wir ja die positivistischen Kriterien verworfen haben – ihre Sinnlosigkeit. Wenn sie wahr sind (das Prinzip des „Wohlwollens"), dann geben sie die Möglichkeit zu einer dritten Definition des Guten und seiner Werte, diesmal auf der Basis der starken Objektivität, nämlich: diesen „Anrufen" zu gehorchen.

Man darf eine Definition dieser Art nicht mißbrauchen. Man sieht sofort, welchen Vorwand oder welche scheinbaren Rechtfertigungen sie – selbst gutgläubigen Menschen – für viele willkürliche Handlungen liefern könnte. So erscheint es angebracht, sie nicht zur Grundlage einer neuen Werteskala zu machen, die etwa die durch die hedonistische Definition geschaffene über den Haufen wirft. Diese Definition müßte vielmehr eine sein, die sich das nachdenkliche Betrachten oder, wenn man das vorzieht, das Sublime vorbehält. Das bedeutet, man kann in ihr, ohne daß sie eine nennenswerte Wirkung auf die Werteskala ausübt und ohne Widerspruch fürchten zu müssen, die wahre Grundlage dieser Werte sehen. Bei diesem wie wohl bei vielen anderen Punkten ist das verächtliche Lächeln der Positivisten fehl am Platz. Es ist nicht gleichgültig, ob die angenommenen Werte auf dieser oder einer anderen Sicht gründen, sondern im Gegenteil sehr folgenreich. Von ihr hängt die affektive Färbung ab, damit der Ernst, den man diesen Werten zumißt und folglich auch das Niveau der Seelenruhe, sogar der Freude, mit der das Leben abläuft, wie Franziskus von Assisi es vor so vielen anderen entdeckt hat!

Jede kohärente realistische Einstellung ist also, wie wir sahen, auf den fernen Realismus gegründet. Auf den vorangegangenen Seiten wurden die wichtigsten Veränderungen vorgestellt, die die Annahme einer solchen Haltung für die heute vorherrschende Mentalität mit sich bringt und die zutiefst mit einer Zurückweisung der Vorstellung vom Sein verbunden ist. Umgekehrt, wenn man nach einleuchtenden Kriterien für die Vermutung sucht, daß dieser Einfall oder jene Entdeckung eher als eine andere einen Ausblick auf das Sein eröffne, dann ist es ganz natürlich, die Wahl solcher Kriterien auf diese Veränderungen auszurichten. Ein Gefühl oder ein Gedanke, der in mir dasselbe Echo hervorruft, ob ich nun die Vorstellung eines im wesentlichen *fernen*

Seins (fern in bezug auf die üblichen Kategorien unseres Denkens) habe oder nicht, wird in dieser Sicht kaum eine Tragweite haben, die die der Erscheinungen übersteigt. Das ist der übliche Fall; im besonderen gehört der ganze Inhalt der im engen Sinne positiven Wissenschaft dazu. Nur ein Gefühl oder ein Gedanke, die in mir verschiedene Echos hervorrufen, je nachdem, ob ich ausdrücklich an ein solches Sein glaube oder nicht, könnten mir einen Ausblick auf dieses Sein eröffnen.

Wenn man sich zu einer solchen Sichtweise bekennt, bleibt die mathematische Schönheit – so oft von den großen Mathematikern und theoretischen Physikern gepriesen – ein in dieser Hinsicht in hohem Maße gültiges Kriterium, und das trotz der Schwächen des Pythagorismus, die wir oben aufgezeigt haben. Denn solange ich mich eifrig und ausschließlich darum bemühe, durch die mathematischen Ausdrücke eine gewisse Anzahl von *Phänomenen* zusammenzufassen, wird schließlich die Eleganz der Formeln oder der Modelle, die ich erhalte, in mir nur ein sehr viel schwächeres Echo hervorrufen als das, das ausgelöst wird, wenn ich mich ausdrücklich darum bemühe, die Wirklichkeit, so wie sie ist, besser zu beschreiben: oder selbst wenn ich es nur darauf absehe, die Beziehungen zwischen ihr und dem Menschen, in denen *sie* sich einigermaßen getreu widerspiegelt, wiederzugeben.

Aber auch hier gibt es keinen Grund, als gültiges Kriterium nur die mathematische Schönheit anzusehen. In der Tat haben die meisten Menschen oft Gelegenheit, Dinge in der Natur oder im Leben zu betrachten, die auf der Ebene der positiven Phänomene nichts aufweisen, das sie von ähnlichen Dingen unterscheidet, von denen sie aber doch finden, daß sie „anmutig" sind; anmutig in solchem Grade, daß, wenn diese Beobachter auch noch so wenig auf die Vorstellung vom Sein ausgerichtet sind und wenn kein Vorurteil sie davon abhält (wie es zum Beispiel bei unverdorbenen Menschen, die nicht durch die Schule oder durch die Medien konditioniert sind, der Fall ist), sie sich gezwungen fühlen, anzuerkennen, daß dort unter fremder Gestalt ein Element der Wahrheit verborgen ist. Sicherlich gibt es auch hier mehr als genug biologische Erklärungen, die ein solches „Erkennen" in Zusammenhang bringen mit der Struktur *unserer* Gene, also *unseres* Verstandes. Aber wenn die oben beschriebenen Ansichten bejaht werden, ist es auch nicht abwegig, darin ein echtes Wiedererkennen des hinter den Dingen verborgenen Seins oder doch wenigstens eines Widerscheins davon zu sehen. Die zwei Meinungen sind miteinander verträglich, wenn man sich die Theorie des Mikrokosmos zu eigen macht. Nach dieser Hypothese haben, wie man weiß, das Gehirn und der menschliche Verstand, die zu den kompliziertesten Strukturen des Universums gehören, gewisse Strukturen bewahrt, die ziemlich getreu die der unabhängigen Wirklichkeit, aus der sie hervorgehen, widerspiegeln. Diese These ist nicht beweisbar. Sie ist indessen plausibel, weil sie in einer vereinfachten, aber elementaren Weise sehr vielen Tatsachen gerecht wird, wie zum Beispiel der schon diskutierten Möglichkeit des Menschen, seine Mathematik auf Naturerscheinungen anzuwenden.

Was über die Schönheit gesagt wurde, könnte in bezug auf das Heilige wiederholt werden. Sicherlich kann das Heilige rein soziologisch erklärt werden, ganz wie der Eindruck der fühlbaren Schönheit, wie wir gesehen haben, rein biologisch erklärt werden kann. Aber das bedeutet keineswegs, daß einer der beiden Begriffe durch eine solche Erklärung erschöpft werden könnte. Wenn das so wäre, dann wäre man auch nicht weit davon entfernt, sagen zu müssen, daß die soziologischen Erklärungen der wissenschaftlichen Entdeckungen deren Inhalt völlig erschöpfen. So ist es ja offensichtlich nicht. Wenn es um das Heilige geht, darf man also den Gedanken nicht für absurd halten, daß das Bemühen, zum Sein zu gelangen, vielleicht nicht völlig vergebens sein könnte. Aber natürlich ist ein solcher Gedanke nur gültig, wenn es um das ferne Sein geht, nicht um die empirische Wirklichkeit. Das Heilige steht damit teilweise in einem Gegensatz zur Geschichte, die mit Begriffen des täglichen Lebens zu tun hat. Wenn es sich der Geschichte bedient, dann nur in der Art, in der der Physiker Modelle benutzt, um in einer einfachen Sprache die Wahrheiten auszudrücken, die in ihr nicht wörtlich gesagt werden können. Aus diesem Blickwinkel ist die Tatsache, daß in unserer Kultur die Diener des Heiligen durch die Ansichten der Geschichtsphilosophen beeinflußt wurden, außerordentlich mißlich. Diese Tatsache ist vielleicht die Grundlage für die Flucht der empfindsamen Jugendlichen in andere Kulturen. Indessen muß man über solche Einzelfälle hinaus den Grund der Dinge sehen. Die Öffnung, die durch das Heilige zum Sein hin möglich wird, ist sicher nur eine Vermutung. Aber so ist auf diesem Gebiet alles. So erscheint eine verfeinerte und nicht wörtlich genommene Treue zur Religion seiner Kindheit eine empfehlenswerte Geisteshaltung für jeden Menschen zu sein, der eine solche Religion hatte und der sich keinen Ausblick verschließen möchte.

Endlich gibt es andere Tatsachen, die uns verschwommene Wege zum Sein öffnen könnten. Hier sollen im besonderen die erwähnt werden, die mit der *Sorge* (Heidegger) verbunden sind, und alle jene, die, wie der Mystizismus zum Beispiel, mit einer Abschwächung der Subjekt-Objekt-Spaltung verknüpft sind (Jaspers). Aber man betritt da ein Gebiet, das im Halbschatten liegt, das die Philosophen schon viel erforscht haben und zu dem der Physiker nichts sagen kann, was der Philosoph nicht schon gesagt hätte

So ist also in bezug auf diese Frage eines Ausblicks auf das Sein – oder „auf das Wirkliche", um ein mehrdeutigeres Wort zu benutzen, das darum, wie wir sehen werden, fruchtbarer ist – die letzte Weisheit, die die Physik mitteilen kann, vielleicht die, daß ein solcher Ausblick sich zwei Ebenen zugleich anpassen muß, die genau den beiden Bedeutungen entsprechen, die die Philosophen dem Wort „wirklich" zuschreiben. Einerseits muß er die unabhängige Wirklichkeit betrachten, die *Substanz* Spinozas, oder genauer, da er sie ja nicht an sich anschauen kann, muß er die Vorstellung von ihr bedenken. Er muß darin die Quelle der Erscheinungen, der Schönheit und der Werte bewundern und danach streben, sich mit ihr zu vereinigen, obwohl er doch gleichzeitig weiß, daß sie so unerreichbar ist wie der Horizont. Und andererseits darf er auch nicht vergessen, die Ebene der empirischen Wirklichkeit mit einzubeziehen, und dabei wissen, daß sie empirisch ist. Mit anderen Worten muß er sie in ihrer wahren Natur sehen, die darin liegt, relativ zur Subjekt-Objekt-Spaltung zu sein. Die Ebene der empirischen Wirklichkeit ist die der Dinge, des Lebens, der Entwicklung, ja selbst des Universums. Ihr ihre wahre Bedeutung, echte „Existenzqualität", zuzuschreiben, ohne sie jedoch mit dem höchsten Horizont gleichzusetzen, darin liegt die ganze Feinheit dieser Weisheit.

14. Schlußbemerkungen

Der Beitrag der Physik zum Gesamtgebäude der Erkenntnisse ist wesentlich. Die Physik, die Chemie und Kosmologie umfaßt, ist heute die Wissenschaft von der Gesamtheit der Naturphänomene; ausgenommen sind nur Leben und Bewußtsein. Dabei ist die Ausnahmestellung des Lebens vielleicht nur vorübergehend. Von diesen Phänomenen liefert die Physik eine zumindest im Prinzip einheitliche Beschreibung. Es ist nicht so, daß sie vorgeben könnte, alles direkt und in allen Einzelheiten ausgehend von den Grundprinzipien berechnen zu können. Aber mit den makroskopischen physikalischen Konstanten verfügt sie sozusagen über Verstärker. Diese makroskopischen Konstanten, die mit den Mitteln der Quantentheorie ausgehend von nur vier oder fünf – nicht mehr – „universellen Konstanten" berechnet werden, helfen ihrerseits bei der Berechnung makroskopischer Phänomene durch die Anwendung der klassischen Physik. Mit diesem und einigen anderen Kunstgriffen kann die moderne Physik die Gesamtheit der Erscheinungen, die uns umgeben und die scheinbar so verschieden sind, in ein kompaktes Geflecht von Beschreibungen einordnen. Mit ihren Theorien und Gleichungen stellt sie den Zusammenhang her und erlaubt, die Erscheinungen zumindest statistisch fast alle vorherzusagen. Somit ist es zu bezweifeln, daß irgendein Denker sich eine gültige, weder oberflächliche noch willkürliche Ansicht der Welt und der Stellung des Menschen in ihr bilden kann, wenn er die Physik nicht kennt oder sich nicht um sie kümmert.

Aber stimmt es, daß es dazu genügt, einfach anzumerken, was wir gerade dargestellt haben, die ziemlich allgemeine Tatsache also, daß diese Wissenschaft der Gesamtheit der Naturerscheinungen Rechnung trägt? Das würde es unserem Denker erlauben, diese Seite sehr schnell umzublättern, genauso wie jemand, dem daran liegt, sich nur oberflächliche Gedanken über die Architektur eines Gebäudes zu machen, sich damit zufriedengeben kann, schnell festzustellen, daß dessen *Festigkeit* zufriedenstellend beglaubigt worden ist. Das entspräche hier einer Vernachlässigung jeder Information über die *Grundlagen* der Physik.

Eine solche Hypothese vereinfacht, wie wir gesehen haben, zu sehr. Denn wenn man behauptet, daß die Physik der Gesamtheit der Naturerscheinungen Rechnung trägt, hat man ihren Hauptbeitrag zum Grundwissen noch nicht beschrieben. Man ist sogar noch sehr an der Oberfläche geblieben. Nach der hier vertretenen These liegt der Hauptbeitrag der heutigen Physik ganz und gar in der Zweiteilung, die diese Wissenschaft nach ihrem tiefsten Verständnis zwischen dem Sein und dem Objekt, oder zwischen der Wirklichkeit und den Phänomenen zu erzwingen scheint. Das Objekt ist nicht das Sein. Diese Wahrheit, die Descartes und viele Philosophen erahnten, können jetzt, im Licht der Quantenmechanik oder der Experimente zur Untrennbarkeit, wohl selbst die Vertreter einer realistischen Inspiration nur schwer anzweifeln. Sie zeigt, daß die alten Rationalisten in einem Punkt grundsätzlich recht hatten: die Sinne, die experimentelle Methode können uns auch dann, wenn die Theorie sie unterstützt, nicht mit Sicherheit über *das, was ist* aufklären. Was diese Rationalisten nicht vorhergesehen haben − und auch kaum vorhersehen konnten! −, ist, daß trotzdem die Informationen, die unsere Sinne uns liefern, wenn sie einmal angemessen geläutert, abgetastet, durch das Sieb der wissenschaftlichen Methode passiert worden sind, sich als eine stabile Gesamtheit erweisen würden, die mit mathematischen Mitteln beschreibbar ist und eine so gut wie vollkommene Kohärenz hat: als die Gesamtheit, die wir „die Physik" nennen und die es uns erlaubt, brauchbare Antworten auf alle unsere handlungsbezogenen Fragen zu bekommen.

So also ist, wie wir gesehen haben, jetzt die Lage. Die Sinnesempfindungen der verschiedenen Menschen stimmen im allgemeinen so gut miteinander überein, daß sie gemeinsam mit einem realistischen Modell makroskopischer Größenordnung beschrieben werden können, das auf dem Begriff trennbarer makroskopischer Objekte beruht. Diesem Umstand ist es anscheinend zuzuschreiben, daß der Mensch eine Sprache entwickelt hat, die im wesentlichen auf der Vorstellung solcher Objekte beruht. So aufgefaßt ist die empirische Wirklichkeit ganz sicher, es sei hier wiederholt, nicht mit dem Sein gleichzusetzen, da ja die zugrundeliegende Vorstellung, die von makroskopischen Objekten, ein Begriff mit verschwommenen Umrissen ist, der selbst nur mit Bezug auf den Menschen definiert ist. Mehr noch, sobald der Mensch dieses Gebiet der Makroskopischen verläßt, fehlt ihm der Begriff des trennbaren Objekts und er kann nur noch Beobachtungsergebnisse voraussagen, selbst wenn er das vortrefflich kann.

Wenn jemand sich nach dem *Warum* dieser Verhältnisse erkundigt, darf man ihn nicht glauben lassen, daß die Antwort leicht sei. Wie in anderen ähnlichen Fällen sollte man ihn zuerst daran erinnern, daß vorsichtige Denker im allgemeinen Fragen, die mit „Warum" und nicht mit „Wie" beginnen, zurückweisen. Wenn er indes hartnäckig darauf besteht, wird man zugeben müssen, daß eine Lage, in der man von den durch die Theorie untersuchten Größen annehmen könnte, daß sie völlig unabhängig vom Menschen existieren und durch ihn nur *beobachtet* werden, angesichts der intersubjektiven Übereinstimmung befriedigender wäre. Der Versuch, die Bedingungen einer solchen Situation wieder zu finden, bedeutet, eine realistische Theorie aufzubauen. Und sehr viele Physiker haben eine solche Untersuchung unternommen: mit den Ergebnissen, die wir beschrieben haben. Es gibt ja Ergebnisse, aber sie sind nicht eindeutig: mehrere Lösungen sind möglich, sie sind voneinander gründlich verschieden und das Experiment − zuständig nur für die *empirische* Wirklichkeit − kann offenbar nicht den Ausschlag geben. Sie alle haben jedoch gemeinsam, daß sie dem Sein selbst die Untrennbarkeit aufzwingen, was, noch einmal sei es gesagt, die Gleichsetzung des Seins mit den beobachteten Objekten untersagt. Allgemeiner verhindern die Umstände, an die wir gerade erinnerten, die Gleichsetzung des intrinsisch Wirklichen mit der Gesamtheit der mathematischen Größen der heutigen Physik, die die Eigenschaft der Lokalität haben (Funktionen eines einzigen Punkts). Noch allgemeiner bringen sie alle Ansichten vom (intrinsisch) Wirklichen in Mißkredit, denen der *nahe* Realismus zugrunde liegt, die also versuchen, das Sein mit Begriffen zu beschreiben, die dem täglichen Leben entlehnt sind. Das schließt die animistischen oder naiv naturalistischen Darstellungen genauso aus wie die wissenschaftlichen.

Unter diesen Bedingungen ist die hier vorgeschlagene Lösung die eines *fernen* oder sogar *nicht-physikalischen Realismus*; eine These also, in der das Sein – oder die intrinsische Wirklichkeit – sehr wohl die letzte Erklärung der Existenz von Regelmäßigkeiten bei den beobachteten Erscheinungen ist, aber in der die Elemente dieser Wirklichkeit weder mit den unserer gewohnten Existenz entliehenen Begriffen (wie der Vorstellung vom Pferd, vom „kleinen Körper", vom Vater oder vom Leben) noch auch mit lokalisierbaren mathematischen Größen in Beziehung gebracht werden können. Es wird nicht behauptet, daß diese These irgendwie wissenschaftlich nützlich sei. Ganz im Gegenteil, es wird vermutet, wie man sieht, daß das Wesen der Wissenschaft bewirkt, daß ihr eigentlicher Bereich auf die empirische Wirklichkeit beschränkt bleibt. Diese These zielt also nur – aber das erscheint wichtig – auf eine explizite Erklärung der *Existenz* von Regelmäßigkeiten ab, die im täglichen Leben mit den Sinnen erfahren werden und die die Naturwissenschaft so gut zusammenfaßt.

Wenn einmal die Gewißheit gewonnen ist, daß das Objekt nicht mit dem Sein gleichzusetzen ist, dann kann die Hypothese formuliert werden, daß die *Begriffe von Objekt und Subjekt in ihrem ontologischen Status vergleichbar* sind (oder anders gesagt, daß es gerechtfertigt ist, von einer Objekt-Subjekt-Spaltung zu sprechen). Wenn man daran denkt, daß in einer Forschung mit dem Ziel, immer größere Genauigkeit in der Formulierung der Physik anzustreben, die Intersubjektivität eine stets zunehmende Rolle spielt, kommt man sogar zu der Feststellung, daß eine solche Hypothese schließlich ziemlich vernünftig ist, obwohl sie ungenau und schwer zu präzisieren ist. Natürlich sind diese Mängel hier weniger folgenreich, als es der Fall wäre, wenn es darum ginge, die fragliche Hypothese in einem wissenschaftlichen Zusammenhang zu gebrauchen. Wir schlagen darum vor, bei dieser Hypothese zu bleiben. Die weiteren Folgen einer solchen Sicht sind sehr summarisch untersucht worden, sowohl auf der philosophischen als auch auf der kulturellen Ebene: und auch auf der Ebene der Zugehörigkeit eines jeden Menschen zur Welt, dieser einfacheren, aber wichtigeren Ebene.

Man darf sich hier keinen Illusionen hingeben: in dieser Sicht umgibt – und wird ihn auch immer umgeben – den Begriff des Seins ein gewisses Geheimnis. Dies mag einem scharfen Verstand frustrierend erscheinen. Aber die

Frustration wird geringer, wenn man bedenkt, daß die entgegengesetzte Annahme noch viel beunruhigendere Folgen hätte. So hat zum Beispiel das Rätsel der Beta-Radioaktivität zwanzig Jahre lang alle Physiker leidenschaftlich erregt, weil es schwierig war. Aber schließlich wurde es gelöst, und zwar auf völlig zufriedenstellende Art und Weise. Plötzlich verlor das Thema dann jegliches Interesse. Es gab einfach nichts mehr dazu zu sagen. Glücklicherweise sind andere Probleme aufgetaucht. Im Bild gesprochen kann man also die Meinung vertreten, daß es vielleicht irgendwie gut ist für die Menschheit – und gut für jeden Einzelnen –, wenn das Sein sich entscheidet, fern zu bleiben.

Die in diesem Buch enthaltenen Überlegungen möchten nicht dazu überreden, daß es heute außer einer tiefgehenden Kenntnis der Physik keine vertretbare Sicht der Welt gäbe. So stellt sich die Lage zum Glück nicht dar. Es scheint jedoch zu stimmen, daß eine völlige Unkenntnis der Probleme, die die Grundlagen dieser Wissenschaft stellen, ein beträchtliches Hindernis ist: jedenfalls, wenn sie sich auf die eigentliche *Natur* dieser Probleme erstreckt. Eine solche Unkenntnis führt auf zwei Wege der Forschung, die beide Sackgassen sind. Der erste gründet sich auf eine implizite Gleichsetzung der letzten Wirklichkeit mit der Gesamtheit der Objekte und das ist der Weg des Scientismus; der zweite beschreibt die Welt als eine Arena, in der sich mehr oder weniger magische Kräfte begegnen; und das ist der – sehr viel mehr begangene – Weg der Horoskope wie auch des naiven Naturalismus. Der glücklicherweise recht verbreitete Eindruck, daß solche Beschreibungen des Seins kindlich sind, zieht zu oft Skeptizismus nach sich oder die Verzettelung in bruchstückhaftem, in seiner Bedeutung übermäßig aufgebauschtem Wissen; schließlich kann es zur unvernünftigen Flucht in eine der etablierten Lehren führen. Wenn der Erwerb einer angemessenen philosophischen Bildung vielleicht gelegentlich eine Orientierung erlaubt, so müssen wir doch zugeben, daß das, was gegenwärtig auf diesem Gebiet vorgeschlagen wird, die Lösung sehr willkürlich macht. Die Gefahr ist groß, auf den falschen Weg zu geraten.

Die Schlußfolgerung ist, daß es wirklich keinen besseren Weg zum Wahren zu geben scheint als den über eine Untersuchung der Grundlagenprobleme der Physik, und sei sie auch noch so knapp. In Anbetracht der Bedeutung dieser Wissenschaft für die Beschreibung der Phänomene und die Schaffung von Technologien ist ein solches Studium, das auch, wie wir sahen, die ontologischen Quellen eines solchen Wissens freilegt, zugleich eines, das am besten erlaubt, vernünftig, ohne unangebrachtes Triumphieren, aber auch ohne ungerechtfertigte Verachtung, die Grenzen und die Kraft eines ernsthaften Denkens zu würdigen, das sich auf das Handeln und auf die Beobachtung von Tatsachen stützt.

Anhang I

Ausführlicher Beweis des Theorems für Paare von Magnetstäben. Es seien A und B die Meßapparate, deren Orientierungen jeweils durch die Vektoren *a* und *b* angegeben werden. Wir nennen die einzelnen Ergebnisse, die der Experimentator wie im Text beschrieben vermerkt, die (positiven oder negativen) *Antworten*. Außerdem verabreden wir, daß wir die Komponente des Stabes in Richtung *a* positiv nennen, wenn der Winkel zwischen dem Vektor *a* und der Nord-Süd-Richtung eines Stabes spitz ist. (Wenn dieser Winkel stumpf ist, sagen wir, sie sei negativ.) Indem wir alle (und nur solche) Stäbe betrachten, die zu Paaren gehören, an denen die Messungen A und B gemacht werden, verteilen wir diese Stäbe auf die vier Mengen $E_{ab}(++)$, $E_{ab}(+-)$, $E_{ab}(-+)$ und $E_{ab}(--)$, die folgendermaßen definiert sind: Zu $E_{ab}(++)$ gehören alle Stäbe mit einer positiven Komponente in Richtung *a* und einer positiven Komponente in Richtung *b*; zu $E_{ab}(+-)$ gehören jene mit positiver Komponente bezüglich *a* und negativer bezüglich *b* und so fort. Zudem ist die Fortbewegungsrichtung der Stäbe („nach rechts" oder „nach links") unabhängig von der Orientierung des Paares im Raum, so daß jeder der Stäbe, der, sagen wir, zu $E_{ab}(+-)$ gehört, mit gleicher Wahrscheinlichkeit durch A oder durch B hindurchgehen könnte. Die Zahl der Stäbe mit $E_{ab}(+-)$, die A passieren, ist dann (bis auf statistische Schwankungen, die vernachlässigbar klein gemacht werden können) die Hälfte der Gesamtzahl der Stäbe, die $E_{ab}(+-)$ ausmachen (Analoges gilt in bezug auf die drei anderen Mengen). Solch ein Stab „erzielt" offenbar ein positives Ergebnis. Sein Partner (der Stab, der anfangs zu demselben Paar gehörte) passiert den Meßapparat B. Da nun in einem Paar die Richtungskomponenten der beiden Stäbe entgegengesetzt sind, ist dieser Partner selbst ein Element von $E_{ab}(-+)$. Auch er liefert also ein positives Ergebnis. Das betrachtete Paar liefert also ein doppelt positives Ergebnis. Man sieht zudem, daß bis auf statistische Schwankungen die Gesamtzahl der Paare, die ein doppelt positives Ergebnis geben, gleich der Hälfte der Zahl der Elemente von $E_{ab}(+-)$ ist, oder, was auf dasselbe herauskommt, gleich der Hälfte der Elemente von $E_{ab}(-+)$, da diese beiden Zahlen ja offenbar gleich sind.

Das Vorhergende betrifft die Paare von Stäben, die mit den Apparaten A und B gemessen wurden; man könnte es selbstverständlich so wiederholen, daß es eine gleiche Zahl von Paaren betrifft, die mit Hilfe der Apparate A und C bzw. B und C gemessen wurden. Wenn diese drei Stichproben von Paaren wirklich repräsentativ sind, ist die Zahl der Elemente von, sagen wir,

$E_{ab}(+-)$ proportional zur Zahl der Stäbe, die in der „Gesamtpopulation" der Stäbe positive und negative Komponenten bezüglich *a* und *b* haben. Jeder dieser Stäbe hat bezüglich C entweder eine positive oder eine negative Komponente. Das im Text gegebene Argument zeigt, daß ihre Zahl also kleiner oder höchstens gleich der Zahl der Stäbe der Gesamtpopulation ist, die bezüglich *a* und *c* positive bzw. negative Komponenten haben, vermehrt um die Zahl derer, die bezüglich *b* und *c* negative bzw. positive Komponenten haben. Daraus ergibt sich, daß die Zahl der Elemente von $E_{ab}(+-)$ kleiner oder höchstens gleich der der Zahl der Elemente von $E_{ac}(+-)$ vermehrt um die Zahl der Elemente von $E_{bc}(-+)$ ist. Diese letzte Zahl ist aber aus demselben Grund wie oben gleich der Zahl der Elemente von $E_{bc}(+-)$ (wegen der „Kopf an Schwanz" Struktur der Anfangspaare). Entsprechend dem ersten Teil des Beweises muß man also schließen, daß die Zahl der doppelt positiven Ergebnisse der ersten Meßreihe notwendig kleiner oder höchstens gleich der Summe der Zahl doppelt positiver Ergebnisse in den zwei letzten Meßreihen ist. Und das sollte bewiesen werden. Natürlich gilt, wenn es sich um Spins handelt, dieser Beweis nur unter der Voraussetzung der Trennbarkeit, da diese oder eine gleichwertige Voraussetzung sich als notwendig erweist, um die gleichzeitige Existenz der Komponenten bezüglich *a, b* oder *c* zu sichern[1].

---

[1] Man bemerke, daß im Unterschied dazu die zusätzliche Annahme, die sich auf die *Bewegungsrichtung* bezieht (auch sie wurde oben benutzt), leicht entbehrt werden kann, wenn man nur die „Zahl der doppelt positiven Antworten" überall durch die „Zahl der doppelt positiven *und* doppelt negativen Antworten" ersetzt.

Anhang II

Das erste der auf Seite 90 (sehr vereinfacht) dargestellten Modelle trägt den Namen „Everett-Wheelersche Theorie" (H. Everett, Rev. Mod. Phys. *29*, 454 (1967), J. A. Wheeler, Rev. Mod. Phys. *29*, 463 (1957)). H. Everett, der Hauptautor, hat mit großem Nachdruck betont, daß sein Modell wirklich eine Vervielfältigung der hier beschriebenen Art bedeutet (das Universum teilt sich wahrhaftig während der „Messungen", die zu diesem Zweck angestellt werden, in eine Welt, in der ich lebe, und eine andere, in der ich tot bin). Er und andere Forscher sahen gerade in dieser Auffassung den springenden Punkt des Modells. Aber andere Physiker haben sehr wohl bemerkt, daß eine solche These mehrdeutig ist. Zweifellos muß sich eine solche Verdopplung entweder einstellen oder nicht: man kann sich keine dritte Möglichkeit vorstellen. Das Modell muß also genau angeben, in welchem Fall das geschieht. Es nimmt an, daß die Verdopplung „bei *P*hänomenen von der *A*rt von *M*essungen (abgekürzt PAM)" geschieht. Das Modell sollte also genau darüber Aufschluß geben, welche Wechselwirkungsphänomene PAM sind. Wenn das unter Hinweis auf den Beobachter geschieht, der, weil er ein Bewußtsein hat, als von allen anderen Systemen, mit denen das gemessene Systeme wechselwirken kann, verschieden betrachtet wird, dann ist nichts gewonnen im Vergleich mit der Auffassung zum Beispiel, die weiter unten erörtert wird (die Auffassung von Wigner), die darüber hinaus den Vorzug hat, einfacher zu sein. Das Modell muß also auf andere Weise angeben, was genau ein PAM ist. In dieser Hinsicht gibt es Möglichkeiten a priori (vergleiche Kapitel 11, „Der makroskopische Versöhnungsversuch"). Aber es ist schwierig und sehr verwickelt, sie in die Tat umzusetzen, und vor allem ist die Art der begrifflichen Hypothesen, die gemacht werden müssen, damit diese Umsetzung völlig kohärent ist, noch niemals ganz ans Licht gebracht worden.

Eine gewisse Zahl von Physikern, die diese Schwierigkeiten in der Tat gesehen oder geahnt haben, haben dennoch dieses Modell nicht aufgegeben. Genauer: Sie haben versucht, zu bewahren, was *in ihren Augen* die zentrale Idee darstellte, nämlich nicht eigentlich die Vervielfachung der Welten, sondern die Tatsache, daß die Wellenfunktion des Universums niemals reduziert wird. Sie bestehen deshalb darauf, nicht mehr von der Verdopplung der Welten zu reden, sondern „einfach" von der Vervielfachung der Zweige des Universums. Es ist sicherlich richtig, daß die (multidimensionale!) Zone, in der die Wellenfunktion eines Systems eine nennenswerte Amplitude hat, sich im Lauf der Zeit in zwei oder mehrere Regionen aufspalten kann. Das geschieht im allgemeinen in den PAM und auch in vielen anderen Fällen; und an sich liegt darin auch offenbar kein begriffliches Problem. Die Spaltung kann zudem graduell oder partiell sein und wir sehen darin also nicht mehr eine Logik des „Alles oder nichts". Dennoch müssen wir, wenn wir wollen, daß das Modell Bezug zur Erfahrung hat, zugeben, daß den Zuständen mancher dieser Systeme oder gewisser Teile dieser Systeme experimentelle Daten und damit wahrnehmbare Eindrücke entsprechen. Nehmen wir an, daß die betrachtete Messung darin besteht, die Kontrollampe eines Instruments zu beobachten, die in einigen Zweigen des Universums aufleuchtet und in anderen dunkel bleibt. Es ist eine experimentelle Tatsache, daß wir während der Messung entweder eine leuchtende oder eine dunkle Lampe sehen. Von zwei Sachen trifft folglich eine zu, entweder entspricht dem Ich, das die Lampe leuchten sieht, ein anderes Ich, das sie dunkel sieht, dann gibt es eine wirkliche Verdopplung der „Ich", wie immer ich das auch nenne, oder es gibt das nicht. A priori ist die eine wie die andere These haltbar. Aber sie sind miteinander unverträglich. Man muß zwischen den beiden wählen. Wenn man aus den oben angegebenen Gründen ablehnt, die wirkliche Verdopplung des „Ich" anzunehmen, muß man anerkennen, daß wenn, zum Beispiel, mein Ich die Lampe leuchten sieht, es den oder die Teile des Universums – oder „der Wellenfunktion" –, in denen die Lampe leuchtet, vor denen bevorzugt, wo sie nicht leuchtet. Wenn die verschiedenen „Teile" der Wellenfunktion alle existieren (das ist die Ausgangshypothese), dann erscheint es unter diesen Umständen, daß die klarste Art, die Fassung des Modells, zu der wir gelangt sind, zu beschreiben, es mit sich bringt, daß wir den Ausdruck „Zweige des Universums" (der sicherlich mehrdeutig und schlecht definiert ist), nicht mehr benutzen. Genauer gesagt scheint es, daß diese „klarste Art", sich auszudrücken, darin besteht, einerseits zu sagen, daß die Wellenfunktion – mit all ihren Komponenten – den wirklich existierenden physikalischen „Quantenfeldern" entspricht und andererseits, daß es *darüber hinaus* andere physikalische Parameter gibt: Bewußtseinszustände der Beobachter oder physikalische Variablen, die diese Zustände bestimmen. Wie im Text bemerkt, hat die Version des Everett-Wheelerschen Modells, die hier vorgestellt wurde, alles zusammengenommen mehr Bezug zu den Modellen mit zusätzlichen Variablen als mit dem Grundgedanken Everetts und anderer Forscher, die wirklich an die Vervielfältigung der Welten glauben.

Es ist etwas bedauerlich, daß zwei eigentlich sehr verschiedene Modelle beide in der Fachliteratur „Everett-Wheelersches Modell" genannt werden. Das liegt sicherlich daran, daß sie beide auf denselben mathematischen Formalismus gegründet sind und auch an der Neigung der theoretischen Physiker, die formalen Analogien auf Kosten der Unterschiede zwischen den Begriffen überzubetonen. Das zeigt auf jeden Fall sehr gut die Schwierigkeiten, die den Versuchen, Auffassungen dieser Art zu vertiefen, im Weg stehen. Die Philosophen sind da nicht besonders kompetent, weil sie ungenügend vorbereitet sind. Und die Physiker sind dem auch nicht gewachsen, da sie zwar viel Geschick haben im Umgang mit Gleichungen, aber weniger bei der Analyse von Gedanken. So bleibt zuzugeben, daß auf diesem Gebiet beunruhigende Unklarheit herrscht.

Lexikon

Eigenschaft oder *Attribut*
Dieser Begriff wird entweder mit Hilfe der Methode teilweiser Definitionen oder mit Hilfe des Begriffs der *Widersinnigkeit* definiert (siehe Kapitel 12). Aus den in Kapitel 12 dargelegten Gründen sollte der Begriff in diesem Buch in der mittels der zweiten Methode definierten Art und Weise verstanden werden, Einzelheiten findet man in [9].

Einfluß
Dieser Begriff verallgemeinert den der Ursache; seine Definition stößt auf dieselben Schwierigkeiten. Stark vereinfacht kann man sagen, daß die Art der Definition, die diese Begriffe auf den der Regelmäßigkeit (in der Abfolge der Ereignisse) zurückführt, sicher nicht genügt, um das auszudrücken, was die Begriffe Ursache oder Einfluß kennzeichnet. Man braucht also eine andere Art der Definition. Seien also A und B zwei wiederholbare Ereignisse, und A geschehe früher als B; wenn A ein Ereignis ist, das beliebig herbeigeführt werden kann, dann könnte man folgende Definition aussprechen: „Man nennt die Ereignisse A die Ursachen der Ereignisse B dann und nur dann, wenn B in jedem Fall auftritt, in dem A herbeigeführt wird, und auch nur dann". Die Definition des Ausdrucks „A beeinflußt B" (oder besser des Ausdrucks „A beeinflußt B *merklich*") erhält man, indem man die strengen Korrelationen durch Häufigkeiten ersetzt: unter denselben Bedingungen sagt man dann „die Ereignisse A beeinflussen (merklich) die Ereignisse B dann und nur dann, wenn die Häufigkeit, mit der die Ereignisse B eintreten, (merklich) verschieden ist, je nachdem ob A herbeigeführt wird oder nicht". Die Bedeutung des Wortes „merklich" muß je nach dem betrachteten Fall festgelegt werden.

Diese Art der Definition ist jenen, die ausschließlich auf die Beachtung der Regelmäßigkeit des Auftretens gegründet sind, unter anderem darin überlegen, daß jene andere Art, wenn es sich um zwei Ereignisreihen handelt, die größten Schwierigkeiten hat, einen Unterschied zu formulieren, der jedoch integraler Bestandteil des spezifischen Begriffs der Ursache ist. Es geht dabei um die – sich offensichtlich aufdrängende – Unterscheidung zwischen einerseits den Korrelationen, die daher rühren, daß die Ereignisse einer Reihe je für sich „Ursachen" von denen der anderen Reihe sind, und andererseits jenen Korrelationen, die daher rühren, daß die zwei korrelierten Ereignisse jedesmal von derselben äußeren „Ursache" herrühren.

Natürlich sollte das Wort „Einfluß" in diesem Buch in dem oben in Anführungszeichen angegebenem Sinn verstanden werden. Mehr Einzelheiten finden sich in [9].

Gegenstand oder *Objekt*
(a) gleichbedeutend mit Gegenstand oder Sache, siehe Seiten 14, 15, 23, 175. Der Gegenstand wird hier immer als lokalisierbar betrachtet. (b) ein Ausdruck, der dem des Subjekts entgegengesetzt ist (S. 176). Seine Bedeutung ist dann allgemeiner.

Intersubjektivität siehe *Objektivität, schwache*

Lokalität (synonym mit Trennbarkeit)
Das Prinzip, nach dem eine an einem bestimmten Ort vorgenommene Handlung nicht in diesem selben Moment ein System, das sich an einem anderen Ort befindet, stören kann.

Objektivität, schwache (synonym mit Intersubjektivität), einer Aussage
Eine Aussage ist im schwachen Sinne objektiv, wenn sie unabhängig vom Beobachter gilt. Genaueres findet man auf Seite 60. Eine Aussage, die nur im schwachen Sinn objektiv ist, hat im allgemeinen die Form einer Rechenvorschrift.

Objektivität einer Theorie
Wenn sie Aussagen enthält, die nur im schwachen Sinn objektiv sind.

Objektivität, starke, einer Aussage
Eine Aussage heißt im starken Sinne objektiv, wenn sie sich nicht in wesentlicher Weise auf die Gemeinschaft der menschlichen Beobachter bezieht (zur Bedeutung des Wortes „wesentlich" in diesem Zusammenhang siehe Fußnote 3 Seite 60).

Realismus
Eine Auffassung, nach der der Begriff einer „unabhängigen" Wirklichkeit (also einer, die auch existiert, wenn keine menschlichen Beobachter zugegen sind) sinnvoll ist und nach der eine solche Realität in der Tat existiert. Der Realismus steht insbesondere gewissen positivistischen Einstellungen des Wiener Kreises entgegen, die die Ansicht vertreten, daß nur Definitionen operationaler Natur sinnvoll sind, und die daraus schließen, daß weder die Aussage, es gäbe eine unabhängige Wirklichkeit (sie nennen sie eine „äußere"), noch, daß sie existiere, sinnvoll sei.

Realismus, ferner
Eine Auffassung, nach der die Elemente der Wirklichkeit nicht alle mit Hilfe von Begriffen, die uns nah und vertraut sind, beschrieben werden können. Der ferne Realismus kann physikalisch sein (etwa im Fall des Pythagorismus und im besonderen in der philosophischen Einstellung, die im allgemeinen die klassische allgemeine Relativitätstheorie implizit vertritt) oder nicht-physikalisch (das ist die Auffassung, die in dem vorliegenden Buch schließlich nach ei-

ner systematischen Analyse der Fakten und Theorien der Mikrophysik angenommen wird).

Realismus, naher
Von allen grundlegenden Elementen der Wirklichkeit wird angenommen, daß sie mit Begriffen beschrieben werden können, die uns nah und vertraut sind oder die sich mühelos aus diesen Begriffen ergeben. Ein Beispiel ist der Atomismus des Demokrit.

Realismus, nicht-physikalischer oder *Theorie des verschleierten Wirklichen*
Eine Auffassung, nach der es aus intrinsischen Gründen unmöglich ist, die unabhängige Wirklichkeit so zu beschreiben, wie sie wahrhaftig ist, auch dann, wenn man nicht vertraute Begriffe benutzt, wie zum Beispiel die, die sich aus den mathematischen Algorithmen ergeben.

Realismus, physikalischer
Eine Auffassung, nach der die unabhängige Wirklichkeit so beschrieben werden kann, wie sie wirklich ist, und zwar speziell durch die Physik.

Trennbarkeit vgl. *Lokalität*

Untrennbarkeit (eines ausgedehnten komplexen Systems)
(a) Die Unmöglichkeit, ein Modell eines komplexen Systems für buchstäblich richtig zu halten, das dieses System als aus zwei (oder mehr) lokalisierten Untersystemen bestehend beschreibt, von denen jedes sich an einem anderen Ort befindet und zwischen denen keine Wechselwirkung möglich ist, die sofort oder schneller als mit Lichtgeschwindigkeit erfolgt. Obwohl sie oft unentbehrlich sind, können Modelle dieser Art doch nur als unvollkommene Bilder betrachtet werden. (Zum Beispiel müssen im allgemeinen zwei Teilchen, die in der Vergangenheit miteinander in Wechselwirkung waren und danach mit keinem dritten, und die in dem betrachteten Augenblick beliebig weit voneinander entfernt sind, strenggenommen als ein „untrennbares" System behandelt werden. In der Quantenmechanik entspricht das der Tatsache, daß man im allgemeinen nicht jedem der Teilchen eine Wellenfunktion zuordnen kann, sondern nur dem Gesamtsystem der beiden.)
(b) Die Existenz von Wechselwirkungen zwischen lokalisierten Teilen in einem ausgedehnten System, die sofort oder schneller als mit Lichtgeschwindigkeit erfolgen.
(a') und (b'): Dieselben Definitionen wie (a) bzw. (b), aber ohne die Bemerkung „sofort oder schneller als mit Lichtgeschwindigkeit".
Bemerkung: Diese vier Definitionen sind sicher nicht äquivalent. Wenn man präzisieren will, daß es sich um eine der beiden ersteren [(a) oder (b)] handelt, spricht man manchmal von der „Verletzung der Einsteinschen Untrennbarkeit". Im Grunde ist es nur eine solche Verletzung, die ein wirkliches begriffliches Problem darstellt und zwar deswegen, weil in einer realistischen Philosophie diese Verletzung der Verletzung eines Grundprinzips der speziel-

len Relativitätstheorie (oft Kausalitätsprinzip genannt) gleichkommt, nach dem kein *Signal* sich schneller als das Licht ausbreiten kann. In dieser Hinsicht muß jedoch bemerkt werden (wie im Text schon gesagt wurde), daß die Einflüsse, die schneller sind als das Licht, von denen hier die Rede ist, nicht dazu benutzt werden können, ein brauchbares Signal zu übermitteln; deshalb widerlegt ihre Existenz nicht die Gültigkeit der allgemeinen Relativitätstheorie im Sinne der operationalen Philosophie. Zudem muß bemerkt werden, daß die Untrennbarkeit selbst, wenn sie im Sinn der weniger restriktiven Definitionen (a') und (b') verstanden wird, ein ernsthaftes Problem in bezug auf das *Bild* darstellt, das wir uns von der Welt machen können: zumindest wenn − wie Theorie und Experiment anzeigen − die Intensität dieser Einflüsse nicht mit der Entfernung abnimmt. Offenbar verbietet dies tatsächlich, die Beschreibungen des Universums in der Form von lokalisierbaren Teilen, die als relativ isoliert voneinander gesehen werden können, ins Absolute zu erheben.

Schließlich stellt sich noch die Frage, ob die Definitionen (a) und (b) als äquivalent angesehen werden dürfen. Der sprachliche Unterschied der Ausdrucksweise ist beträchtlich, da ja die Definition (b) implizit zuläßt, daß es sinnvoll ist, von lokalisierten Teilen eines ausgedehnten Systems zu reden, und die Definition (a) gerade dies verneint. Aus diesem Grund scheinen einige Autoren geneigt zu sein, den Definitionen (a) und (b) verschiedene Namen zu geben. Es scheint am natürlichsten zu sein, die Definition (a) die „Untrennbarkeit" zu nennen und mit „Nichtlokalisierbarkeit" die Definition (b) zu bezeichnen; dieser Wortwahl begegnet man mit Abänderungen nach dem Geschmack des jeweiligen Verfassers gelegentlich in der Fachliteratur.

Die Untrennbarkeit erscheint dann als eine Eigenschaft der unabhängigen Wirklichkeit und die Nichtlokalisierbarkeit als eine Widerspiegelung der Untrennbarkeit in der Beschreibung, die in Form der empirischen Wirklichkeit gegeben wird, das heißt in Form von lokalisierbaren Ereignissen. Da sie mit dem Begriff des Einflusses verknüpft ist (siehe dies Wort), ist Nichtlokalität dadurch mit der Vorstellung von Ereignissen verknüpft, die willentlich herbeigeführt werden können und insbesondere in der Tat dem des Messens verbunden. Dadurch stellt sich die Nichtlokalität auch mit dem Begriff einer Reduktion der Wellenfunktion verknüpft heraus. Deshalb ist sie in einigen der Theorien (siehe Anhang II), die eine solche Reduktion nicht enthalten, schwierig zu definieren. Aber andererseits muß man bemerken, daß man sich heute kein experimentelles Kriterium vorstellen kann, mit dem ein komplexes untrennbares System von einem komplexen nichtlokalisierbaren System im obigen Sinne unterschieden werden könnte. Unter diesen Umständen kann man sich fragen, ob die Unterscheidung zwischen Untrennbarkeit und Nichtlokalisierbarkeit, oder, wenn man das vorzieht, die Unterscheidung zwischen den Definitionen (a) und (b) so genau formuliert werden kann, daß sie den üblichen Ansprüchen an wissenschaftliche Strenge genügt. Das läuft auf die Frage hinaus, ob wir es hier nicht nur mit einer einfachen Frage des Sprachgebrauchs zu tun haben, die mit der gegenwärtigen Unvollkommenheit der Sprache zusammenhängt. Um in dieser philosophischen Frage, deren Wichtigkeit möglicherweise nicht ihrer gegenwärtigen Schwierigkeit entspricht, nicht Stellung nehmen zu müssen, wurde nur einer der zwei Begriffe eingeführt.

Wirklichkeit oder *unabhängige Wirklichkeit, intrinsische Wirklichkeit, starke Wirklichkeit, Wirklichkeit an sich, das Sein, das Wirkliche*
Man kann nicht alles definieren, und die Vorstellung, die mit den Worten *Sein* und *Existenz* gemeint ist, sollte als ein erster Begriff betrachtet werden. Auch der überzeugteste Idealist kann nur mit Schwierigkeiten ableugnen, daß er in dem Moment, in dem er spricht, in gewisser Weise *existiert*. Und die Existenz mittels der Beobachtung beweisen zu wollen, das hieße, in einen Teufelskreis einzusteigen, denn jede Beobachtung setzt schon einen existierenden Beobachter voraus. Andererseits ist es eine völlig andere Frage, ob ein bestimmter Begriff, den man sich gebildet hat, einer Sache entspricht, die wirklich existiert. Noch wieder eine andere Frage ist die, ob es sinnvoll ist, über eine Sache zu sprechen, die auch in Abwesenheit menschlicher Beobachter existiert und so weiter. Der Begriff der unabhängigen Wirklichkeit ist nur sinnvoll unter der Annahme, daß die Antwort auf die letztere dieser Fragen positiv ist und der Begriff also „diese Sache" bezeichnet.

Wirklichkeit, empirische oder *schwache Wirklichkeit*
Dieser Begriff umfaßt die Gesamtheit der Phänomene. Diese Gesamtheit ist durch eine gewisse Zahl einfacher Gesetze strukturiert, die unter geeigneten Bedingungen Vorhersagen, zumindest mit einer gewissen Wahrscheinlichkeit, erlauben. Die Untersuchung der Grundlagen der modernen Physik zeigt indessen, daß diese Gesetze nicht alle in der starken Objektivität ausgesprochen werden können. Es muß also zugegeben werden, daß die empirische Wirklichkeit nicht mit der unabhängigen Wirklichkeit übereinstimmt, sondern daß sie, ganz im Gegenteil, zum Teil Schein ist, oder, anders gesagt, daß ihre Strukturen zu einem Teil von denen unseres Verstandes bestimmt sind.

Wirklichkeit, physikalische
Dieser Ausdruck wurde vor allem von Einstein und anderen Anhängern des physikalischen Realismus benutzt (oder von den Physikern, die die Untersuchungen jener wieder aufgenommen haben, um sich kritisch mit ihnen auseinanderzusetzen). Die Definition wird auf Seite 137 gegeben.

Wirklichkeit, verschleierte vgl. *nicht-physikalischer Realismus*

Bibliographie

Einige Literaturhinweise zu den Bellschen Ungleichungen

1. J. S. Bell: Physics *1*, 195 (1964)
2. J. F. Clauser, M. A. Horne, A. Shimony, R. A. Holt: Phys. Rev. Lett. *23*, 880 (1969)
3. B. d'Espagnat (ed.): „Foundations of Quantum Mechanics", *Proc. Int. School of Physics* (Academic Press, New York 1971)
4. F. J. Clauser, M. A. Horne: Phys. Rev. D *10*, 526 (1974)
5. M. Lamehi-Rachti, W. Mittig: „Rapport du Département de Physique Nucléaire" (Saclay 1974) und Phys. Rev. D *14*, 2543 (1976)
6. M. Lamehi-Rachti: Dissertation, Universität Paris XI, 1976
7. H. P. Stapp: Nuovo Cimento B *40*, 191 (1977)
8. J. F. Clauser, A. Shimony: Rep. Prog. Phys. *41*, 1881 (1978)
9. B. d'Espagnat: Phys. Rev. D *11*, 1424 (1975); D *18*, 349 (1978); Lettres Epistémologiques CP 1081 CH Bienne, 40 (1979); „Quantum logic and nonseparability", in *The Physicist's Conception of Nature* (Reidel, Dordrecht 1973)

Autoren- und Sachverzeichnis

Alquié, F. 136
Analytische Philosophie 75
Angelsächsische Philosophie 75, 109
Atomismus (des Demokrit) 11, 62, 77, 84

Begriffe, vertraute 11, 15
Bell, J. S. VII, 28, 146, 151
Beobachter 90
Beobachtung 14 – 15
Bergson, H. 69, 107
Bewußtsein 90, 91, 96, 100, 122, 163, 181
Bohm, H. 93, 94, 96, 113
Bohr, N. 18 – 25

Carnap, R. 142, 147

Definition, operationelle 16, 66
 teilweise 147
Demokrit 9 – 12
Dialektik 78
Dispositionsterme 141

Eigenschaften 29, 88 – 90, 145, 182
Einfluß aus der Ferne 36, 182
Einstein, A. 15, 16, 50, 65 – 75, 91, 92, 103

Folgerung, bedingte s. Implikation

Geometrie 12, 84
Gesetz, moralisches 157
 physikalisches 145
Gott 104, 121, 159, 167

Hegel, G. 78
Heidegger, M. 77
Heisenberg, W. 25, 63, 80, 87, 132, 135
Heraklit 76
Hume, D. 92
Husserl, E. 80

Idealismus 19, 25, 64, 151
Implikation, bedingte 144
 konkrete 142
Indeterminismus 67
Induktion 66, 163
Instrumente 18, 19, 50, 129
Intersubjektivität 60, 183
Irreversibilität 64, 130, 131, 134

James, W. 104
Jesus 120, 159, 166

Kant, I. 14, 66, 132, 167
Kopenhagener Deutung 18 – 25, 49, 91

Leigniz, G. 121
Lenin, V. I. 137
Logik, formale 144, 147 s. Quantenlogik
 modale 144
Lokalisierbarkeit 74
Lokalität 175, 183

Makroskopisch 22, 66, 128
Materialismus 13, 137
Materie 11, 52, 104
Mechanistisch 54, 95

Modell 86, 110, 113, 116, 126
Monod, J. 22
Multitudinismus 58, 62–63, 95, 101, 124
Mythen 24, 110–126

Nicht-Lokalisierbarkeit s. Untrennbarkeit
Nietzsche 77, 78

Objekt 14, 15, 23, 175, 176, 183
Objektivität 52, 57, 113, 158
 schwache 60, 113, 116, 124, 183
 starke 58, 59–60, 113, 160, 183
Operation, auch Handlung 15, 137–138, 160
Operationalismus 151, 160–162

Parameter, verborgene 17, 93
Pascal, P. 57
Pauli, W. 23, 67, 68, 135
Phänomene, auch Erscheinungen 18, 20, 50, 51
Philipp, P. 107
Philosophie der Erfahrung 13–25, 65–66, 69, 76
Piaget, I. 22
Platon, Platonismus 13, 52, 77, 99
Poesie 9, 157
Positivismus 12–25, 66, 76, 80, 97
Pragmatismus 103
Prigogine, I. 135
Protagoras 20, 55, 70
Provinciales 54
Pythagoras, Pythagorismus 9–12, 83, 165

Quantenfeldtheorie 88
Quantenlogik 152
Quantenmechanik 4, 16, 25, 46, 81

Realismus 13, 15, 76, 83, 183
 ferner 89, 99, 109, 170, 171, 183
 großer (kleiner) 102
 metaphysischer 109, 163

naher 99, 109, 112, 122, 184
nicht physikalischer 59, 99, 109, 184
objektivistischer 145
physikalischer 59, 60, 89, 94, 98, 128, 137, 139, 184
wissenschaftlicher 127
Regelmäßigkeiten 20, 21, 162
Relativitätstheorie 16, 37, 84, 86, 88
Rosenfeld, L. 19, 50

Schönheit, mathematische 9–12, 167, 173
Schöpfung des Geistes 137, 138
Schopenhauer, A. 78
Schrödingergleichung 53, 67, 81
Scientismus 58
Sein 9, 76–85, 103, 105, 114, 118, 155–156
Shimony, A. VII
Solipsismus 66
Spinoza 21, 102–105, 172
Stengers, I. 135
Strukturen, dissipative 108

Teilhard de Chardin 106
Trennung 37, 46, 101

Ungleichungen 26–51, 146, 151
Unteilbarkeit 20, 49
Untrennbarkeit 26–51, 74, 95, 124, 136, 140–152, 184
Ursache 13

Valery 159
Veränderliche (auch Parameter), zusätzliche 91, 93, 134

Wellenfunktion 67, 68, 90, 94
 des Weltalls 91, 180
 Reduktion der 90, 123–125
Werte 57, 155, 158, 167
Wheeier 181
Whitehead 121

Widersinnigkeit 140
Wigner 91
Wirklichkeit, Element der 71, 72, 186
das Wirkliche 9, 69, 70, 156, 157, 172
    äußere, von außen aufgegebene 155
    empirische 51, 101, 107–109
    intrinsische 13, 20, 74, 101
    nahe 159
    physikalische 51, 68–73, 137, 191
    schwache (starke) 101
    unabhängige 9, 13, 26, 74, 88, 101, 109, 128, 133, 159, 163, 170
    verschleierte 7, 96–106, 109, 160, 186
Wittgenstein 96
Wohlwollen, Prinzip des 164, 170

Young (Interferenzversuch) 20

MIX
Papier aus verantwortungsvollen Quellen
Paper from responsible sources
FSC® C105338

If you have any concerns about our products,
you can contact us on
ProductSafety@springernature.com

In case Publisher is established outside the EU,
the EU authorized representative is:
**Springer Nature Customer Service Center GmbH
Europaplatz 3, 69115 Heidelberg, Germany**

Printed by Libri Plureos GmbH
in Hamburg, Germany